Uwe Starossek
Brückendynamik

Uwe Starossek

Brückendynamik
Winderregte Schwingungen von Seilbrücken

Mit 40 Abbildungen

vieweg

Die Deutsche Bibliothek – CIP-Einheitsaufnahme

Starossek, Uwe:
Brückendynamik: winderregte schwingungen von Seilbrücken /
Uwe Starossek. – Braunschweig; Wiesbaden: Vieweg, 1992
  Zugl.: Stuttgart, Univ., Diss. 1991 u. d. T.: Starossek, Uwe:
  Zum dynamischen Verhalten von Seilbrücken unter
  Windeinwirkung
  ISBN 3-528-08881-8

D 93
Uwe Starossek. Brückendynamik – Winderregte Schwingungen von Seilbrücken.
Vollständiger Abdruck der Dissertation „Zum dynamischen Verhalten von Seilbrücken unter Windeinwirkung", Universität Stuttgart, 1991.

Alle Rechte vorbehalten
© Friedr. Vieweg & Sohn Verlagsgesellschaft mbH, Braunschweig/Wiesbaden, 1992

Der Verlag Vieweg ist ein Unternehmen der Verlagsgruppe Bertelsmann International.

Das Werk einschließlich aller seiner Teile ist urheberrechtlich geschützt. Jede Verwertung außerhalb der engen Grenzen des Urheberrechtsgesetzes ist ohne Zustimmung des Verlags unzulässig und strafbar. Das gilt insbesondere für Vervielfältigungen, Übersetzungen, Mikroverfilmungen und die Einspeicherung und Verarbeitung in elektronischen Systemen.

Druck und buchbinderische Verarbeitung: W. Langelüddecke, Braunschweig
Gedruckt auf säurefreiem Papier
Printed in Germany

ISBN 3-528-08881-8

Meinen Eltern

Vorwort

Dieses Buch stimmt inhaltlich überein mit meiner Dissertation „Zum dynamischen Verhalten von Seilbrücken unter Windeinwirkung", mit der ich im Juli 1991 an der Fakultät für Bauingenieur- und Vermessungswesen der Universität Stuttgart promovierte. Die Dynamik der Brücken und insbesondere das Problem windinduzierter Schwingungen gewinnt angesichts der zunehmenden Kühnheit heutiger Bauwerke ständig an praktischer Bedeutung; so entstand auch die Idee zu dieser Arbeit während meiner beruflichen Tätigkeit im Brückenbau. Das Thema der Dissertation wird somit für einen größeren Kreis der Fachöffentlichkeit von Interesse sein. Das vorliegende Buch, herausgegeben vom Verlag Vieweg, soll diesem Umstand Rechnung tragen.

Herr Prof. Dr.-Ing. Dr.-Ing. E. h. Jörg Schlaich, Direktor des Instituts für Tragwerksentwurf und -konstruktion der Universität Stuttgart, unterstützte und betreute mein Dissertationsvorhaben und fertigte den Hauptbericht an. Als Diskussionspartner und Mitberichter konnte Herr Prof. Dr.-Ing. habil. Dieter Dinkler vom hiesigen Institut für Statik und Dynamik der Luft- und Raumfahrtkonstruktionen gewonnen werden. Herr Dr.-Ing. Günter Schwarz, Leiter der Gasdynamischen Versuchsanlagen der Universität Stuttgart, begleitete und förderte meinen Arbeitsfortschritt in mehreren langen Gesprächen. Er unterstützte die Arbeit der Berichter durch die Erstellung eines Gutachtens.

Unschätzbare Hilfe erfuhr ich durch die Angehörigen des Instituts für Tragwerksentwurf und -konstruktion, von denen einige stellvertretend genannt seien. Herr Dipl.-Ing. Knut Gabriel, Leiter der Arbeitsgruppe „Zugbeanspruchte Konstruktionen", gewährte mir stete ideelle, organisatorische und fachliche Unterstützung. Unsere Diskussionen waren zahllos und fruchtbar. Für die gute Qualität der Zeichnungen und Plots sorgten Frau Anita Jung und Herr cand. ing. Mathias Kutterer. Herr Dipl.-Ing. Volker Schreiber und Herr Dipl.-Ing. Peter Mutscher halfen bei Problemen der elektronischen Datenverarbeitung.

Ermutigung zur Inangriffnahme des schwierigen Themas wurde mir durch Herrn Dr. techn. Max Herzog, Aarau und durch Herrn Dipl.-Ing. Dietrich Hommel, Stuttgart zuteil. Frau Dr. phil. Johanna Koeppen, Bremerhaven hat das Manuskript auf stilistische Mängel durchgesehen und zahlreiche Verbesserungen durchgesetzt. In die mühevolle Aufgabe des Korrekturlesens teilte sie sich mit meiner Familie.

Allen Beteiligten gilt mein herzlicher Dank.

Stuttgart, Sommer 1991 **Uwe Starossek**

Abstract

The dynamic behavior of bridges is investigated, with special attention paid to the phenomenon of wind–induced flutter vibration and to the design family 'cable–supported bridges'. The aim is to understand the mechanisms of vibration, to verify and to improve known methods of calculation, to create new mechanical–mathematical tools where necessary, and to make statements with regard to a dynamically advantageous design. The research method comprises comparative study of relevant publications, analytical and numerical calculation, and, based thereupon, clarifying discussion. Generally, small displacements are assumed (linear theory); calculations are effected in the frequency domain. Determination of aerodynamic forces proceeds from the assumption of plane instationary stream.

In the discussion of aerodynamic and aeroelastic basic relations, attention is focussed on the two–dimensional system. A review of the classical theory of flutter of a flat plate (aerofoil) is included, and a simplified arithmetical method for its execution is given. The applicability of the classical theory to bridges is investigated. An empirically modified theory of flutter makes use of measured aerodynamic coefficients (nonstationary derivatives). Available measuring methods are described and compared, and the applicability of the modified theory is investigated. Further discussion is dedicated to nonlinear aerodynamics and to dynamic–aeroelastic response behaviour.

Flutter calculation for more general systems, i.e. line–like three–dimensional systems, requires theoretical investigation of the aeroelastics of a beam with freedom to bend and twist. The approach by partial differential equations, as well as the finite–element concept, are applied. The latter leads to the development of two aeroelastic beam elements.

In order to account for the dynamic interaction between cables and other system elements (necessary for the calculation of composed systems), the dynamic stiffness matrix of a damped cable is derived. Its coefficients are analytical functions of the frequency of motion. They are subsequently represented by linear matrix polynomials, which facilitates the numerical solution of eigenvalue problems.

The acquired findings are applied to real bridge systems and, in particular, to cable–stayed bridges. In connection with the so–called system damping and alternatively proposed terms, a description of system inherent, dynamically advantageous mechanisms is given. By means of a numerical flutter study on a multi–cable system, the influence of non–affinity of mode shapes on the flutter behaviour is investigated.

Kurzfassung

Gegenstand der Abhandlung ist das dynamische Verhalten von Brücken. Besonderes Augenmerk liegt auf dem Phänomen winderregte Flatterschwingung und auf der Konstruktionsgattung Seilbrücke. Ziele sind das Verstehen der Schwingungsmechanismen, die Verifizierung und Verbesserung bekannter Nachweisverfahren, wo erforderlich die Schaffung neuer mechanisch–mathematischer Kalküle und Aussagen zu einem dynamisch vorteilhaften Entwurf. Die Methodik umfaßt vergleichendes Literaturstudium, analytisches und numerisches Rechnen sowie — hierauf beruhend — klärende Diskussion. Vorausgesetzt werden fast durchweg kleine Verschiebungen (lineare Theorie), Berechnungen erfolgen im Frequenzbereich. Die Bestimmung der Luftkräfte geht vom ebenen instationären Strömungsfeld aus.

Die aerodynamischen und aeroelastischen Grundzusammenhänge werden am zweidimensionalen System erörtert. Dies beinhaltet eine Diskussion der klassischen Flattertheorie der ebenen Platte. Für deren rechnerische Durchführung wird ein vereinfachter Algorithmus angegeben, ihre Anwendbarkeit auf Brücken wird untersucht. Eine empirisch modifizierte Flattertheorie greift auf gemessene instationäre Luftkraftbeiwerte zurück. Die anzuwendenden Meßverfahren werden dargestellt und verglichen, die modifizierte Theorie wird beurteilt. Weitere Erörterungen sind der nichtlinearen Aerodynamik sowie dem dynamisch–aeroelastischen Antwortproblem gewidmet.

Der rechnerische Flatternachweis allgemeiner, linienförmig räumlicher Systeme erfordert eine theoretische Untersuchung der Aeroelastik des Biege–Torsions–Balkens. Sowohl die Methode des differentiellen Gleichgewichts als auch die Finite–Element–Methode werden angewendet. Letzteres führt auf die Entwicklung zweier aeroelastischer Balkenelemente.

Zur Erfassung der dynamischen Seil–Balken–Interaktion, erforderlich für die Berechnung zusammengesetzter Systeme, wird die dynamische Steifigkeitsmatrix des gedämpften Einzelseils hergeleitet. Ihre Elemente sind analytische Funktionen der Schwingungsfrequenz. Sie werden auf lineare Matrizenpolynome abgebildet, was eine erleichterte numerische Lösung des Eigenwertproblems ermöglicht.

Die gewonnenen Erkenntnisse werden auf reale Brückensysteme und insbesondere auf Schrägkabelbrücken übertragen. In Verbindung mit einer Diskussion der sogenannten Systemdämpfung und alternativ vorgeschlagenen Begriffsbildungen erfolgt eine Beschreibung systemeigener, dynamisch vorteilhafter Mechanismen. In einer numerischen Studie an einem Vielseilsystem wird die Beeinflussung des Flatterverhaltens durch die Nichtaffinität der Eigenformen untersucht.

Inhaltsverzeichnis

	Notation	15
1	Einleitung	25
2	Zweidimensionale aeroelastische Systeme	31

2.1 Allgemeines und Überblick 31
2.2 Klassische Flattertheorie und deren Anwendung auf Brücken 32
    2.2.1 Einleitung 32
    2.2.2 Die klassische Flattertheorie der ebenen, harmonisch schwingenden Platte 34
        2.2.2.1 Voraussetzungen und grundsätzlicher Rechengang . . 34
        2.2.2.2 Formale Durchführung 43
    2.2.3 Numerische Ergebnisse für die ebene Platte 51
        2.2.3.1 Allgemeine Erörterungen 51
        2.2.3.2 Nachrechnung von Teilmodellversuchen 57
        2.2.3.3 Nachrechnung der Tacoma–Brücke 59
    2.2.4 Vergleich mit Messungen und Diskussion 61
        2.2.4.1 Überprüfung der Luftkraftterme 61
        2.2.4.2 Überprüfung an beobachteten Flatterschwingungen . 62
        2.2.4.3 Schlußfolgerungen 64
    2.2.5 Ergänzende Untersuchungen 68
        2.2.5.1 Einfluß des Anströmwinkels 68
        2.2.5.2 Statische Divergenz 70
        2.2.5.3 Reelle Bewegungsgleichungen und viskose Dämpfung 71
        2.2.5.4 Vollständige Lösung der Eigenwertaufgabe 73
        2.2.5.5 Interpolationsformeln 79
2.3 Einbeziehung gemessener instationärer Luftkraftbeiwerte (modifizierte Theorie) 81
    2.3.1 Allgemeines 81
    2.3.2 Meßanordnung und Auswertung 82

		2.3.3	Diskussion der verschiedenen Meßmethoden 84
		2.3.4	Verifizierung des Verfahrens 85
			2.3.4.1 Gegenüberstellung der nach verschiedenen Methoden gemessenen Luftkraftbeiwerte 85
			2.3.4.2 Nachrechnung von Teilmodellversuchen 88
			2.3.4.3 Nachrechnung der Tacoma–Brücke 93
			2.3.4.4 Zusammenfassung 95
		2.3.5	Einfluß des effektiven Anströmwinkels. 95
		2.3.6	Vereinfachter Nachweis des Torsionsflatterns 97
		2.3.7	Abschließende Bemerkungen 100
	2.4	Aeroelastik beliebig bewegter Systeme 105
		2.4.1	Überblick 105
		2.4.2	Theoretische Luftkraftterme 105
		2.4.3	Anwendung auf den Flatternachweis von Brücken 110
	2.5	Zur nichtlinearen Aerodynamik 112
		2.5.1	Allgemeines 112
		2.5.2	Aerodynamische Hysteresis 113
		2.5.3	Bisher vorgeschlagene Nachweisverfahren 114
	2.6	Das dynamisch–aeroelastische Antwortproblem 115
		2.6.1	Überblick 115
		2.6.2	Aeroelastische Admittanz und Sinus–Böe 117
		2.6.3	Zufallsverteilte Böenerregung und Spektralmethode 123

3 Die Aeroelastik des Biege–Torsions–Balkens   125

3.1	Allgemeines und Überblick 125		
3.2	Methode des differentiellen Gleichgewichts 126		
	3.2.1	Differentialgleichungen der Bewegung 126	
	3.2.2	Vollständige Lösung des Randwertproblems 127	
	3.2.3	Behandlung als Anfangswertaufgabe 130	
	3.2.4	Lösung mit dynamischen Steifigkeitsmatrizen 132	
3.3	Finite Elemente & Prinzip der virtuellen Verschiebungen 143		
	3.3.1	Allgemeines 143	
	3.3.2	Element–Steifigkeitsmatrizen. 146	
	3.3.3	Element–Massenmatrizen 148	
	3.3.4	Element–Luftkraftmatrizen. 149	
	3.3.5	Bewegungsgleichungen (einschließlich Dämpfungsansatz) und Lösung 153	
	3.3.6	Beispielrechnungen und Erprobung 159	

4 Die Dynamik des randpunkterregten Seiles — 171

- 4.1 Einleitung 171
- 4.2 Grundgleichungen 172
- 4.3 Das horizontal gespannte Seil 178
  - 4.3.1 Allgemeines 178
  - 4.3.2 Horizontale Randverschiebungen 179
  - 4.3.3 Vertikale Randverschiebungen 183
  - 4.3.4 Zusammenfassung 186
- 4.4 Verallgemeinerung auf das schräg gespannte Seil ... 188
- 4.5 Transformation auf globale Koordinaten 190
- 4.6 Beispielrechnung und Diskussion 192
- 4.7 Linearisierung der dynamischen Seilsteifigkeit 200
  - 4.7.1 Zielsetzung 200
  - 4.7.2 Expansion einer dynamischen Steifigkeitsfunktion ... 200
    - 4.7.2.1 Lösungsidee 200
    - 4.7.2.2 Approximation von K durch $\tilde{K}$ ... 202
    - 4.7.2.3 Übergang von $\tilde{K}$ auf S ... 209
  - 4.7.3 Simultane Expansion und Kondensation 215

5 Zur Dynamik und Aeroelastik von Seilbrücken — 221

- 5.1 Überblick 221
- 5.2 Zur Systemdämpfung 221
- 5.3 Systemeigene Mechanismen dynamischer Resistenz ... 224
- 5.4 Numerische Flatterstudie 227
  - 5.4.1 Einleitung und Zielsetzung 227
  - 5.4.2 Allgemeines zur rechnerischen Durchführung ... 229
    - 5.4.2.1 Modellierung 229
    - 5.4.2.2 Aufstellen und Lösen des Eigenwertproblems ... 229
  - 5.4.3 Flatterberechnung einer Schrägkabelbrücke ... 231
    - 5.4.3.1 Systeme und Systemparameter 231
    - 5.4.3.2 Ergebnisse für Brücke im Endzustand ... 234
    - 5.4.3.3 Ergebnisse für Brücke im Bauzustand ... 240
  - 5.4.4 Schlußfolgerungen 244

Literaturverzeichnis — 249

Notation

Es gilt übliche mathematische Notation. Spezielle Symbole und Bezeichnungen werden bei ihrem ersten Auftreten definiert. Die folgende Liste beschränkt sich auf Zeichen übergeordneter Bedeutung oder gewisser Häufigkeit. Angaben in ( ) verweisen auf Definitions- oder Ansatzgleichungen bzw. auf Abbildungen.

Durchgängig verwendete Zeichen:

$\mathcal{C}$ .... Menge der komplexen Zahlen

E .... Elastizitätsmodul

E .... Einheitsmatrix

e .... Eulersche Zahl: $2,718...$

G .... Gleitmodul

i .... imaginäre Einheit

$\Im(z)$ .... Imaginärteil einer komplexen Größe z

$\Re(z)$ .... Realteil einer komplexen Größe z

$\mathcal{R}$ .... Menge der reellen Zahlen

t .... Zeit

x .... Koordinate in Richtung von Balkenachse bzw. Seilsehne

y .... Koordinate senkrecht zu Balkenachse bzw. Seilsehne

z .... horizontale Koordinate senkrecht zu x und y

ω .... Kreisfrequenz

$',''$ .... Kennzeichnung des Real- bzw. Imaginärteils einer komplexen Größe

$'$ .... Ableitung nach x

$\cdot$ .... Ableitung nach t

NOTATION

In **Kapitel 2, 3** und **5** verwendete Zeichen:

A .... Auftriebskraft (Abb. 2.1)

$\boldsymbol{A}$ .... Systemmatrix des ebenen Systems (2.13)

$\boldsymbol{A}$ .... globale Luftkraftmatrix (3.107)

$a_{hh}, a_{h\alpha}$ etc. .. Koeffizienten des Differentialgleichungssystems des Balkens (3.12b)

a_0, a_1 .... Koeffizienten der charakteristischen Gleichung für ebenes System (2.16)

$\boldsymbol{a}$ .... Luftkraftmatrix für Balkenelement (3.94)

b .... halbe Breite der aerodynamischen Kontur (Abb. 2.1)

b_0, b_1, b_{01} .... Hilfsgrößen für Flatterberechnung am ebenen System (2.24), (2.30)

C .... Theodorsenfunktion (2.8)

C_A, C_W, C_M .. stationäre Luftkraftbeiwerte

C_B .... Böenfunktion (2.115)

$\boldsymbol{C_m}, \boldsymbol{C_v}$ ...... globale Dämpfungsmatrizen (3.108)

$c_{hh}, c_{h\alpha}, c_{\alpha h}, c_{\alpha\alpha}$ instationäre Luftkraftkoeffizienten (2.7), (2.11)

$\boldsymbol{c}$ .... Vektor der Integrationskonstanten (3.26), (3.56)

$\boldsymbol{F}$ .... Transformationsmatrix der Randkräfte (3.33), (3.58)

$\boldsymbol{F}$ .... globaler Knotenkraftvektor (3.106)

$f(k)$ .... Lösungsfunktion für Flattern des ebenen Systems (2.29)

f_i .... lokale Randkraftgröße eines Balkenelements (Abb. 3.2)

$\boldsymbol{f}$ .... verallgemeinerter Randkraftvektor (3.30), (3.55)

$\boldsymbol{f}^I, \boldsymbol{f}^{II}, \boldsymbol{f}$ .... Vektor der f_i (3.70a, b)

$\boldsymbol{f}(t)$ .... Vektor der am ebenen System angreifenden Störkräfte (2.118)

f_L .... Vektor der am ebenen System angreifenden selbstinduzierten Luftkräfte (2.1)

g .... fiktiver Dämpfungsverlustwinkel (2.71)

g_h, g_α, g, g_j .. Dämpfungsverlustwinkel (2.3), (3.114), (3.120)

G .... Matrix der Dämpfungsverlustwinkel (2.3), (3.130)

H .... mechanische bzw. aeroelastische Admittanzfunktionsmatrix (2.122)

h .... Vertikalverschiebung (Abb. 2.1, Abb. 3.2)

h .... bezogene Vertikalverschiebung (3.4)

I .... Massenträgheitsmoment bezogen auf Länge (2.1), (3.1)

J .... Flächenträgheitsmoment (3.1)

J_d .... Drillungswiderstand (3.1)

K .... Küssnerfunktion (2.111)

K .... (globale) Steifigkeitsmatrix (2.3), (3.107)

K .... dynamische Steifigkeitsmatrix (3.36)

K^d .... Feder–Dämpfungs–Matrix (2.1)

k .... reduzierte Frequenz (2.9)

k_h, k_α .... Federkonstanten bezüglich Vertikalverschiebung bzw. Verdrehung (2.3)

k_h^d, k_α^d .... Feder–Dämpfungs–Konstanten (2.3)

k .... Steifigkeitsmatrix für Balkenelement (3.75)

L .... Systemlänge (Abb. 3.3)

L .... Luftkraftmatrix des ebenen Systems (2.6)

l .... Länge des Balkenelements (Abb. 3.1, Abb. 3.2)

M_L .... Luftkraftmoment (Abb. 2.1)

M .... (globale) Massenmatrix (2.1), (3.107)

m .... Masse bezogen auf Länge (2.1), (3.1)

m .... Massenmatrix für Balkenelement (3.85)

N .... axiale Zugkraft (3.1)

R_α .... Amplitudenverhältnis Verdrehung/Vertikalverschiebung (2.47)

r .... bezogener Trägheitsradius (2.19)

S .... Strouhalzahl (2.9a)

S_{w^B}, S_h ...... spektrale Leistungsdichten (2.140), (2.141)

s .... dimensionslose Zeit (2.98)

U_x .... Übertragungsmatrix (3.18)

V .... Transformationsmatrix der Verschiebungen (3.28), (3.57)

v .... (kritische) Geschwindigkeit der ungestörten Anströmung (Abb. 2.1)

v .... verallgemeinerter Verschiebungsvektor (3.25), (3.54)

W .... Wagnerfunktion (2.102)

$w_{3/4}$ .... Abwind im 3/4–Punkt der Platte (2.99)

w^B .... Vertikalgeschwindigkeit der Anströmung an der Plattenvorderkante (Abb. 2.15)

x .... Verschiebungsvektor des ebenen Systems (2.1)

α .... Verdrehung um die Längsachse (Abb. 2.1, Abb. 3.2)

β_h, β_α .... Hilfsgrößen für Flatterberechnung am ebenen System (2.27)

γ .... dämpfungsabhängige Hilfsgröße des ebenen Systems (2.23)

Δ .... globaler Knotenverschiebungsvektor (3.107)

$\delta_h^0, \delta_\alpha^0, \delta$ ...... logarithmische Dekremente (2.40d), (2.70)

δ_i .... lokale Randverschiebungsgröße eines Balkenelements (Abb. 3.2)

NOTATION

$\delta^I, \delta^{II}, \delta$ ..... Vektor der δ_i (3.70a, b)

$\varepsilon, \varepsilon_{ij}$ .... Eigenfrequenzverhältnisse Verdrehung/Vertikalverschiebung (2.19)
bzw. Torsion/Biegung (5.2)

ζ .... bezogene kritische Windgeschwingigkeit (2.38)

ζ_h, ζ_α .... Hilfsgrößen zur Berechnung der Admittanz (2.127)

η .... Formfaktor (2.50)

$\kappa, \kappa_1, \kappa_2$ ..... Hilfsgrößen für Flatterberechnung am ebenen System (2.35), (2.46)

κ .... Steifigkeitsverhältnis Torsion/Biegung (3.31)

λ .... unbestimmter Parameter des speziellen Eigenwertproblems,
z. B. nach (2.14)

μ .... bezogene Masse (2.19)

ν .... bezogene axiale Zugkraft (3.12a)

ξ .... dimensionslose Laufvariable (3.72)

ξ_h, ξ_α, ξ_j ..... viskose Dämpfungsgrade (2.40a, b), (3.110)

$\xi'_0, \xi''_0, \xi'_1, \xi''_1$ .. Hilfsgrößen für Flatterberechnung am ebenen System (2.26)

ρ .... Dichte des Strömungsmediums (2.4)

τ .... Anströmwinkel (Abb. 2.11)

φ_α .... Phasenwinkel zwischen Verdrehung und Vertikalverschiebung (2.47)

ψ_i .... lokale Verschiebungsansätze für Balkenelement (3.71), (3.73), (3.74)

$\Omega, \Omega_h, \Omega_\alpha$ .... bezogene Frequenzen (3.47), (3.133), (3.134)

ω .... Kreisfrequenz (2.2), (2.119), Flatterkreisfrequenz (2.36)

$\tilde{\omega}$ .... auf ω_h bezogene Kreisfrequenz (2.127)
bzw. Flatterkreisfrequenz (2.37)

ω_h, ω_α .... (Vakuum–)Eigenkreisfrequenzen in den Freiheitsgraden
Vertikalverschiebung, Verdrehung (2.19) bzw. Biegung, Torsion

B .... böeninduziert

D .... infolge Dämpfung

I .... infolge Massenträgheit

L .... infolge selbstinduzierter Luftkräfte

S .... infolge Steifigkeit

$\sim$ .... Kennzeichnung von Amplituden und bezogenen Größen

$\wedge$ .... Kennzeichnung bezogener Größen u. a.

$\circ$ .... Lösung für ungedämpftes System im Vakuum

In **Kapitel 4** verwendete Zeichen:

A .... wirksamer Seilquerschnitt (4.14)

A_j .... Koeffizienten der Teilbruchzerlegung von $\tilde{K}$ (4.152)

c .... Dämpfungskraft bezogen auf Länge und Geschwindigkeit (4.21)

d .... Seildurchhang senkrecht zur Seilsehne

F_k, F .... dynamischer Anteil einer Seilrandkraft im globalen Koordinatensystem (Abb. 4.8)

$\boldsymbol{F}$ .... Vektor der F_k (4.96)

f_k .... dynamischer Anteil einer Seilrandkraft im lokalen Koordinatensystem (Abb. 4.7)

$\boldsymbol{f}$ .... Vektor der f_k (4.84)

g .... Gravitationsbeschleunigung

H .... Horizontalkomponente der statischen Seilkraft (Abb. 4.1)

h .... dynamischer Anteil der Horizontalkomponente der Seilkraft (Abb. 4.1)

h_τ .... von τ abgeleitete dynamische Kraftgröße (4.20)

K_{kl}, K .... Element der globalen dynamischen Steifigkeitsmatrix (4.98)

$\tilde{K}$ .... gebrochen rationale Funktion zur näherungsweisen Darstellung von K (4.119)

K_{11}^*, K_{44}^* ..... bezogene dynamische Steifigkeiten (4.107), (4.112)

K_0, K_∞ ...... K für $\omega=0$ bzw. für große ω, vgl. (4.125), (4.126)

$\boldsymbol{K}$ .... globale dynamische Steifigkeitsmatrix (4.98)

k_{kl} .... Element der lokalen dynamischen Steifigkeitsmatrix (4.83)

$k_{p,q}^r$ .... dynamische Steifigkeit für einen speziellen Satz von Randverschiebungen (4.37a,b), (4.55a,b), (4.61a,b), (4.74a,b)

$\boldsymbol{k}$ .... lokale dynamische Steifigkeitsmatrix (4.83)

$\boldsymbol{k}_{p,q}^r$ .... mit $k_{p,q}^r$ verknüpfte Submatrix (4.86), (4.87)

L_e .... Seilparameter (4.40), (4.94)

l .... Länge der Seilsehne

m .... Seilmasse bezogen auf Länge in Seilrichtung (4.1)

$\boldsymbol{P}, \boldsymbol{Q}$ .... Teilmatrizen des Matrizenpolynoms $\boldsymbol{S}$ (4.116)

r_j .... fiktive Verschiebung (4.117)

$\boldsymbol{r}$ .... Vektor der r_j (4.117)

$\boldsymbol{S}$ .... Matrizenpolynom zur näherungsweisen Darstellung von K (4.116)

T .... statische Seilkraft (Abb. 4.1)

T_Θ .... statische Seilkraft im Schnitt, in dem Seil parallel zur Sehne (4.93)

u .... Verschiebung in Richtung der Seilsehne

V .... Vertikalkomponente der statischen Seilkraft (Abb. 4.1)

v .... Verschiebung senkrecht zur Seilsehne

α .... Rotationswinkel der Transformation auf globale Koordinaten (Abb. 4.8)

β_q^r .... bezogene Verschiebung senkrecht zur Seilsehne für einen speziellen Satz von Randverschiebungen (4.53), (4.56), (4.72), (4.75)

Δ_k, Δ .... Randverschiebung im globalen Koordinatensystem (Abb. 4.8)

$\boldsymbol{\Delta}$ .... Vektor der Δ_k (4.96)

δ_k .... Randverschiebung im lokalen Koordinatensystem (Abb. 4.7)

$\boldsymbol{\delta}$ .... Vektor der δ_k (4.84)

ε .... dynamischer Anteil der Seildehnung (4.12)

ϵ .... Seilparameter (4.47), (4.92)

Θ .... Neigungswinkel der Seilsehne gegen die Horizontale

κ .... von Ω_c abhängige Hilfsfunktion (4.43)

$\tilde{\kappa}$ .... $\tilde{K}$ charakterisierende Hilfsgröße (4.163)

Λ .... frequenz- und dämpfungsabhängige Hilfsgröße (4.174)

λ^2 .... fundamentaler Seilparameter (4.42), (4.91)

ν .... dynamischer Anteil der Vertikalkomponente der Seilkraft (Abb. 4.1)

ξ .... dimensionsloser Dämpfungsparameter (4.34)

ϱ .... Seilparameter (4.113)

σ .... statische Seilspannung (4.8)

τ .... dynamischer Anteil der Seilkraft (Abb. 4.1)

Ω .... bezogene Frequenz (4.35), (4.90)

$\Omega_c, \tilde{\Omega}_c$ .... dimensionsloser Frequenz–Dämpfungs–Parameter (4.35), (4.90), (4.131a)

ω .... Kreisfrequenz (4.32a, b)

$\omega_c, \tilde{\omega}_c$ .... Frequenz–Dämpfungs–Parameter (4.34), (4.131)

$\omega_{0j}, \omega_{\infty j}$ ...... Null- bzw. Polstelle von $K = K(\omega)$

^{a} .... Kennzeichnung antisymmetrischer Anteile

^{m} .... Lösung für Feldmitte

^{s} .... Kennzeichnung symmetrischer Anteile

$^\sim$ .... Kennzeichnung von Amplituden

$^\sim$ .... Kennzeichnung der zu $\tilde{K}$ gehörigen Größen

Kapitel 1

Einleitung

> Wann treffen wir drei wieder zusamm'?
> Um die siebente Stund', am Brückendamm.
> Am Mittelpfeiler. Ich lösch die Flamm'.
> Ich mit. Ich komme vom Norden her.
> Und ich vom Süden. Und ich vom Meer.
> Hei, das gibt einen Ringelreihn,
> und die Brücke muß in den Grund hinein.
> Und der Zug, der in die Brücke tritt
> um die siebente Stund'? Ei, der muß mit.
> Muß mit. Tand, Tand
> ist das Gebilde von Menschenhand!
>
> *Theodor Fontane, Die Brück' am Tay*

Einführung in Thema und Problematik

Brückenbau im Bereich extrem großer Spannweiten war und ist eine Domäne der Seilbrücken. Ob Hängebrücke, Schrägkabelbrücke oder hieraus kombinierte Formen — die Überlegenheit im statischen System sowie der Einsatz hochfester Zugelemente lassen diese Brückenfamilien in den Grenzbereich des technisch Machbaren vorstoßen. Mit zunehmender Beachtung der gestalterischen Qualität von Ingenieurbauten werden Seilbrücken aber auch bei kleineren Spannweiten konkurrenzfähig. Für zarte Fußgängerstege, hineinkomponiert in Gartenlandschaften, ist Wirtschaftlichkeit ein eher untergeordneter Aspekt; maßgebend wird hier schönheitliches Empfinden, dem gut entworfene Seilkonstruktionen durch Eleganz und Leichtigkeit entgegenkommen.

Den statischen und ästhetischen Vorteilen der Seilbrücken steht ein auf denselben systemeigenen Gründen beruhender Nachteil gegenüber: Sie sind besonders schwingungsanfällig. Abgespannte oder aufgehängte Fußgängerbrücken etwa sind so leicht, daß sie von Passanten mühelos und sogar unabsichtlich zu deutlich wahrnehmbaren Schwingungen angeregt werden können. Wesentlich gefürchteter, da katastrophal, ist eine Anregung zu Flatterschwingungen durch die Wirkung von Windkräften. Diesbezügliche Überlegungen und Nachweise stehen beim Bau von Großbrücken im Mittelpunkt der Aufmerksamkeit und sind entwurfsbestimmend.

Auswirkungen und Gefährlichkeit von Brückenschwingungen sind je nach Ursprung der anregenden Kräfte und nach Art des Erregermechanismus verschieden. Beeinträchtigt sein kann die Gebrauchsfähigkeit, die Dauerfestigkeit oder auch die Sicherheit gegen Einsturz. Eine Eintragung schwingungsanfachender Energie in das Bauwerk kann durch Erdbebenwirkung, Verkehr oder Wind erfolgen. Die mathematische Behandlung legt es nahe, die dabei wirksam werdenden Erregermechanismen in die beiden Kategorien *Störinduzierung* und *Selbstinduzierung* einzuteilen.*
Störinduzierte Schwingungen werden durch zeitveränderliche Kräfte angeregt, die unabhängig von den Verschiebungen der Struktur sind. Eine mechanische Modellierung führt auf inhomogene Gleichungssysteme. Selbstinduzierung liegt vor, wenn

---

*Diese Einteilung ist nicht vollständig (vgl. [64]), aber hier zunächst ausreichend.

die anregenden Kräfte — so wie die strukturmechanischen Kräfte — allein durch strukturelle Verschiebungen gesteuert werden. Die entsprechenden Gleichungssysteme sind homogen.

Bei Schwingungsanregung durch Windkräfte können beide Erregungsarten im Spiele sein. Wirbelablösungen am umströmten Körper und atmosphärische Turbulenzen (Böen) führen zu störinduzierten Schwingungen, winderregte Flatterschwingungen dagegen sind selbstinduziert. (Diese Aussagen beruhen auf einer gewissen Idealisierung, denn tatsächlich sind selbstinduzierte und von außen aufgeprägte Windkräfte stets gemeinsam am Werke.) Während wirbel- und böeninduzierte Schwingungen eher die Gebrauchsfähigkeit des Bauwerkes oder die Dauerfestigkeit einzelner Teile beeinträchtigen, können Flatterschwingungen in kürzester Zeit zum Einsturz führen. Eine Begründung für diesen empirisch belegten Satz kann wiederum aus der mathematischen Darstellung abgeleitet werden. Das inhomogene Gleichungssystem der Störerregung entspricht einem dynamisch–aeroelastischen Antwortproblem, das homogene der Selbstinduzierung aber einem dynamisch–aeroelastischen Stabilitätsproblem.* In Analogie zum statisch–elastischen Stabilitätsproblem wächst die Schwingungsamplitude nach Überschreiten einer gewissen kritischen Windgeschwindigkeit und nach einer kleinen Störung des Gleichgewichts im Rahmen linearer Theorie unbegrenzt an. (Es handelt sich dabei um gekoppelte oder weitgehend entkoppelte Torsions- und vertikale Biegeschwingungen.) Strukturelle Dämpfung hat hier lediglich quantitativen Einfluß, sie hebt die kritische Windgeschwindigkeit (meist nur geringfügig) an. Für störinduzierte Schwingungen dagegen lassen sich auch in linearer Rechnung stets endlich große Amplituden nachweisen (wobei im Resonanzfall die strukturelle Dämpfung in Ansatz gebracht werden muß).

Zentrales Thema ist hier der Nachweis und die Verbesserung der Flatterstabilität von Brücken und insbesondere von Seilbrücken. Der wesentliche und praktisch meist einzig interessierende strukturelle Kennwert der Flatterstabilität von Brücken ist die kritische Windgeschwindigkeit. Liegt diese höher als der anzusetzende Erwartungswert, so gilt das Bauwerk als flatterstabil. Die vorgenommene Spezifizierung eines bestimmten Brückentyps ergibt sich zum einen aus einer besonders starken Gefährdung. Wie gezeigt wird, ist die kritische Windgeschwindigkeit bei sonst unveränderten Systemparametern proportional zu den Eigenfrequenzen und zur Breite der aerodynamischen Kontur. Brücken sehr großer Spannweite — realisiert meist als Seilbrücken — haben niedrige Eigenfrequenzen. Seilbrücken kleinerer Spannweite, entworfen z. B. als Fußgängerstege, sind oft schmal im Querschnitt bei immer noch relativ niedrigen Eigenfrequenzen. Seilbrücken können deshalb in allen Spannweitenbereichen flattergefährdet sein. Durch die Betonung des Brückentyps wird zum

---

*Der Begriff *aeroelastisch* verweist auf das Wechselspiel zwischen aerodynamisch und strukturmechanisch bedingten Kräften und Verschiebungen [35]. Die Steuerung von Strömungsfeld und Luftkräften durch die strukturellen Verschiebungen (Rückkopplung) führt auf ein aeroelastisches Stabilitätsproblem. Dessen statische Variante tritt z. B. beim Problem der Torsionsdivergenz in Erscheinung; wichtigstes Beispiel für das dynamisch–aeroelastische Stabilitätsproblem ist das Flattern von Tragflügeln und Brücken.

anderen auf eventuell bestehende systemeigene Besonderheiten im Flatterverhalten und -nachweis von Seilbrücken verwiesen.

Für den Nachweis der Flatterstabilität kommen experimentelle, halbempirische und theoretische Verfahren in Frage. Der *Vollmodell*versuch im Windkanal ermöglicht zwar die gleichzeitige und vollständige Modellierung von Strömungsfeld und Struktur, verlangt wegen der vorhandenen Größenbeschränkung aber einen kleinen Maßstab (üblicherweise im Bereich von 1/300). Dies macht eine sehr genaue Fertigung des Modells erforderlich, was sich in hohen Kosten niederschlägt. Weitere Nachteile sind die Schwierigkeit, nachträgliche Modifikationen zu berücksichtigen, und eine starke Diskrepanz zwischen den Reynoldszahlen von Bauwerk und Modell [41], [120]. Beim Flatterversuch am *Teilmodell* wird nur ein Teilabschnitt des Versteifungsträgers geometrisch ähnlich modelliert (im Maßstab 1/100 bis 1/25) und dynamisch ähnlich im Windkanal gelagert. Die vorher genannten Schwierigkeiten sind kleiner. Die nun nicht mehr modellierbare Dreidimensionalität der Strömung ist meist von untergeordneter Bedeutung. Schwierig oder gar unmöglich kann aber eine dynamisch korrekte Abbildung des komplexen Gesamtsystems auf die nur zwei Freiheitsgrade Vertikalverschiebung und Verdrehung des Teilmodells werden. Das 'taut strip model' — ein Zwitter zwischen den ersten beiden Methoden — hat sich bisher kaum durchgesetzt und sei hier nur erwähnt [149].*

Ein rechnerischer Flatternachweis — sofern mit angemessenem Aufwand möglich — würde alle genannten Nachteile vermeiden. Die entscheidende Schwierigkeit liegt hierbei begründet im richtigen Ansatz der aus dem Wind auf die Brücke wirkenden Kräfte. Wie gezeigt wird, sind die Strömungskräfte unter Berücksichtigung der Instationarität (d. h. der zeitlichen Veränderlichkeit) des Strömungsfeldes zu bestimmen. Das strömungsmechanische Problem ist je nach struktureller Kontur von unterschiedlichem Gewicht. Für die schwingende ebene Platte in reibungsfreier Strömung liegen geschlossene Lösungen vor, die unter der Annahme ebener Strömung (Streifentheorie) einen rechnerischen Flatternachweis von Strukturen mit plattenähnlichem Querschnitt (Tragflügel, evtl. auch Brücken) ermöglichen. Die im Brückenbau verwendeten Profilformen sind aber oft wenig plattenähnlich und meist von kantiger Kontur. Hierdurch bedingte Strömungsabrisse machen das Strömungsfeld stark turbulent. Geschlossene Lösungen sind nicht mehr möglich, und eine ersatzweise Benutzung der Lösung für die ebene Platte (einschließlich eventueller Korrektur des Ergebnisses mit einem empirischen Formfaktor) ist oft nicht zulässig. Zur rein rechnerischen Behandlung des Flatterproblems wäre hier die numerische Simulation des instationären Strömungsfeldes erforderlich. Dies ist gerade bei kantigen Profilen äußerst schwierig. Erfolgreiche Simulationen der beschriebenen Art sind bis heute nicht bekannt; sollten sie irgendwann möglich werden, so wahrscheinlich unter gigantischem numerischem Aufwand. Als Ausweg verbleibt nun die Möglichkeit, die instationären Luftkräfte — wiederum unter Ansatz der Streifentheorie — an einem im Windkanal schwingenden Teilmodell zu messen und die Meßwerte in einen

---

*Ausführliche Beschreibungen der Versuchstechnik im Windkanal und die entsprechenden theoretischen Grundlagen (Modellgesetze) sind in den Standardwerken [104], [120] und [123] zu finden.

entsprechend konzipierten Algorithmus einzuführen. Die Versuchseinrichtung kann man dabei als mechanischen Analogrechner auffassen; die begrenzte Anzahl der von ihm ermittelten Werte bildet die Schnittstelle zum sonst rein rechnerischen Algorithmus. Das Verfahren ist sehr allgemein und somit eine sinnvolle und wahrscheinlich wirtschaftlichere Alternative zum Vollmodellversuch. Gegenüber dem direkten Flatterversuch am Teilmodell besteht der Vorteil, auch die Strukturdynamik korrekt zu erfassen.

Rechnerische Methoden (einschließlich der gerade skizzierten halbexperimentellen Methode) zur Bestimmung der kritischen Windgeschwindigkeit können sich in einem wesentlichen Punkte mit Einfachheit begnügen. Da die kritische Windgeschwindigkeit theoretisch dem Verzweigungspunkt eines Stabilitätsproblems entspricht, kann ihre Berechnung unter Beschränkung auf infinitesimal kleine Verschiebungen erfolgen. Lineare Betrachtungsweisen und Theorien sind ausreichend. Erst der praktisch weniger relevante Nachweis von Flatterstabilität bei *über*kritischen Windgeschwindigkeiten würde eine Berücksichtigung strukturell und aerodynamisch nichtlinearer Einflüsse erforderlich machen. Die Untersuchung kann sich außerdem auf harmonische Schwingungen konstanter Amplitude beschränken.

Das Nachweisproblem steht in wechselseitiger Beziehung zum Bestreben, Entwurf und Konstruktion zu verbessern und damit Sicherheit und Wirtschaftlichkeit zu erhöhen. Seit langem ist bekannt, daß Flatterstabilität durch große Torsionssteifigkeit des Versteifungsträgers erreicht werden kann. So wurde bei den Hängebrücken amerikanischer Bauart (nach dem Einsturz der Tacoma-Brücke im Jahre 1940) der Versteifungsträger als hohe Fachwerkröhre ausgebildet. Eine elegantere Möglichkeit ist die aerodynamisch günstige Querschnittsgestaltung. Die Ausbildung des Trägers als flacher, windschlüpfriger Hohlkasten ist typisch für die sogenannte europäische Bauart (Severn–Brücke, 1966) [21], [73]. Weitere auf aerodynamischen Effekten beruhende Möglichkeiten sind die Anordnung winddurchlässiger Längsschlitze im Versteifungsträger (zweite Tacoma–Brücke; Tejo–Brücke, Lissabon) oder — in konsequenter Fortentwicklung — dessen Aufspaltung in zwei durch steife Querträger verbundene Brückenhauptträger mit jeweils eigenen Seilsystemen (Vorschlag von Richardson [96]; Entwurf für die neue Williamsburg–Brücke, New York von Schlaich et al. [117]). Der durch diese Maßnahmen ermöglichte Druckausgleich zwischen Ober- und Unterseite vermindert flatterrelevante Luftkräfte.

Basierend auf einer Arbeit von Leonhardt & Zellner [74] herrscht in Teilen der Fachöffentlichkeit zudem die Überzeugung, daß der Konstruktionstyp *Schrägkabelbrücke* aus systeminhärenten Gründen ein besonders vorteilhaftes dynamisches Verhalten aufweist. Sieht man ausreichend viele Seile vor, so ist danach die Schrägkabelbrücke wegen einer ihr eigenen „Systemdämpfung" gegen Schwingungen im allgemeinen und Flatterschwingungen im besonderen gewappnet. Eine theoretisch schlüssige Begründung für diese Annahme wie auch eine empirische Absicherung stehen noch aus. Wichtig wird hier die Frage nach der dynamischen Interaktion zwischen den Seilen und den balkenähnlichen Systemteilen Versteifungsträger und Pylonen. Diesbezügliche Untersuchungen sollten zunächst Klarheit über das dynamische Verhalten der Systemelemente schaffen. Besonders relevant ist dabei die Kenntnis über deren Verhalten bei dynamischer Anregung von den (verschieblichen) Randpunkten aus.

Gesamtüberblick

Die Arbeit kreist um die angesprochenen Fragen zum dynamischen Verhalten von Brücken. Besondere Aufmerksamkeit sind der Konstruktionsgattung Seilbrücke und dem Phänomen winderregte Flatterschwingung gewidmet. Ziele sind das Verstehen der angetroffenen Erscheinungen, die Verifizierung und Verbesserung bekannter Nachweisverfahren, wo erforderlich die Schaffung neuer mechanisch–mathematischer Kalküle und schließlich Aussagen zu einem dynamisch vorteilhaften Entwurf. Die Methodik umfaßt vergleichendes Literaturstudium, analytisches und numerisches Rechnen sowie — hierauf beruhend — klärende Diskussion. Vorausgesetzt werden fast durchweg kleine Verschiebungen (lineare Theorie); die hierdurch bedingte Möglichkeit eines Rechnens im Frequenzbereich wird wahrgenommen. Die Bestimmung der Luftkräfte geht vom ebenen instationären Strömungsfeld aus. Wenn möglich, wird der Ansatz frequenzunabhängiger Dämpfung bevorzugt.

Thema des folgenden Kapitels 2 sind zweidimensionale aeroelastische Systeme. Die auf diesem Gebiet geleistete experimentelle und theoretische Vorarbeit ist immens (wenn auch mit dem Schwergewicht auf Anwendungen des Flugzeugbaus). Dieses Kapitel gilt daher zum großen Teil dem Vergleich und dem Beurteilen, dem Übertragen und dem Verbessern bereits bekannter Verfahren und muß deshalb teilweise reproduktiv vorgehen. Die klassische Flattertheorie der ebenen Platte wird dargelegt, ein vereinfachtes Verfahren zur Lösung der resultierenden Gleichungen wird angegeben. Basierend auf in der Literatur dokumentierte Beobachtungen und eigene Rechnungen erfolgt eine Einschätzung dieser linearen Theorie (und ihrer halbempirischen Variante unter Benutzung von Formfaktoren) hinsichtlich des Flatternachweises von Brücken. Es schließt sich die Darstellung und Beurteilung einer modifizierten Theorie an, die auf gemessene instationäre Luftkraftbeiwerte zurückgreift. Zur Abrundung der gewonnenen Einblicke dienen u. a. ein Abschnitt über nichtlineare Aerodynamik und einer über das dynamisch–aeroelastische Antwortproblem. Die Diskussion aerodynamischer Fragen ist hiermit im wesentlichen abgeschlossen.

Kapitel 3 behandelt die Aeroelastik des Biege–Torsions–Balkens. Dabei sollen rechnerische Möglichkeiten zum Flatternachweis allgemeiner linienförmiger Systeme entwickelt werden. Gegenüber Kapitel 2 tritt eine weitere Raumdimension in Erscheinung; die Luftkraftansätze allerdings werden übernommen. Der erste Hauptabschnitt ist den klassischen differentiellen Methoden gewidmet, wie sie im Flugzeugbau üblich sind. Lineare Differentialgleichungssysteme werden aufgestellt, und verschiedene Wege zu ihrer Lösung werden besprochen. Wie sich zeigt, ist für die hier zu untersuchenden Fragen ein grundsätzlich anderes Verfahren — die Finite-Element-Methode — vorzuziehen. Dieser Möglichkeit wird im zweiten Hauptabschnitt nachgegangen, in dessen Mittelpunkt die Entwicklung zweier aeroelastischer Balkenelemente steht. Das Zusammenfügen der Elemente zu Systemen und die Lösung der resultierenden diskreten Eigenwertprobleme wird beschrieben und an einfachen Systemen beispielhaft vorgeführt. Durch Vergleich mit exakten Lösungen werden die beschriebenen Elemente erprobt und bezüglich ihrer Genauigkeit beurteilt.

Die Dynamik des von den Randpunkten her erregten durchhängenden Seiles ist das Thema von Kapitel 4. Unter Beschränkung auf den eingeschwungenen Zustand wird eine dynamische Steifigkeitsmatrix abgeleitet. Ihre Elemente sind analytische Funktionen der Schwingungsfrequenz. Sie ermöglicht eine dynamische Berechnung von aus Seilen (und anderen Strukturelementen) zusammengesetzten Tragwerkssystemen, wie Schrägkabelbrücken oder abgespannte Masten. Die Verschiebungen werden wieder als infinitesimal klein angenommen. Zur Berücksichtigung äußerer Strömungskräfte wird viskose Dämpfung in Ansatz gebracht. Der Herleitung schließen sich Beispielrechnungen für das Einzelseil an; in der diesbezüglichen Diskussion werden auffällige Charakteristika herausgearbeitet. Der Schlußabschnitt dieses Kapitels gilt einer erleichterten numerischen Lösung des Eigenwertproblems komplexer Systeme. Es wird gezeigt, wie die analytischen Funktionen der dynamischen Steifigkeitsmatrix auf lineare Matrizenpolynome abzubilden sind. Führt man diese Abbildung für alle Seile durch, so sind die hiermit konstruierten Systemmatrizen konstant, und es kann (bei Ansatz frequenzunabhängiger Dämpfung) auf die gut entwickelte Theorie der linearen Eigenwertaufgabe zurückgegriffen werden.

Das Schlußkapitel 5 basiert auf den Erkenntnissen und Ableitungen der vorangegangenen Kapitel und fügt so die Teile zum Ganzen. Es ist der Dynamik und Aeroelastik von Seilbrücken gewidmet. Zunächst werden grundsätzliche Überlegungen zum dynamischen Verhalten insbesondere von Schrägkabelbrücken vorgestellt. Dies umfaßt eine Diskussion der sogenannten Systemdämpfung sowie — in Verbindung mit alternativ vorgeschlagenen Begriffsbildungen — eine differenzierte Aufzählung und Beschreibung systemeigener Mechanismen, die tatsächlich oder hypothetisch das dynamische Verhalten günstig beeinflussen. Einer dieser Mechanismen beruht auf der Nichtaffinität von Eigenformen und betrifft das Flatterverhalten. Er wird in einer numerischen Studie vertieft untersucht; hierzu waren einige der zuvor angegebenen Verfahren in ein Rechenprogramm umzusetzen. Das untersuchte Tragwerk ist das einer weitgespannten Schrägkabelbrücke mit — wie heute üblich — vielen Schrägkabeln.

Die den entwerfenden Ingenieur interessierenden Aussagen zu einem möglichst flatterresistenten Entwurf finden sich hauptsächlich in den Kapiteln 2 und 5. Besonders verwiesen sei auf die Gleichungen (2.39) und (2.95) sowie auf die jeweils anschließenden Diskussionen. Der Einfluß der Profilform wird in Abschnitt 2.2.4.3 in Verbindung mit einer Diskussion des Begriffes „plattenähnlich" zusammenfassend dargestellt. Die Abschnitte 5.3 und 5.4.4 enthalten Aussagen zum Einfluß der Systemkonfiguration.

Kapitel 2

Zweidimensionale aeroelastische Systeme

2.1 Allgemeines und Überblick

Zweidimensionale (oder ebene) aeroelastische Systeme zeichnen sich dadurch aus, daß sämtliche mechanischen Bewegungsparameter bezüglich einer bestimmten Raumrichtung (horizontal und senkrecht zur Anströmung) unveränderlich sind. Trotz dieser Beschränkung ist die Untersuchung ebener Systeme äußerst nützlich. So lassen sich grundlegende aeroelastische Zusammenhänge im Bereich linienförmig dreidimensionaler Systeme vereinfacht schon an ebenen Systemen studieren. Ist eine Generalisierung der Dynamik des Gesamtsystems auf die eines ebenen Ersatzsystems möglich, kann auch die praktische Berechnung etwa eines Tragflügels oder einer Brücke auf diese vereinfachte Art erfolgen. Die Untersuchung des ebenen Systems wird aber vor allem grundlegend sein für die spätere Erweiterung auf allgemeine linienförmige Systeme.

In den folgenden Abschnitten werden die relevanten Deutungsmodelle und analytischen Nachweisverfahren für selbsterregte Schwingungen von Brücken diskutiert und erstmals systematisch verglichen und bezüglich ihrer Anwendbarkeit beurteilt.

Die aus dem Flugzeugbau stammende klassische Flattertheorie der ebenen Platte wird in einer hier vereinfachten Durchführung dargelegt und eingehend besprochen, wichtige theoretische Zusammenhänge werden herausgearbeitet. Eine Übertragung dieser für Tragflügel entwickelten Theorie auf Brücken — verbessert eventuell durch empirische Formfaktoren — ist zwar naheliegend, die Zulässigkeit und Grenzen dieses Vorgehens aber sind zu überprüfen. Außer prinzipiellen Überlegungen dient hierzu die Nachrechnung von in der Literatur dokumentierten Flatterbeobachtungen, wie sie insbesondere am experimentellen Pendant zweidimensionaler Theorie — Teilmodellversuche im Windkanal — gemacht wurden. Wie gezeigt wird, ist das Verfahren für gewisse, hier beschriebene Brückenquerschnitte anwendbar, für andere dagegen nicht sehr aussagekräftig.

Allgemeiner greift eine modifizierte Theorie, die den linearen Ansatz der klassischen Flattertheorie zwar übernimmt, die potentialtheoretisch berechneten Luftkraftterme aber durch am Teilmodell gemessene Kennlinien ersetzt. Anwendbarkeit und Tragweite dieser Methode werden vergleichend untersucht, wozu insbesondere die in der Literatur angegebenen Messungen herangezogen werden. Das Verfahren wird im Falle starker aerodynamischer Nichtlinearität an seine Grenzen stoßen; diesem Problemkreis ist ein eigener Abschnitt gewidmet.

Zur Abrundung der theoretischen Erkenntnisse dient ein Abschnitt über die Aeroelastik beliebig bewegter Systeme. Die Vorgabe harmonischer Schwingungen, wie sie der klassischen Flattertheorie zugrundeliegt, wird hier aufgegeben.

Der abschließende Abschnitt zum aeroelastischen Antwortproblem behandelt die Fremderregung des zugrundegelegten ebenen Systems. Da hier systemunabhängige und oft nur statistisch beschreibbare Kräfte zum Zuge kommen, ist ein grundsätzlich verschiedener Formalismus erforderlich. Er wird in seinen Grundzügen entwickelt. Ebenso wie bei den Verfahren zum Nachweis selbsterregter Schwingungen wird dabei vom instationären Strömungsfeld ausgegangen. Dieser Lösungsansatz ist neuartig.

Bei allen hier angestellten Untersuchungen bleibt eine etwaige Schwingungskomponente der Struktur in Windrichtung außer Ansatz. Dies entspricht dem für Flatteruntersuchungen von Tragflügeln und Brücken üblichen und theoretisch leicht begründbaren Vorgehen und erscheint auch aus empirischer Sicht gerechtfertigt (vgl. [69] und [151]).

2.2 Klassische Flattertheorie und deren Anwendung auf Brücken

2.2.1 Einleitung

Die grundlegende Arbeit von Theodorsen aus dem Jahre 1934 [132] enthält die Theorie des harmonisch schwingenden Tragflügels mit Ruder in zweidimensionaler, inkompressibler Strömung. Die angreifenden Luftkräfte werden dort nach der Methode der konformen Abbildung aus der Potentialtheorie hergeleitet, gelten also unter Vernachlässigung der Strömungsreibung und lassen somit Grenzschichteinflüsse (Strömungsabriß, Totwasserbereiche) unberücksichtigt. Das zugrundeliegende Profil (Randbedingung) ist eine unendlich dünne, ebene Gelenkplatte. (Verallgemeinerungen dieser Theorie auf allgemeinere Randbedingungen beschränken sich auf symmetrische Tragflügelprofile endlicher Dicke [35].) Weitere Voraussetzungen in der theoretischen Herleitung der Luftkräfte sind die Gültigkeit der Abflußbedingung von Kutta, sowie die Beschränkung auf infinitesimal kleine Verschiebungen. Ein grundsätzliches Merkmal der Theorie ist die Linearität und Superponierbarkeit der Luftkraftterme.

Die Übertragung der Theorie der ebenen Platte auf Hängebrücken unter Windangriff leistete Bleich in den Jahren 1948/49 [13]. Dabei versuchte er, den aerodynamischen Einfluß des tatsächlichen Versteifungsträgerprofils halbempirisch zu erfassen. Die strukturellen Dämpfungskräfte werden als proportional, aber phasenverschoben zu den elastischen Rückstellkräften eingeführt.

Wiederaufgegriffen und weiterentwickelt werden Bleichs Ideen 1961 von Selberg [119] und von Klöppel, Thiele et al. in den Jahren 1963 bis 1976 [61], [62], [63], [133]. Der Einfluß der Profilform wird in Windkanalversuchen nun systematisch untersucht, und es wird ein phänomenologisches Verfahren vorgeschlagen, ihn in die Berechnung einzubeziehen [62], [119]: Die nach Theodorsen/Bleich rein theoretisch ermittelte kritische Windgeschwindigkeit des zweidimensionalen oder auch linienförmig dreidimensionalen Systems (mit dem Profil einer ebenen Platte) wird mit einem Formfaktor multipliziert und so auf die tatsächliche Profilform umgerechnet. Der Formfaktor η ergibt sich aus vergleichenden, d. h. theoretischen und experimentellen Untersuchungen am Teilmodell. Er ist definiert als das Verhältnis von beobachteter zu (für die ebene Platte) berechneter kritischer Geschwindigkeit und ist — so die Arbeitshypothese — im wesentlichen eine Funktion nur der Profilform. Die Methode beruht somit auf einer Eichung der klassischen Flattertheorie an Flatterversuchen mit Teilmodellen im Windkanal.

Vorteile dieses Verfahrens sind die Möglichkeit einer praxisgerechten Aufbereitung der Theorie in Diagrammform (im Falle zweidimensionaler Systeme) und eine relativ einfache Versuchstechnik: Gemessen werden muß nur die kritische Windgeschwindigkeit für das Teilmodell — ein einziger und einfach zu bestimmender Wert. Dies eröffnet weiterhin die Möglichkeit, die Formfaktoren typischer Brückenprofile zu katalogisieren (wie in [62] durchgeführt) und so auch ohne neuerliche Windkanalversuche schnelle Aussagen zum Flatterverhalten zu ermöglichen. Noch weiter vereinfachen läßt sich das Verfahren, wenn die erwähnten berechneten Diagramme durch eine Interpolationsformel ersetzt werden, wie sie z. B. Selberg angegeben hat [119], oder wie sie im Entwurf zur DIN 1055, Teil 4 vorgesehen ist [50].

Ungeklärt bleibt im allgemeinen aber das tatsächliche aeroelastische Kräftespiel, das bei kantigen Querschnitten infolge der auftretenden Strömungsabrisse ein ganz anderes sein kann als zugrunde gelegt; die Anwendbarkeit der Potentialtheorie ist hier in Frage gestellt. Evident wird dies durch die große Bandbreite des Formfaktor η, der für die in [62] untersuchten oder zusammengestellten Profile zwischen 0,1 und 0,9 liegt und im allgemeinen stark vom wünschenswerten Idealwert $\approx 1,0$ abweicht. Ein Vergleich der Ergebnisse verschiedener Autoren zeigt keine gute Übereinstimmung bezüglich η.

Strenggenommen gilt der ermittelte Formfaktor nur für die jeweilige Versuchsanordnung. Die notwendige Übertragung auf ein anderes mechanisches System setzt seine Invarianz gegenüber den Systemparametern und insbesondere gegenüber der reduzierten Frequenz k (s. folgender Abschnitt) voraus. Tatsächlich wurde in [62] aber über gewisse Abhängigkeiten berichtet, die allerdings bis auf den Einfluß des Parameters ε (Verhältnis der beiden Eigenfrequenzen des ebenen Systems) nicht systematisiert werden konnten. Der ausgeprägte Einfluß von ε andererseits erschwert die Übertragung auf linienförmige Systeme, da deren Eigenfrequenzverhältnisse nicht mehr in einem einzigen Parameter zusammengefaßt werden können. Die weitgehende Invarianz der Formfaktoren und damit eine ausreichende Genauigkeit des Verfahrens kann nur für plattenähnliche Profile erwartet werden.

Die klassische Flattertheorie wird im folgenden in einer vereinfachten Durchführung dargelegt. Dies diene sowohl dem Studium grundsätzlicher Zusammenhänge als auch der Vorbereitung weitergehender Verfahren. Die sich anschließenden numerischen Berechnungen und Vergleiche gestatten weitere Einblicke in den Flattermechanismus und seinen Nachweis. Sie sind Grundlage für die Diskussion bezüglich einer Anwendung auf Brücken. Ergänzende Untersuchungen einiger Sonderfragen runden die Darstellung ab.

2.2.2 Die klassische Flattertheorie der ebenen, harmonisch schwingenden Platte

2.2.2.1 Voraussetzungen und grundsätzlicher Rechengang

Es seien die folgenden Voraussetzungen erfüllt:

1. Das angeströmte Profil ist eine unendlich dünne, ebene Platte mit unendlicher Ausdehnung in Längsrichtung.

2. Die Anströmung erfolgt horizontal, senkrecht zur Längsachse und mit überall gleicher und konstanter Geschwindigkeit, wobei das Verhältnis der Windgeschwindigkeit zur Schallgeschwindigkeit kleiner als $0,3$ ist (inkompressible Strömung).

3. Es gilt die Potentialtheorie und die Kutta'sche Abflußbedingung; es findet kein Strömungsabriß statt.

4. Die Platte hat die zwei Freiheitsgrade *Vertikalverschiebung* und *Drehung um eine Längsachse*, in denen sie linearelastisch gelagert ist.

5. Die Schwingungsamplituden sind infinitesimal klein.

6. Die Untersuchung beschränkt sich auf harmonische Schwingungen konstanter Amplitude.

7. Die strukturellen Dämpfungskräfte sind proportional zu den jeweils zugeordneten Federkräften und in Phase mit den Geschwindigkeiten (frequenzunabhängige Dämpfung).

Voraussetzung 5. ermöglicht die Beschreibung der Luftkräfte mittels eines linearen Ausdruckes, in dem beide Freiheitsgrade separat erscheinen (Superposition). Die Möglichkeit eines Nachweises potentieller Instabilität wird durch die Einschränkung auf kleine Verschiebungen nicht berührt.

2.2. KLASSISCHE FLATTERTHEORIE UND DEREN ANWENDUNG

Aus Voraussetzung 6. geht hervor, daß sich die Untersuchung auf den grenzstabilen Fall gerade einsetzenden Flatterns beschränkt: Das System bewege sich stationär, d. h. die Schwingung sei weder abklingend noch angefacht. Die zugehörige Strömungsgeschwindigkeit ist untere oder auch obere Grenze des gefährlichen Geschwindigkeitsbereiches und wird deshalb kritische Geschwindigkeit genannt. Ihre Bestimmung entspricht der Lösung eines dynamisch–aeroelastischen Stabilitätsproblems. Untersucht wird das Systemverhalten nach einer etwa durch natürliche Umwelteinflüsse (Böen) bewirkten Störung des Gleichgewichtes. Die Luftkraftterme nach Theodorsen [132] gelten ausschließlich für die im grenzstabilen Fall auftretende stationär harmonische Schwingung. Genaue Aussagen über das Maß des Abklingens oder Anwachsens der Schwingung im Falle nichtkritischer Strömungsgeschwindigkeit sind deshalb ausgeschlossen. (Eine Verallgemeinerung von Theodorsens Theorie auf Schwingungen veränderlicher Amplitude ist zwar möglich, aber hier nicht von Interesse; vgl. die entsprechenden Bemerkungen in Abschnitt 2.2.5.4.)

Voraussetzung 7. ist zwar nicht notwendig, bringt aber gegenüber dem sonst üblichen Ansatz geschwindigkeitsproportionaler (viskoser) Dämpfung eine beträchtliche Rechenerleichterung. Angesichts der komplexen Natur der strukturellen Dämpfung einerseits, ihres tatsächlich oft geringen Einflusses auf das Flatterverhalten andererseits (vgl. z. B. [149]) ist dieses vereinfachende Vorgehen gerechtfertigt. In bezug auf den Anteil der inneren Materialdämpfung ist der gewählte Ansatz sogar realistischer (vgl. z. B. [35, Abs. 2.5.2]). Schließlich sei noch vorweggenommen, daß nach durchgeführter aeroelastischer Berechnung die Angabe der äquivalenten viskosen Dämpfung problemlos möglich ist; bei zwingender Vorgabe viskoser Dämpfung kann die Berechnung in einem iterativen Verfahren erfolgen (vgl. aber auch Abschnitt 2.2.5.3).

Die Bewegungsgleichungen für die beiden Freiheitsgrade h und α entsprechend Abbildung 2.1 lauten

$$m\ddot{h} + k_h^d h = -A \qquad (2.1a)$$

$$I\ddot{\alpha} + k_\alpha^d \alpha = M_L \ , \qquad (2.1b)$$

mit der Masse m und dem Massenträgheitsmoment I, den Feder–Dämpfungs–Konstanten k_h^d und k_α^d sowie den angreifenden Strömungskräften A (Auftrieb) und M_L (Luftkraftmoment). Die genannten Systemparameter und die Strömungskräfte sind auf die Länge (senkrecht zur Zeichenebene in Abbildung 2.1) bezogen. Die Anströmung erfolgt mit der Geschwindigkeit v, die Plattenbreite ist $2b$.

Der Bezugspunkt für h, der Schwerpunkt und die elastische Achse liegen vereinfachend in Plattenmitte. Hiermit wird die Untersuchung auf symmetrische Systeme — wie sie im Brückenbau die Regel sind — eingeschränkt. Eine Kopplung der beiden

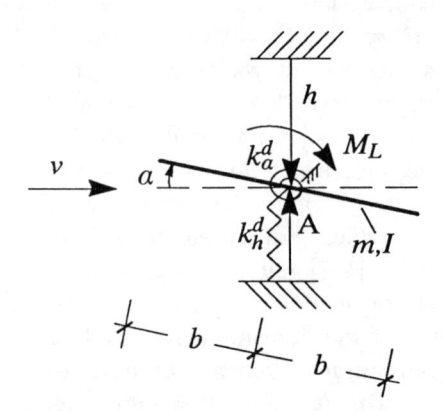

Abb. 2.1: Zweidimensionales aeroelastisches System

Freiheitsgrade zu einer gemeinsamen Schwingung kann unter dieser Voraussetzung nur durch die Strömungskräfte herbeigeführt werden.

Im Interesse einer möglichst prägnanten Darstellung werden die Bewegungsgleichungen zusammengefaßt zur Matrizengleichung

$$M\ddot{x} + K^d x = f_L \; , \tag{2.1}$$

mit $\quad M := \begin{pmatrix} m & 0 \\ 0 & I \end{pmatrix} \quad$ (Massenmatrix)

$$K^d := \begin{pmatrix} k_h^d & 0 \\ 0 & k_\alpha^d \end{pmatrix} \quad \text{(Feder–Dämpfungs–Matrix)}$$

$$x := \begin{pmatrix} h/b \\ \alpha \end{pmatrix} \quad \text{(Verschiebungsvektor)}$$

$$f_L := \begin{pmatrix} -A/b \\ M_L \end{pmatrix} \quad \text{(Luftkraftvektor)} \; ,$$

wobei gleichzeitig auf die vorteilhafte dimensionslose Verschiebung h/b übergegangen wird.

2.2. KLASSISCHE FLATTERTHEORIE UND DEREN ANWENDUNG

Gemäß Voraussetzung wird für den Verschiebungsvektor angesetzt

$$\boldsymbol{x} = \tilde{\boldsymbol{x}} e^{i\omega t} \tag{2.2}$$

mit $\quad \tilde{\boldsymbol{x}} := \begin{pmatrix} \tilde{h}/b \\ \tilde{\alpha} \end{pmatrix} \quad$ (Amplitudenvektor der Verschiebungen)

und $\quad i^2 = -1 \; ; \quad \omega \in \mathcal{R} \quad$ (Kreisfrequenz) ,

woraus für die Ableitungen nach der Zeit direkt folgt

$$\dot{\boldsymbol{x}} = i\omega \boldsymbol{x} \; , \quad \ddot{\boldsymbol{x}} = -\omega^2 \boldsymbol{x} \; .$$

Vereinbarungsgemäß wird hierbei nur dem Realteil der komplexen Verschiebungen physikalische Bedeutung zugeordnet. Bei der gewählten komplexen Darstellung wird Voraussetzung 7. Genüge getan mit

$$k_h^d := (1 + ig_h)k_h \; ; \quad g_h \geq 0 \; , \quad k_h > 0 \tag{2.3a}$$

$$k_\alpha^d := (1 + ig_\alpha)k_\alpha \; ; \quad g_\alpha \geq 0 \; , \quad k_\alpha > 0 \; , \tag{2.3b}$$

bzw.

$$\boldsymbol{K}^d := (\boldsymbol{E} + i\boldsymbol{G})\boldsymbol{K} \tag{2.3}$$

mit $\quad \boldsymbol{E} := \begin{pmatrix} 1 & 0 \\ 0 & 1 \end{pmatrix}, \quad \boldsymbol{G} := \begin{pmatrix} g_h & 0 \\ 0 & g_\alpha \end{pmatrix}, \quad \boldsymbol{K} := \begin{pmatrix} k_h & 0 \\ 0 & k_\alpha \end{pmatrix},$

sofern man sich auf harmonische Schwingungen konstanter Amplitude und $\omega > 0$ beschränkt. Die Realteile k_h und k_α der so definierten Parameter k_h^d und k_α^d entsprechen den Federsteifigkeiten, die Imaginärteile repräsentieren die Dämpfung; dabei sind die Dämpfungsverlustwinkel (genauer: deren Tangense) g_h und g_α ebenfalls Systemparameter.

Die instationären Strömungskräfte lassen sich unter den Voraussetzungen 1.–6. nach Theodorsen [132, Gln. XVIII–XX] als lineare Funktionen der Verschiebungen und/oder deren Zeitableitungen darstellen. Die Übertragung dieser Formeln auf das hier betrachtete System erfordert das Weglassen des dort vorhandenen dritten Freiheitsgrades *Ruderausschlag* und aller ihm zuzuordnenden Terme. Unter Berücksichtigung der hier vorgegebenen Systemsymmetrie ergibt sich dann

$$\left.\begin{aligned}
A(t) &= \pi\rho b^2 \left(\ddot{h} + v\dot{\alpha}\right) + 2\pi\rho vbC\left(\dot{h} + v\alpha + \tfrac{b}{2}\dot{\alpha}\right) \\
&= \pi\rho b^2 \left[\tfrac{2v}{b}C\dot{h} + \ddot{h} + \tfrac{2v^2}{b}C\alpha + v(C+1)\dot{\alpha}\right] \\
M_L(t) &= -\pi\rho b^2 \left(\tfrac{vb}{2}\dot{\alpha} + \tfrac{b^2}{8}\ddot{\alpha}\right) + \pi\rho vb^2 C\left(\dot{h} + v\alpha + \tfrac{b}{2}\dot{\alpha}\right) \\
&= \pi\rho b^2 \left[vC\dot{h} + v^2 C\alpha + \tfrac{vb}{2}(C-1)\dot{\alpha} - \tfrac{b^2}{8}\ddot{\alpha}\right] \;,
\end{aligned}\right\} \tag{2.4}$$

mit der Dichte ρ des Strömungsmediums (für Luft: $\rho \approx 1,3$ kg/m^3), der unten beschriebenen komplexen Theodorsenfunktion C und der Geschwindigkeit v der ungestörten Anströmung, von der $v \geq 0$ zu fordern ist.

Der Ansatz (2.2) ermöglicht das Ersetzen der Zeitableitungen durch die Verschiebungen selbst, womit sich der Vektor der Luftkräfte als lineare Transformation nur der Verschiebungen ergibt:

$$\boldsymbol{f}_L = \omega^2 \boldsymbol{L} \boldsymbol{x} \;, \tag{2.5}$$

mit

$$\boldsymbol{L} := \pi\rho b^2 \begin{pmatrix} c_{hh} & c_{h\alpha} \\ b^2 c_{\alpha h} & b^2 c_{\alpha\alpha} \end{pmatrix} \;; \tag{2.6}$$

die hier auftretenden Luftkraftkoeffizienten c_{mn} sind definiert zu

$$\left.\begin{aligned}
c_{hh} &:= 1 - \tfrac{2i}{k}C \\
c_{h\alpha} &:= -\tfrac{1}{k}\left[i(C+1) + \tfrac{2}{k}C\right] \\
c_{\alpha h} &:= \tfrac{i}{k}C \\
c_{\alpha\alpha} &:= \tfrac{i}{2k}(C-1) + \tfrac{1}{k^2}C + \tfrac{1}{8} \;.
\end{aligned}\right\} \tag{2.7}$$

Die Funktion C ist gemäß

$$C = C(k) := \frac{H_1^{(2)}(k)}{H_1^{(2)}(k) + iH_0^{(2)}(k)} \tag{2.8}$$

aus Hankelfunktionen zweiter Art, nullter und erster Ordnung aufgebaut; sie wird heute allgemein als Theodorsenfunktion bezeichnet.

2.2. KLASSISCHE FLATTERTHEORIE UND DEREN ANWENDUNG

Wie in den Gleichungen (2.7) und (2.8) bereits berücksichtigt, werden diese Ausdrücke formal einfacher durch die Einführung der reduzierten Frequenz

$$k := \frac{\omega b}{v} \; ; \quad k \in \mathcal{R} \; . \tag{2.9}$$

Die reduzierte Frequenz wird hier zum fundamentalen Kennwert und Ähnlichkeitsparameter. Insbesondere gilt auch $\boldsymbol{L} = \boldsymbol{L}(k)$. Man erkennt weiterhin, daß $\boldsymbol{L}$ im allgemeinen nichthermitisch ist. Hierin findet die Tatsache Niederschlag, daß die angreifenden Strömungskräfte nichtkonservativ sind.

Die Koeffizienten gemäß Gleichung (2.7) werden nun noch aufgespalten in ihre Real- und Imaginärteile angegeben. Es gelte allgemein folgende Notation:

$$z = z' + iz'' \; ; \quad z', z'' \in \mathcal{R} \; . \tag{2.10}$$

Man kann dann schreiben:

$$\left.\begin{aligned}
c'_{hh} &= 1 + \tfrac{2}{k} C'' \\
c'_{h\alpha} &= \tfrac{1}{k}\left(C'' - \tfrac{2}{k} C'\right) \\
c'_{\alpha h} &= -\tfrac{1}{k} C'' \\
c'_{\alpha\alpha} &= -\tfrac{1}{2k} C'' + \tfrac{1}{k^2} C' + \tfrac{1}{8} \\[4pt]
c''_{hh} &= -\tfrac{2}{k} C' \\
c''_{h\alpha} &= -\tfrac{1}{k}\left(C' + \tfrac{2}{k} C'' + 1\right) \\
c''_{\alpha h} &= \tfrac{1}{k} C' \\
c''_{\alpha\alpha} &= \tfrac{1}{2k}(C' - 1) + \tfrac{1}{k^2} C'' \; .
\end{aligned}\right\} \tag{2.11}$$

Die Beschreibung der Luftkräfte erfolgt prinzipiell also mittels $2 \times 2 \times 2 = 8$ reeller Koeffizienten (die in der numerischen Rechnung allerdings unterschiedliches Gewicht haben können). Real- und Imaginärteil zusammen bestimmen das Betragsverhältnis und den Phasenwinkel der betrachteten Luftkraft zur jeweiligen Verschiebung.

Die Phasenverschiebung als ein Effekt instationärer Strömung ist hier durchaus von Bedeutung, wie die Theodorsenfunktion für den praktisch interessanten Bereich von $0,1 \leq k \leq 0,5$ zeigen mag (s. Tabelle 2.1; Werte entnommen aus [13]).

k	C'	C''
0	1	0
0,1	0,8319	$-0,1723$
0,2	0,7276	$-0,1886$
0,5	0,5979	$-0,1507$
∞	0,5	0

Tabelle 2.1: Theodorsenfunktion $C(k)$

Ihre Vernachlässigung im Rahmen einer quasi–stationären Theorie (d. h. mit $\omega = 0 \Rightarrow k = 0 \Rightarrow C = C' + iC'' = 1$) ist nicht statthaft, wie auch ein Blick auf Gl. (2.4) zeigt: In dem Ausdruck für M_L verschwände der mit $\dot{\alpha}$ verknüpfte Ausdruck, und der α–Term wäre reell. Der stets dämpfend (s. u.) wirkende Momentenanteil infolge Verdrehung, in Phase mit der Drehgeschwindigkeit $\dot{\alpha}$ entfiele damit, und wegen des mit $\dot{h}$ verknüpften, anregend wirkenden Momentenanteils würde eine quasi–stationäre Theorie für beliebig kleine Windgeschwindigkeiten Flattern vorhersagen, wenn man strukturelle Dämpfung einmal außer Ansatz läßt. (Diesen Punkt hat auch Richardson [96] diskutiert. Bei quasi–stationärer Betrachtung und kleinen Windgeschwindigkeiten entsprechen die beiden Lösungsäste danach einer abklingenden und einer angeregten Schwingung; d. h. für eine der beiden Eigenlösungen ist die Phasenlage von h so, wie oben vorausgesetzt.)

Die für das Flattern so entscheidende aerodynamische Phasenverschiebung begründet sich in einem allgemeineren Phänomen: Die zirkulationsabhängigen Strömungskräfte am Profil können sich bei einer plötzlichen Änderung der maßgebenden Parameter (wie z. B. dem Anstellwinkel) nicht augenblicklich auf die neuen Bedingungen einstellen. Hierzu müssen sich erst über die ganze Profiltiefe verteilt freie Wirbel ablösen, die mit der Strömung nach hinten abwandern, bis sie schließlich keinen Einfluß mehr haben, die Störung sich also dem relevanten Teil des Strömungsfeldes vollständig mitgeteilt hat [35]. Dieser Effekt wird im Falle harmonischer Schwingung gekennzeichnet durch das Verhältnis der Durchlaufzeit T_f eines Strömungsteilchens zur Schwingungsperiode T_s der Struktur:

$$\frac{T_f}{T_s} = \frac{2b/v}{2\pi/\omega} = \frac{1}{\pi}\frac{\omega b}{v} = \frac{1}{\pi}k \ .$$

Der Parameter k läßt sich nun anschaulich deuten als ein Maß für die Instationarität des Strömungsfeldes. Er stimmt in der Form überein mit der Strouhalzahl

$$S := \frac{f_w d}{v} \ , \qquad (2.9a)$$

einer querschnittstypischen Kennzahl der Wirbelablösungen ($f_w \leadsto$ dominante Wirbelablösungsfrequenz) hinter einem angeströmten Körper der charakteristischen Abmessung d. Eine interessante formale Identität besteht übrigens auch mit der Dispersionsrelation

$$\frac{1}{n} = \frac{\nu\lambda}{c}$$

einer elektromagnetischen Welle der Frequenz ν und der Wellenlänge λ in einem Medium mit dem Brechungsindex n ($c \rightsquigarrow$ Lichtgeschwindigkeit im Vakuum).

Bei einer näheren Betrachtung der Beiwerte c_{hh} und $c_{\alpha\alpha}$ (graphisch dargestellt in [62]) kann schon jetzt eine wichtige Schlußfolgerung gezogen werden: Ihre (positiven) Imaginärteile stehen für Kräfte in Richtung der jeweiligen Geschwindigkeiten $\dot{h}$ oder $\dot{\alpha}$ und können deshalb als negative aerodynamische Dämpfungen interpretiert werden. Da aber c''_{hh} und $c''_{\alpha\alpha}$ für alle k negativ bleiben, müssen entkoppelte Schwingungen (d. h. Schwingungen in nur einem Freiheitsgrad) immer aerodynamisch gedämpft sein und können weder als grenzstabiler noch als instabiler Fall in Erscheinung treten. Das hier potentialtheoretisch untersuchte Flattern (mit elastischer Achse und Schwerpunkt in Plattenmitte) erfordert also eine Kopplung der beiden Freiheitsgrade zu einer gemeinsamen Schwingung (vgl. [35, S. 264]).

Setzt man den Ansatz (2.2) und den aerodynamischen Ausdruck (2.5) in die Bewegungsgleichung (2.1) ein, kürzt durch $e^{i\omega t}$ und ordnet die einzelnen Terme neu, so erhält man das homogene lineare Gleichungssystem

$$\left[\boldsymbol{K}^d - \omega^2(\boldsymbol{M} + \boldsymbol{L}(k))\right]\tilde{\boldsymbol{x}} = \boldsymbol{0} \ . \tag{2.12}$$

Betrachtet man k zunächst als fest vorgegeben, so ist das aeroelastische Problem hiermit zurückgeführt auf eine allgemeine lineare Matrizen–Eigenwertaufgabe. Ihre Lösung führt auf zwei Eigenwerte ω_j^2 und jeweils zugehörige Eigenvektoren $\tilde{\boldsymbol{x}}_j$.

Wegen der kleinen Reihenzahl $n=2$ kann hier durch Nullsetzen der charakteristischen Determinante eine geschlossen lösbare Gleichung zur Berechnung der Eigenwerte ω_j^2 — als $\omega_j^2(k)$ — gewonnen werden. In Abweichung von der zitierten Literatur (insbesondere [62]) soll zuvor aber auf das spezielle Eigenwertproblem übergegangen werden, was die schon angekündigte vereinfachte Durchführung ermöglicht. Multiplikation von Gl. (2.12) mit $\left(-\frac{1}{\omega^2}\boldsymbol{K}^{d^{-1}}\right)$ von links liefert

$$(\boldsymbol{A}(k) - \lambda\boldsymbol{E})\tilde{\boldsymbol{x}} = \boldsymbol{0} \tag{2.13}$$

mit $\quad \boldsymbol{A}(k) := \boldsymbol{K}^{d^{-1}}(\boldsymbol{M} + \boldsymbol{L}(k))$;

der unbestimmte Parameter ist definiert zu

$$\lambda := \frac{1}{\omega^2} \ ; \quad \omega \neq 0 \ . \tag{2.14}$$

Die Nichtsingularität von $\boldsymbol{K}^d$ ist gesichert (s. u.). Der hier ausgeschlossene Parameterwert $\omega=0$ führt auf die in Abschnitt 2.2.5.2 besprochene statische Divergenz.

Einige Eigenarten des Problems seien zunächst herausgestellt. Die Elemente der Matrix $\boldsymbol{A}$ sind komplex. Mit der aerodynamischen Matrix $\boldsymbol{L}$ ist auch $\boldsymbol{A}$ weder symmetrisch noch hermitisch. Und schließlich: $\boldsymbol{A}$ ist abhängig von k. Somit ergeben sich auch die Eigenwerte λ_j und die Eigenvektoren $\tilde{\boldsymbol{x}}_j$ als Funktionen dieses noch unbekannten Parameters.

An dieser Stelle tritt das dynamische Stabilitätsproblem in den Vordergrund, und eine entscheidende Nebenbedingung kommt zum Zuge: Mindestens einer der Eigenwerte λ_j muß positiv reell sein. Gemäß Ansatz (2.2) mit $\omega = \sqrt{1/\lambda}$ entspricht nur dies der geforderten stationär harmonischen Schwingung des grenzstabilen Falles (und nur hierfür gelten ja auch die benutzten Luftkraftterme (2.5) bis (2.9) und (2.11)). Hieraus kann eine Bestimmungsgleichung für k hergeleitet werden. Das zugehörige positiv reelle λ_j und der zugehörige Eigenvektor $\tilde{\boldsymbol{x}}_j$ werden im folgenden ohne Index geschrieben, da im allgemeinen nur eine der beiden Eigenlösungen die genannte Nebenbedingung erfüllt.

Die charakteristische Gleichung der Eigenwertaufgabe (2.13) lautet

$$|\boldsymbol{A} - \lambda \boldsymbol{E}| = \begin{vmatrix} a_{11} - \lambda & a_{12} \\ a_{21} & a_{22} - \lambda \end{vmatrix} = \lambda^2 + a_1 \lambda + a_0 \doteq 0 \ , \qquad (2.15)$$

wobei

$$\left.\begin{array}{l} \boldsymbol{A} =: \begin{pmatrix} a_{11} & a_{12} \\ a_{21} & a_{22} \end{pmatrix} \\[1em] a_0 := \det \boldsymbol{A} = a_{11}a_{22} - a_{12}a_{21} \\[1em] a_1 := -\text{sp}\boldsymbol{A} = -(a_{11} + a_{22}) \ . \end{array}\right\} \qquad (2.16)$$

Da der Imaginärteil von λ gleich null sein soll und damit bekannt ist, gestattet die komplexe (d. h. reell–zweiwertige) Gleichung (2.15) die Bestimmung der beiden unbekannten reellen Werte λ und k. Aufspaltung dieses Ausdruckes in Real- und Imaginärteil liefert die beiden reellen Gleichungen

$$\lambda^2 + a_1' \lambda + a_0' \doteq 0 \qquad (2.17a)$$

$$a_1'' \lambda + a_0'' \doteq 0 \ , \qquad (2.17b)$$

aus denen sich λ einfach eliminieren läßt, sofern $a_1'' \neq 0$. Man erhält schließlich

$$a_0''^2 - a_1''(a_0'' a_1' - a_0' a_1'') \doteq 0 \qquad (2.18)$$

2.2. KLASSISCHE FLATTERTHEORIE UND DEREN ANWENDUNG

als eine Bestimmungsgleichung für k. Sie entspricht Gleichung (12) in der Arbeit [62] von Klöppel & Thiele. Die hier hergeleitete einfachere Gleichung (2.18) kommt ohne Wurzelausdrücke aus und ist deshalb eindeutig und reell, ein Vorteil besonders für die numerische Rechnung und für die Programmierung. (Die Berechnung kann nun ohne größere Schwierigkeiten mit einem programmierbaren Taschenrechner durchgeführt werden.) Erreicht wurde dies durch Transformation auf das spezielle Eigenwertproblem und daraus folgend die Linearität der Gleichung (2.17b).

Ist k gefunden, so ergeben sich die anderen Bewegungsgrößen durch Einsetzen in die angegebenen Gleichungen. Ein anderes, allgemeineres Lösungsverfahren für die hier betrachtete spezielle Eigenwertaufgabe wird in Abschnitt 2.2.5.4 besprochen.

2.2.2.2 Formale Durchführung

Die dargelegte Rechenvorschrift zur Bestimmung der reduzierten Frequenz k im Flatterfall wird nun formal ausgeführt. Folgende positiv reelle Parameter werden definiert:

$$\left.\begin{aligned}
\omega_h^2 &:= \frac{k_h}{m} \quad ; \quad &&(\omega_h \leadsto \text{(Vakuum-)Eigenkreisfrequenz in } h) \\
\omega_\alpha^2 &:= \frac{k_\alpha}{I} \quad ; \quad &&(\omega_\alpha \leadsto \text{(Vakuum-)Eigenkreisfrequenz in } \alpha) \\
\varepsilon &:= \frac{\omega_\alpha}{\omega_h} &&\text{(Frequenzverhältnis)} \\
r &:= \frac{1}{b}\sqrt{\frac{I}{m}} &&\text{(bezogener Trägheitsradius)} \\
\mu &:= \frac{m}{\pi \rho b^2} &&\text{(bezogene Masse)} \\
\Rightarrow \mu r^2 &= \frac{I}{\pi \rho b^4} &&\text{(bezogenes Massenträgheitsmoment)} .
\end{aligned}\right\} \quad (2.19)$$

Die sich hieraus ergebenden Vereinfachungen beruhen, wie sich zeigen wird, auf einer interessanten mechanischen Eigenschaft des betrachteten aeroelastischen Systems: Der Kennwert k des instationären Strömungsfeldes im Zustand selbsterregter harmonischer Schwingung ist allein durch die dimensionslosen Systemparameter μ, r, ε sowie — bei vorhandener Strukturdämpfung — g_h und g_α festgelegt. Dies gilt auch für die bezogene Flatterfrequenz und die bezogene kritische Geschwindigkeit (unten definiert) sowie für den Schwingungsmodus (Eigenvektor).
Nach Gleichung (2.3) ist

$$\boldsymbol{K}^d = \begin{pmatrix} (1+ig_h)k_h & 0 \\ 0 & (1+ig_\alpha)k_\alpha \end{pmatrix} . \tag{2.20}$$

Diese Matrix ist nichtsingulär, sofern nur k_h, $k_\alpha \neq 0$. Einsetzen in Gl. (2.13) führt auf

$$A = \underbrace{\begin{pmatrix} \dfrac{1}{(1+ig_h)k_h} & 0 \\ 0 & \dfrac{1}{(1+ig_\alpha)k_\alpha} \end{pmatrix}}_{K_d^{-1}} \cdot \underbrace{\begin{pmatrix} m + \pi\rho b^2 c_{hh} & \pi\rho b^2 c_{h\alpha} \\ \pi\rho b^4 c_{\alpha h} & I + \pi\rho b^4 c_{\alpha\alpha} \end{pmatrix}}_{(M+L)} \Rightarrow$$

$$A = \frac{1}{\mu}\begin{pmatrix} \dfrac{\mu + c_{hh}}{\omega_h^2(1+ig_h)} & \dfrac{c_{h\alpha}}{\omega_h^2(1+ig_h)} \\ \dfrac{c_{\alpha h}}{r^2\omega_\alpha^2(1+ig_\alpha)} & \dfrac{\mu r^2 + c_{\alpha\alpha}}{r^2\omega_\alpha^2(1+ig_\alpha)} \end{pmatrix}, \qquad (2.21)$$

womit die Elemente a_{ij} der Matrix A formal berechnet sind. Die Koeffizienten a_0 und a_1 von Gleichung (2.15) ergeben sich weiter zu

$$\left.\begin{aligned}a_0 := \det A &= \frac{(\mu + c_{hh})(\mu r^2 + c_{\alpha\alpha}) - c_{h\alpha}c_{\alpha h}}{\mu^2 \varepsilon^2 r^2 \omega_h^4 \gamma} \\ a_1 := -\operatorname{sp} A &= -\frac{\varepsilon^2 r^2 (\mu + c_{hh})(1+ig_\alpha) + (\mu r^2 + c_{\alpha\alpha})(1+ig_h)}{\mu \varepsilon^2 r^2 \omega_h^2 \gamma}\end{aligned}\right\} \quad (2.22)$$

mit

$$\gamma = \gamma' + i\gamma'' := (1+ig_h)(1+ig_\alpha) \quad \Rightarrow \quad \begin{cases} \gamma' = 1 - g_h g_\alpha \\ \gamma'' = g_h + g_\alpha \end{cases} \qquad (2.23)$$

Durch Erweiterung mit $\bar{\gamma} := \gamma' - i\gamma''$ erfolgt die Zerlegung in Real- und Imaginärteil. Die Zähler der erweiterten Ausdrücke, deren Nenner nun reell werden, sind definiert durch

$$\left.\begin{aligned}b_0 = b_0' + ib_0'' &:= \left(\mu\omega_h^2\right)^2 \left(\varepsilon r|\gamma|\right)^2 a_0 \\ b_1 = b_1' + ib_1'' &:= \mu\omega_h^2 \left(\varepsilon r|\gamma|\right)^2 a_1\end{aligned}\right\} \qquad (2.24)$$

und werden berechnet zu

2.2. KLASSISCHE FLATTERTHEORIE UND DEREN ANWENDUNG

$$\left.\begin{array}{l} b'_j = \xi'_j \gamma' + \xi''_j \gamma'' \\ b''_j = \xi''_j \gamma' - \xi'_j \gamma'' \end{array}\right\} \quad j = 0, 1 \qquad (2.25)$$

mit

$$\left.\begin{array}{l} \xi'_0 := \beta_h \beta_\alpha - c''_{hh} c''_{\alpha\alpha} - c'_{h\alpha} c'_{\alpha h} + c''_{h\alpha} c''_{\alpha h} \\ \xi''_0 := \beta_h c''_{\alpha\alpha} + \beta_\alpha c''_{hh} - c'_{h\alpha} c''_{\alpha h} - c''_{h\alpha} c'_{\alpha h} \\ \xi'_1 := -(\varepsilon r)^2 (\beta_h - c''_{hh} g_\alpha) - (\beta_\alpha - c''_{\alpha\alpha} g_h) \\ \xi''_1 := -(\varepsilon r)^2 (\beta_h g_\alpha + c''_{hh}) - (\beta_\alpha g_h + c''_{\alpha\alpha}) \; , \end{array}\right\} \qquad (2.26)$$

wobei

$$\beta_h := \mu + c'_{hh} \; , \qquad \beta_\alpha := \mu r^2 + c'_{\alpha\alpha} \; . \qquad (2.27)$$

Stellt man die Definitionsgleichungen (2.24) nach a_0 und a_1 um (was bei nichtverschwindenden Parametern ω_h, ω_α, μ, r immer möglich ist), führt diese Terme in Gleichung (2.18) ein und multipliziert mit $(\mu \omega_h^2)^4 (\varepsilon r |\gamma|)^6$, so lautet die Bestimmungsgleichung nun

$$(\varepsilon r |\gamma|)^2 b''^2_0 - b''_1 (b''_0 b'_1 - b'_0 b''_1) \doteq 0 \; . \qquad (2.28)$$

Eine Vereinfachung gelingt durch Ausmultiplizieren des zweiten Klammerausdruckes (unter Benutzung von Gleichung (2.25)):

$$b''_0 b'_1 - b'_0 b''_1 = (\xi''_0 \gamma' - \xi'_0 \gamma'')(\xi'_1 \gamma' + \xi''_1 \gamma'') - (\xi'_0 \gamma' + \xi''_0 \gamma'')(\xi''_1 \gamma' - \xi'_1 \gamma'')$$
$$= \ldots = (\xi''_0 \xi'_1 - \xi'_0 \xi''_1) |\gamma|^2 \; .$$

Einsetzen dieser Beziehung in Gleichung (2.28) und Kürzen durch $|\gamma|^2$ führt schließlich auf die endgültige Form der Lösungsfunktion

$$f(k) := (\varepsilon r)^2 b''^2_0 - b_{01} b''_1 \qquad (2.29)$$

$$\left.\begin{array}{l} \text{mit} \quad b''_0 = \xi''_0 \gamma' - \xi'_0 \gamma'' \; , \qquad b''_1 = \xi''_1 \gamma' - \xi'_1 \gamma'' \\ \text{und} \quad b_{01} := \xi''_0 \xi'_1 - \xi'_0 \xi''_1 \; , \end{array}\right\} \qquad (2.30)$$

von der zu fordern ist:

$$f(k) \doteq 0 \ . \tag{2.31}$$

Für den Fall verschwindender Strukturdämpfung wird $\gamma' = 1$ und $\gamma'' = 0$, womit sich die Lösungsfunktion vereinfacht zu

$$f(k) = (\varepsilon r)^2 \xi_0''^2 - b_{01} \xi_1'' \ . \tag{2.32}$$

Zur Herleitung von Gl. (2.18) wurde $a_1'' \neq 0$ gefordert. Es wird überprüft, ob diese Bedingung erfüllt ist: Mit ω_h, ω_α, μ, $r \neq 0$ ist sie äquivalent zur Forderung $b_1'' \neq 0$. Auswertung der Gleichungen (2.25) und (2.26) führt nach einiger Rechnung auf den Ausdruck

$$b_1'' = (\varepsilon r)^2 (\beta_h g_h - c_{hh}'')(1 + g_\alpha^2) + (\beta_\alpha g_\alpha - c_{\alpha\alpha}'')(1 + g_h^2) \ . \tag{2.33}$$

Es gilt für alle k

$$c_{hh}'' < 0 \ , \qquad c_{\alpha\alpha}'' < 0 \ , \qquad c_{hh}'' < c_{hh}' < 1$$

$$c_{\alpha\alpha}' > 0 \quad \Rightarrow \quad \beta_\alpha > \mu r^2 > 0 \ ,$$

woraus folgt, daß der zweite Summand von Ausdruck (2.33) sicher positiv ist. Der erste Summand wird nur negativ, falls $(\mu + c_{hh}')g_h < c_{hh}''$; dies würde aber außer $c_{hh}' < (-\mu)$ auch Dämpfungswerte $g_h > c_{hh}''/(\mu + c_{hh}') \gg 1$ erfordern, die praktisch nicht interessieren. Unter diesem Gesichtspunkt gilt also $b_1'' > 0$, und die Bedingung $a_1'' \neq 0$ ist mindestens in den hier zu untersuchenden Fällen erfüllt.

Ein explizites Auflösen der Gleichung (2.31) nach k wird kaum möglich sein; schließlich stellt die Lösungsfunktion $f(k)$ eine komplizierte Verknüpfung der transzendenten Hankel- bzw. Besselfunktionen dar. Die Nullstellen werden deshalb numerisch–iterativ bestimmt. Mit nunmehr bekanntem k berechnet man den Eigenwert λ nach Gleichung (2.17b) zu

$$\lambda = -\frac{a_0''}{a_1''} = -\frac{1}{\mu \omega_h^2} \frac{b_0''}{b_1''} = \frac{\kappa}{\mu \omega_h^2} \tag{2.34}$$

mit

$$\kappa := -\frac{b_0''}{b_1''} \ . \tag{2.35}$$

Wie oben gezeigt wurde, gilt (praktisch) $b_1'' > 0$; gemäß einer numerischen Überprüfung ist b_0'' mindestens für den hier interessierenden Parameterbereich negativ und λ somit positiv. Diese eingangs formulierte Bedingung ist also erfüllt. Die

2.2. KLASSISCHE FLATTERTHEORIE UND DEREN ANWENDUNG 47

Flatterkreisfrequenz ω läßt sich nun gemäß Gleichungen (2.14) und (2.34) berechnen zu

$$\omega = \sqrt{\frac{1}{\lambda}} = \omega_h \sqrt{\frac{\mu}{\kappa}} \; , \tag{2.36}$$

wobei wegen der Gleichungen (2.3) nur die positive Wurzel zu nehmen ist. Der Wurzelausdruck steht für die auf die (Vakuum–)Eigenkreisfrequenz ω_h bezogene Flatterkreisfrequenz

$$\tilde{\omega} := \frac{\omega}{\omega_h} = \sqrt{\frac{\mu}{\kappa}} \; . \tag{2.37}$$

Aus der Definition (2.9) der reduzierten Frequenz k ergibt sich die (dimensionslose) bezogene kritische Windgeschwindigkeit zu

$$\zeta := \frac{v}{\omega_h b} = \frac{\omega b / k}{\omega_h b} = \frac{\tilde{\omega}}{k} \; . \tag{2.38}$$

(Diese Größe ist in [62, Bild 16] graphisch dargestellt.) Die kritische Windgeschwindigkeit selbst ist also

$$v = \frac{\omega b}{k} = \zeta \omega_h b \; , \tag{2.39}$$

womit der praktisch am meisten interessierende Wert berechnet wäre.*

Wie eingangs schon bemerkt wurde, ist die Ergebnisgröße ζ ebenso wie k und $\tilde{\omega}$ allein durch dimensionslose Systemparameter determiniert. Deren Variationsspielraum aber ist in der Praxis relativ klein. Gleichung (2.39) berechtigt deshalb zu der allgemeinen Aussage, daß im Interesse der Flatterstabilität die Eigenfrequenzen und die Plattenbreite (bzw. die Breite des jeweiligen aerodynamischen Querschnittes) möglichst groß sein sollten. Bezüglich der Querschnittsbreite mag diese Aussage überraschen, da die Luftkräfte mit der Breite zunehmen. Entscheidend für das Flattern ist aber offensichtlich nicht die absolute Größe der Luftkräfte, sondern die Einhaltung gewisser Phasenbedingungen innerhalb des aus Struktur und instationärem Strömungsfeld gebildetem Gesamtsystem. Diese Bedingungen, repräsentiert durch die reduzierte Frequenz k, sind durch die dimensionslosen Systemparameter vorgegeben. Bleiben diese konstant, so muß nach der Grundbeziehung (2.9) die kritische Windgeschwindigkeit mit wachsender Querschnittsbreite zunehmen.

Nach durchgeführter numerischer Berechnung, d. h. mit bekanntem $\tilde{\omega}$ lassen sich äquivalente viskose Dämpfungsmaße angeben: Im Freiheitsgrad h wurde gemäß Gleichungen (2.1a) und (2.3a) die Dämpfungskraft

$$f_m^h = i h g_h k_h = g_h k_h \frac{\dot{h}}{\omega}$$

---

*Auf eine Indizierung der Ergebnisgrößen k, ω, ζ etc. zur Kennzeichnung des grenzstabilen (kritischen) Falles wird hier verzichtet, da vorläufig nur dieser von Interesse ist.

berücksichtigt (innere Materialdämpfung). Diese Kraft wird nun ersetzt durch die viskose Dämpfungskraft

$$f_v^h = c_h \dot{h} \; .$$

Das System wird im angenommenen Bewegungszustand harmonischer Schwingung verharren, wenn $f_v^h = f_m^h$ ist. Hierfür muß gelten

$$c_h = \frac{g_h k_h}{\omega} \; ,$$

womit sich der äquivalente viskose Dämpfungsgrad (Dämpfung bezogen auf kritische Dämpfung) ergibt zu

$$\xi_h := \frac{c_h}{2m\omega_h} = \frac{g_h \omega_h}{2\omega} = \frac{g_h}{2\tilde{\omega}} \; . \tag{2.40a}$$

Entsprechende Überlegungen für den Freiheitsgrad α führen auf

$$\xi_\alpha := \frac{c_\alpha}{2I\omega_\alpha} = \frac{g_\alpha \omega_\alpha}{2\omega} = \frac{\varepsilon g_\alpha}{2\tilde{\omega}} \; . \tag{2.40b}$$

Soll der Rechnung die Annahme viskoser Dämpfung zugrundegelegt werden, so ist dies mittels eines iterativen Vorgehens leicht möglich: Unter Ansatz eines Schätzwertes für $\tilde{\omega}$ (etwa $\tilde{\omega} = (1+\varepsilon)/2$) ermittelt man mit Hilfe der Gleichungen (2.40a,b) Eingangswerte g_h, g_α für den ersten Rechendurchgang. Das so berechnete $\tilde{\omega}$ führt auf die Eingangswerte des zweiten Durchlaufes, der in der Regel schon auf äquivalente viskose Dämpfungsgrade führen dürfte, die den vorgegebenen ausreichend nahe kommen.

Für den Sonderfall $v = 0$ sollen noch die äquivalenten Dämpfungsgrade der nun entkoppelten Schwingungen angegeben werden. Für diese gilt

$$\tilde{\omega}_0^h \simeq 1 \; , \qquad \tilde{\omega}_0^\alpha \simeq \varepsilon \; .$$

(Geringe Abweichungen entstehen durch die Trägheitsterme im Luftkraftvektor und wegen des jetzt abklingenden Schwingungsverhaltens infolge Dämpfung.) Hieraus folgt

$$\xi_h^0 \simeq \frac{g_h}{2} \; , \qquad \xi_\alpha^0 \simeq \frac{g_\alpha}{2} \; . \tag{2.40c}$$

Die logarithmischen Dekremente ergeben sich in diesem Falle zu

$$\delta_h^0 \simeq 2\pi \xi_h^0 \simeq \pi g_h \; , \qquad \delta_\alpha^0 \simeq 2\pi \xi_\alpha^0 \simeq \pi g_\alpha \; . \tag{2.40d}$$

2.2. KLASSISCHE FLATTERTHEORIE UND DEREN ANWENDUNG

Die nunmehr erfolgende Berechnung des Eigenvektors im Flatterfall $\tilde{x}$ ist von grundsätzlichem theoretischem Interesse, aber auch nützlich zum Vergleich mit Beobachtungen.

Da die Matrix $(M + L)$ der allgemeinen Eigenwertaufgabe (2.12) komplex und nichthermitisch ist, werden sich im allgemeinen komplexe Eigenvektoren ergeben (vgl. [157, § 15.5]). Hierin kommt die Phasenverschiebung zwischen den beiden Freiheitsgraden zum Ausdruck. Es wird die erste Gleichung der speziellen Eigenwertaufgabe (2.13) verwendet:

$$(a_{11} - \lambda)\tilde{h}/b + a_{12}\tilde{\alpha} = 0 \ . \tag{2.41}$$

Nach Gleichung (2.21) gilt für die Koeffizienten

$$a_{11} = \frac{\mu + c_{hh}}{\mu\omega_h^2(1+ig_h)} = \frac{(\beta_h + c''_{hh}g_h) + i(c''_{hh} - \beta_h g_h)}{\mu\omega_h^2(1+g_h^2)} \tag{2.42a}$$

$$a_{12} = \frac{c_{h\alpha}}{\mu\omega_h^2(1+ig_h)} = \frac{(c'_{h\alpha} + c''_{h\alpha}g_h) + i(c''_{h\alpha} - c'_{h\alpha}g_h)}{\mu\omega_h^2(1+g_h^2)} \ . \tag{2.42b}$$

Die absolute Größe des Eigenvektors bleibt unbestimmt. Er wird normiert, so daß $\tilde{h}/b \equiv 1$. Gleichungen (2.41) und (2.42a,b) führen dann auf

$$\tilde{\alpha} = \frac{\lambda - a_{11}}{a_{12}} = \frac{[\lambda\mu\omega_h^2(1+g_h^2) - (\beta_h + c''_{hh}g_h)] - i(c''_{hh} - \beta_h g_h)}{(c'_{h\alpha} + c''_{h\alpha}g_h) + i(c''_{h\alpha} - c'_{h\alpha}g_h)}$$

$$= \frac{\{[\kappa(1+g_h^2)-(\beta_h+c''_{hh}g_h)]-i(c''_{hh}-\beta_h g_h)\}[(c'_{h\alpha}+c''_{h\alpha}g_h)-i(c''_{h\alpha}-c'_{h\alpha}g_h)]}{(c'_{h\alpha}+c''_{h\alpha}g_h)^2 + (c''_{h\alpha}-c'_{h\alpha}g_h)^2}$$

$$=: \frac{Z_\alpha}{N_\alpha} \ , \tag{2.43}$$

wobei die aus Gleichungen (2.34) und (2.35) folgende Beziehung

$$\kappa = \lambda\mu\omega_h^2 \tag{2.44}$$

benutzt wurde. Ausmultiplizieren von Zähler und Nenner ergibt

$$\Re(Z_\alpha) = [\kappa(1+g_h^2)-(\beta_h+c''_{hh}g_h)](c'_{h\alpha}+c''_{h\alpha}g_h) - (c''_{hh}-\beta_h g_h)(c''_{h\alpha}-c'_{h\alpha}g_h)$$

$$= \ldots = (1+g_h^2)[c''_{h\alpha}(\kappa g_h - c''_{hh}) + c'_{h\alpha}(\kappa - \beta_h)]$$

$$\Im(Z_\alpha) = -[\kappa(1+g_h^2)-(\beta_h+c''_{hh}g_h)](c''_{h\alpha}-c'_{h\alpha}g_h) - (c''_{hh}-\beta_h g_h)(c'_{h\alpha}+c''_{h\alpha}g_h)$$

$$= \ldots = (1+g_h^2)[c'_{h\alpha}(\kappa g_h - c''_{hh}) - c''_{h\alpha}(\kappa - \beta_h)]$$

$$N_\alpha = \ldots = (1+g_h^2)\left(c'^2_{h\alpha} + c''^2_{h\alpha}\right) = (1+g_h^2)|c_{h\alpha}|^2 \ .$$

Der oben angegebene Ausdruck (2.43) vereinfacht sich somit zu

$$\tilde{\alpha} = \frac{(c''_{h\alpha}\kappa_1 + c'_{h\alpha}\kappa_2) + i(c'_{h\alpha}\kappa_1 - c''_{h\alpha}\kappa_2)}{c'^2_{h\alpha} + c''^2_{h\alpha}} \qquad (2.45)$$

mit $\quad \kappa_1 := \kappa g_h - c''_{hh}$

und $\quad \kappa_2 := \kappa - \beta_h \;.$ $\hspace{6cm}$ (2.46)

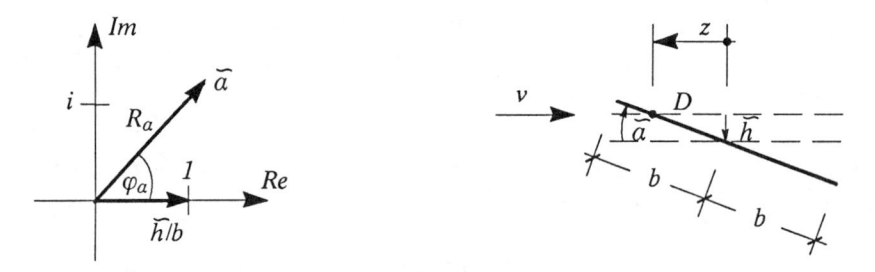

Abb. 2.2: Normierter Verschiebungsvektor in der komplexen Ebene

Abb. 2.3: Schwingung um eine scheinbar fixe Achse D

Das Amplitudenverhältnis $R_\alpha := \frac{|\tilde{\alpha}|}{|\tilde{h}/b|}$ und der Phasenwinkel $\varphi_\alpha := \arg\left(\frac{\tilde{\alpha}}{\tilde{h}/b}\right)$ entsprechen bei der gewählten Normierung dem Betrag und dem Argument der komplexen Amplitude $\tilde{\alpha}$, woraus folgt:

$$\begin{aligned} R_\alpha^2 &= |\tilde{\alpha}|^2 = \frac{\kappa_1^2 + \kappa_2^2}{c'^2_{h\alpha} + c''^2_{h\alpha}} &\Rightarrow\quad R_\alpha \\ \tan\varphi_\alpha &= \frac{\Im(\tilde{\alpha})}{\Re(\tilde{\alpha})} = \frac{c'_{h\alpha}\kappa_1 - c''_{h\alpha}\kappa_2}{c''_{h\alpha}\kappa_1 + c'_{h\alpha}\kappa_2} &\Rightarrow\quad \varphi_\alpha \;. \end{aligned} \qquad (2.47)$$

In Abbildung 2.2 sind die Zusammenhänge in Form eines Zeigerdiagramms dargestellt. Die beiden Zeiger rotieren linksdrehend mit der konstanten Winkelgeschwindigkeit ω, wobei sich ihr gegenseitiges Verhältnis nicht ändert. Die Projektion der Zeigerspitzen auf die reelle Achse entspricht den physikalischen Verschiebungen.

Bei Windkanalversuchen mit Teilmodellen wurde verschiedentlich beobachtet, daß sich das flatternde Modell um eine luvseitig verschobene, scheinbar fixe Achse bewegte (siehe z. B. [62]). In dem hier gewählten Koordinatensystem entspräche dies

2.2. KLASSISCHE FLATTERTHEORIE UND DEREN ANWENDUNG

einer Phasenverschiebung $\varphi_\alpha = 0$ (vgl. Abbildung 2.3). Ergäbe sich auch rechnerisch $\varphi_\alpha \simeq 0$, so wäre die theoretische Achslage gegeben durch

$$z := \frac{z}{b} \simeq \cot|\tilde{\alpha}| \cdot |\tilde{h}/b| \simeq \frac{|\tilde{h}/b|}{|\tilde{\alpha}|} = \frac{1}{R_\alpha} \ . \tag{2.48}$$

Das ebene Flatterproblem des symmetrischen Systems wurde unter den Voraussetzungen der klassischen Theorie vollständig gelöst. Der in dieser Form hier erstmals angegebene Algorithmus läßt sich nur noch durch Vernachlässigung einzelner Luftkraftkoeffizienten weiter vereinfachen. Bezüglich der Berechnung für die ebene Platte wird hierauf verzichtet (vgl. aber Abschnitt 2.3.6).

2.2.3 Numerische Ergebnisse für die ebene Platte

2.2.3.1 Allgemeine Erörterungen

Zur Durchführung numerischer Rechnungen wurde der gerade entwickelte Algorithmus auf einem Taschenrechner programmiert. Lösung von Gleichung (2.31) (Nullstellensuche) erfolgt iterativ. Die komplex–transzendente Theodorsenfunktion $C(k) = C'(k) + iC''(k)$ wird entsprechend [18] näherungsweise durch gebrochen rationale Funktionen dargestellt:

$$\left. \begin{array}{l} C' \simeq \dfrac{0,500\,502\,k^3 + 0,512\,607\,k^2 + 0,210\,400\,k + 0,021\,573}{k^3 + 1,035\,378\,k^2 + 0,251\,239\,k + 0,021\,508} \\[1em] C'' \simeq -\dfrac{0,000\,146\,k^3 + 0,122\,397\,k^2 + 0,327\,214\,k + 0,001\,995}{k^3 + 2,481\,481\,k^2 + 0,934\,530\,k + 0,089\,318} \end{array} \right\} \tag{2.49}$$

Ein Vergleich mit den in [13] und [132] angegebenen Funktionswerten zeigt, daß diese Ausdrücke für $0,08 \leq k \leq 4,00$ auf mindestens vier Stellen genaue Werte liefern; für $0,04 \leq k \leq 10,0$ beträgt der Fehler höchstens 1 %. Das Programm besteht aus 450 Programmschritten. Die Berechnung der Lösungsfunktion $f(k)$ nach Gleichung (2.29) dauert ca. 12 Sekunden; die Gesamtrechnung einschließlich der Ermittlung aller Bewegungsparameter erfolgt — je nach Güte des einzugebenden Startwertes für k — in 20 bis 100 Sekunden.

Von den durchgeführten numerischen Berechnungen sei zunächst einiges in Diagrammform vorgestellt und diskutiert: Abbildungen 2.4 und 2.5 zeigen den Verlauf der nach Gleichung (2.29) berechneten Lösungsfunktion $f(k)$ für die angegebenen Eingangsparameter. Für das System ohne Strukturdämpfung (Abb. 2.4) hat die Funktion im untersuchten Bereich nur eine Nullstelle, strebt aber für große k (und damit kleine v) ebenfalls gegen null. Letzteres beruht darauf, daß die aerodynamische Dämpfung bei verschwindender Anströmung ebenfalls verschwindet und das

System somit stationär harmonisch schwingen kann; dieser Fall ist hier nicht weiter von Interesse.

Dem gedämpften System (Abb. 2.5) entspricht eine Lösungsfunktion mit zwei Nullstellen. Die untere Nullstelle führt auf eine höhere und damit nicht maßgebende kritische Windgeschwindigkeit. Auffallend ist der außerordentlich steile Funktionsverlauf im Bereich der unteren Nullstelle sowie der folgende abrupte Übergang in den wieder abfallenden Teil der Kurve. (Für die programmgesteuerte Iteration waren deshalb besondere Überlegungen erforderlich.) Für große k strebt die Funktion gegen einen endlichen Grenzwert, was zu der oben bezüglich des ungedämpften Systems gemachten Aussage paßt: $k \to \infty$ kann für ein gedämpftes System nicht einmal mehr triviale Lösung sein, da selbst im Falle verschwindender Anströmung nur abklingende Schwingung möglich ist.

Abgesehen von diesen qualitativen Aussagen gestattet die Funktion $f(k)$ allerdings keine Schlußfolgerung in bezug auf nichtkritische Windgeschwindigkeiten. Über die Größe der Anfachung oder des Abklingens der Schwingung und über die Art des dynamischen Gleichgewichtes (labil oder stabil) kann keine Aussage gemacht werden.

Abbildungen 2.6 und 2.7 zeigen die bezogene kritische Windgeschwindigkeit ζ in Abhängigkeit vom Verhältnis ε der (Vakuum-)Eigenfrequenzen. Die Systemparameter μ, r, g_h, g_α wurden wie vorher gewählt. Diese Kurven entsprechen denen in [62, Bild 16], wie auch für andere Parameterkombinationen überprüft und bestätigt wurde. Der hier zusätzlich dargestellte Bereich $0,5 \leq \varepsilon \leq 1,0$ wurde ebenfalls systematisch, aber ergebnislos nach Lösungen abgesucht. Potentialtheoretisches Flattern ist hier also nicht möglich! Dies ist eine Besonderheit des symmetrischen Systems, wie ein Vergleich z. B. mit [35, Abb. 6.12] zeigt.

Die naheliegende Erwartung höherer kritischer Geschwindigkeiten für das gedämpfte System (Abb. 2.7) wird erfüllt. Es ergibt sich aber auch ein grundsätzlicher Unterschied: Anders als für das ungedämpfte System (Abb. 2.6) ist für das gedämpfte die Angabe eines minimalen Frequenzverhältnisses möglich, bei dem Flattern gerade noch auftritt; die zugehörige kritische Windgeschwindigkeit ist endlich groß. Der in denselben Punkt mündende obere Kurventeil steht für die obere Grenze des kritischen Bereiches, die beim ungedämpften System nicht existiert. (Diese im Brückenbau weniger interessierende obere Grenzgeschwindigkeit wurde in [62, Bild 16] nicht mehr dargestellt.) Zur Erläuterung sei noch einmal auf die Lösungsfunktion $f(k)$ verwiesen: Die Spitze der in Abb. 2.5 dargestellten Kurve zieht sich für $\varepsilon \to \varepsilon_{\min}$ nach unten zurück, wobei die Nullstellen aufeinander zulaufen und schließlich in einem Punkt zusammenfallen; für $\varepsilon < \varepsilon_{\min}$ schließlich existiert keine reelle Lösung mehr.

Flatterfreiheit bzw. Stabilität für Windgeschwindigkeiten außerhalb der in den Abbildungen 2.6 und 2.7 eingezeichneten kritischen Bereiche läßt sich nicht ohne weiteres aus dem Verlauf von $f(k)$ ableiten. Alle Aussagen bezüglich der Art des Gleichgewichtes und damit auch die Identifizierung des kritischen Bereiches stützen sich auf die zusätzliche theoretische Untersuchung des Abschnittes 2.2.5.4.

2.2. KLASSISCHE FLATTERTHEORIE UND DEREN ANWENDUNG

$\mu = 50 \qquad g_h = 0$
$r = 0,75 \qquad g_\alpha = 0$
$\varepsilon = 1,30$

Nullstelle $k_1 = 0,30392$:

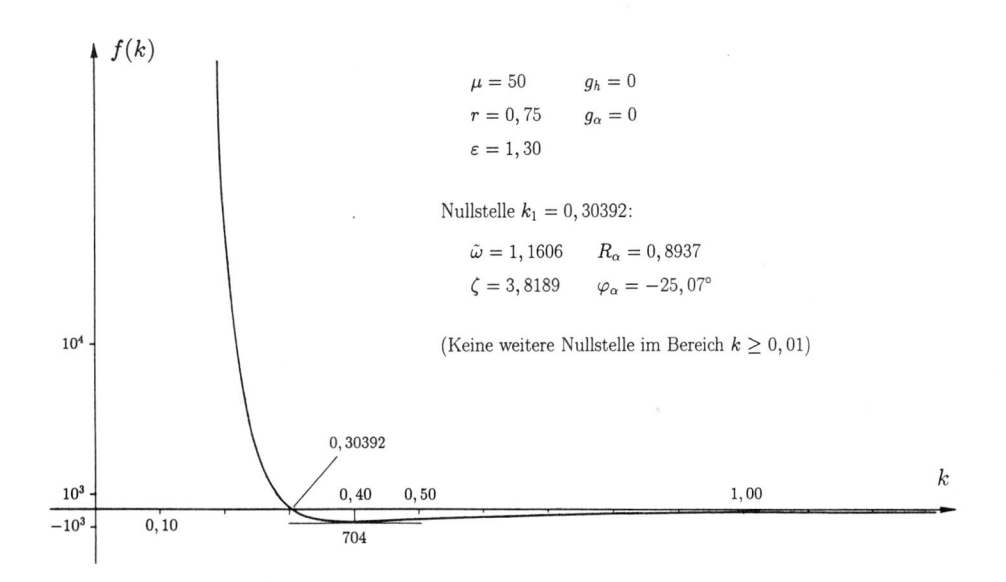

$\tilde{\omega} = 1,1606 \qquad R_\alpha = 0,8937$
$\zeta = 3,8189 \qquad \varphi_\alpha = -25,07°$

(Keine weitere Nullstelle im Bereich $k \geq 0,01$)

Abb. 2.4: Lösungsfunktion $f(k)$ für ungedämpftes System

$\mu = 50 \qquad g_h = 0,20/\pi$
$r = 0,75 \qquad g_\alpha = 0,20/\pi$
$\varepsilon = 1,30$

Nullstelle $k_1 = 0,21827$:

$\tilde{\omega} = 1,1037 \qquad R_\alpha = 0,3994$
$\zeta = 5,0564 \qquad \varphi_\alpha = -47,98°$

Nullstelle $k_2 = 0,08192$:

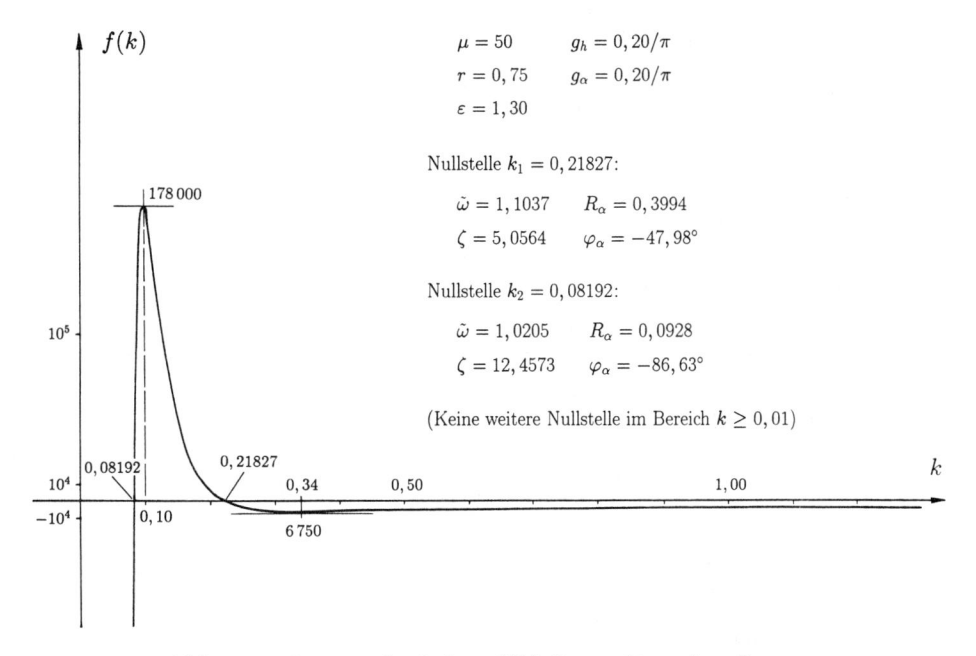

$\tilde{\omega} = 1,0205 \qquad R_\alpha = 0,0928$
$\zeta = 12,4573 \qquad \varphi_\alpha = -86,63°$

(Keine weitere Nullstelle im Bereich $k \geq 0,01$)

Abb. 2.5: Lösungsfunktion $f(k)$ für gedämpftes System

Die Flatterkreisfrequenz ω liegt in allen Fällen zwischen den beiden Eigenfrequenzen des Systems. D. h. für $\tilde{\omega} := \omega/\omega_h$ ergibt sich immer $1 < \tilde{\omega} < \varepsilon$. Dies ist ein typisches Charakteristikum des klassischen Flatterns, das die Bedeutung der Kopplung der beiden Freiheitsgrade zu einer gemeinsamen Schwingung unterstreicht und einen Begründungsansatz für die im Bereich $\varepsilon \leq 1$ festgestellte Flatterstabilität und für die Existenz einer minimalen kritischen Windgeschwindigkeit liefert: Im grenzstabilen Fall ist die räumliche und zeitliche Verteilung der Luftkräfte offenbar derart, daß sich die Koppelschwingung aus einer Vertikalschwingung mit angehobener (Vakuum–)Eigenfrequenz und einer Drehschwingung mit abgeminderter (Vakuum–)Eigenfrequenz zusammensetzt. Flattern ist deshalb nur möglich, wenn die Eigenfrequenz der Drehschwingung über der Eigenfrequenz der Vertikalschwingung liegt. Bei größerem Frequenzabstand bleibt eine Kopplung zur gemeinsamen Flatterschwingung zwar weiterhin möglich, wird aber zunehmend erschwert; die größeren, durch Luftkräfte zu bewirkenden Frequenzänderungen erfordern höhere Windgeschwindigkeiten. Starke Nähe der beiden Eigenfrequenzen wirkt sich ebenfalls erschwerend bezüglich Flattern aus: Frequenzwirksame und anregungswirksame Luftkräfte (um 90° phasenverschoben) stehen etwa in gleichbleibendem Verhältnis; im Flatterfall müssen deshalb auch die frequenzwirksamen Kräfte und damit die erfolgenden Frequenzänderungen eine gewisse Mindeststärke erreichen. In einem eng begrenzten ε–Bereich kann mangelnder Spielraum bei den möglichen Frequenzänderungen aber ebenfalls durch höhere Geschwindigkeiten ausgeglichen werden. Der minimalen kritischen Windgeschwindigkeit entspricht ein maximales k (wegen Zusammenhang nach Gl. (2.9) und nur schwach veränderlichem ω).

Im Vorgriff auf Abschnitt 2.2.5.2 enthalten die Abbildungen 2.6 und 2.7 auch die bezogene kritische Windgeschwindigkeit für statische Torsionsdivergenz.

Abbildungen 2.8 und 2.9 schließlich stellen das Amplitudenverhältnis R_α und den Phasenwinkel φ_α zwischen den beiden Verschiebungskoordinaten dar, ebenfalls in Abhängigkeit von ε und für ansonsten gleiche Eingangswerte wie vorher. Den sehr kleinen Werten R_α entsprechen φ_α nahe $-90°$. Ein Vergleich mit Abbildungen 2.6 und 2.7 zeigt, daß die zugehörigen Strömungsgeschwindigkeiten sehr groß, k also sehr klein wird. Die Strömung kann hier als quasi–stationär angesehen werden. Die Phasendifferenz zwischen Verschiebungen und Luftkräften verschwindet damit und wird ersetzt durch einen maximalen Phasenwinkel zwischen den beiden Verschiebungen. Abgesehen von diesem Bereich hoher kritischer Geschwindigkeiten nehmen R_α und φ_α mittlere Werte an. Ein Vergleich mit entsprechenden Beobachtungen wäre hierfür leicht möglich, denn mit $0,24 \leq R_\alpha \leq 1,04$ besteht (theoretisch) eine deutliche Kopplung zwischen den beiden Freiheitsgraden und φ_α ist von den extremen Werten $0°$ und $-90°$ deutlich verschieden.

Abschließend sei darauf aufmerksam gemacht, daß der Einfluß der Dämpfung auf die kritische Geschwindigkeit deutlich geringer ist als auf das Amplitudenverhältnis und den Phasenwinkel. Nach diesen eher grundsätzlichen Erörterungen werden im folgenden einige in der Literatur dokumentierte Beobachtungen nachgerechnet.

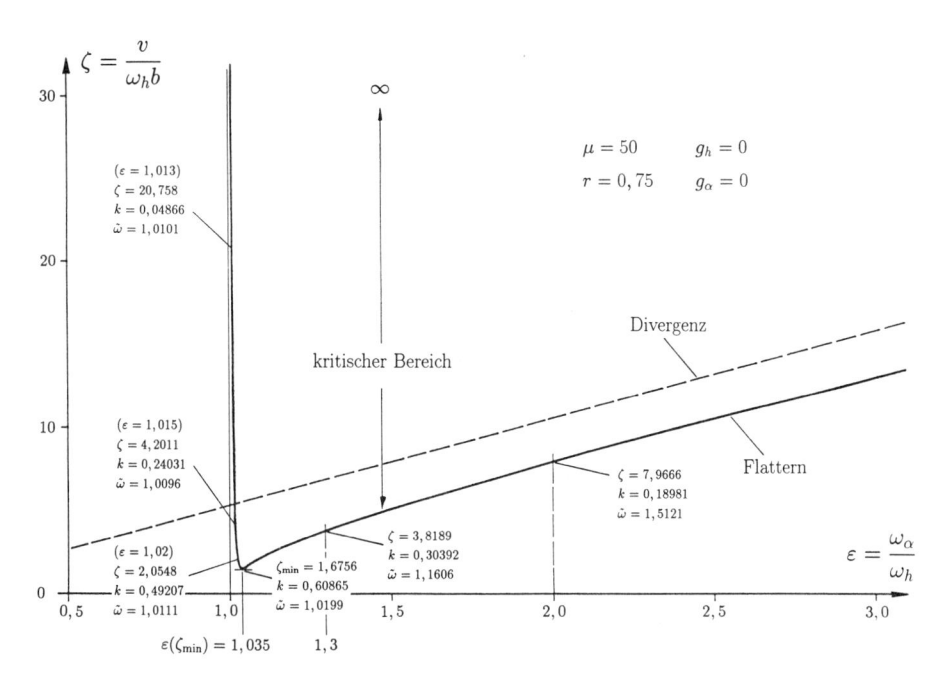

2.2. KLASSISCHE FLATTERTHEORIE UND DEREN ANWENDUNG

Abb. 2.6: Bezogene kritische Windgeschwindigkeit für ungedämpftes System

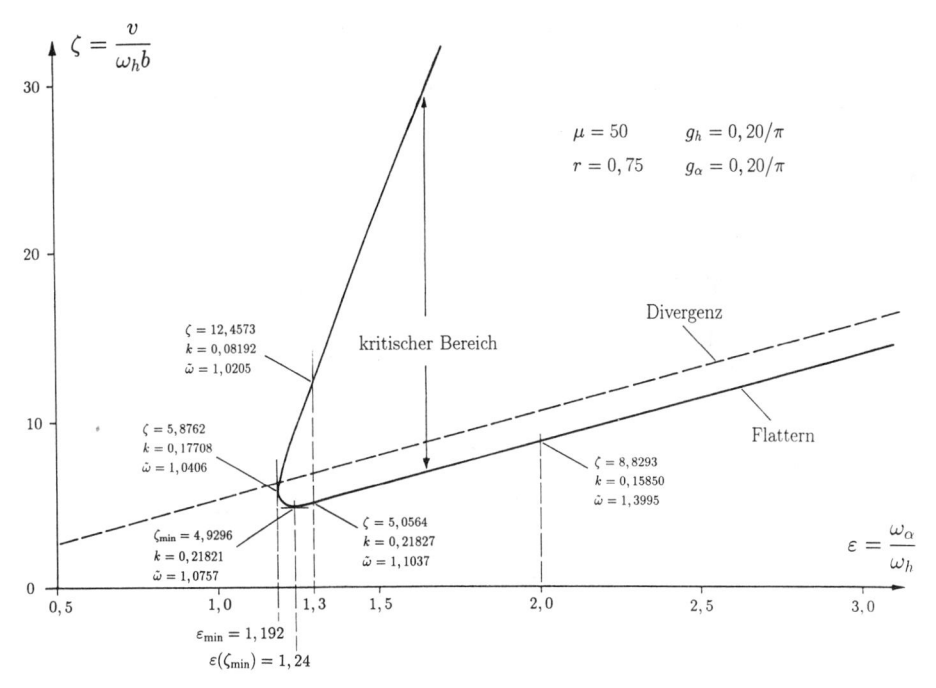

Abb. 2.7: Bezogene kritische Windgeschwindigkeit für gedämpftes System

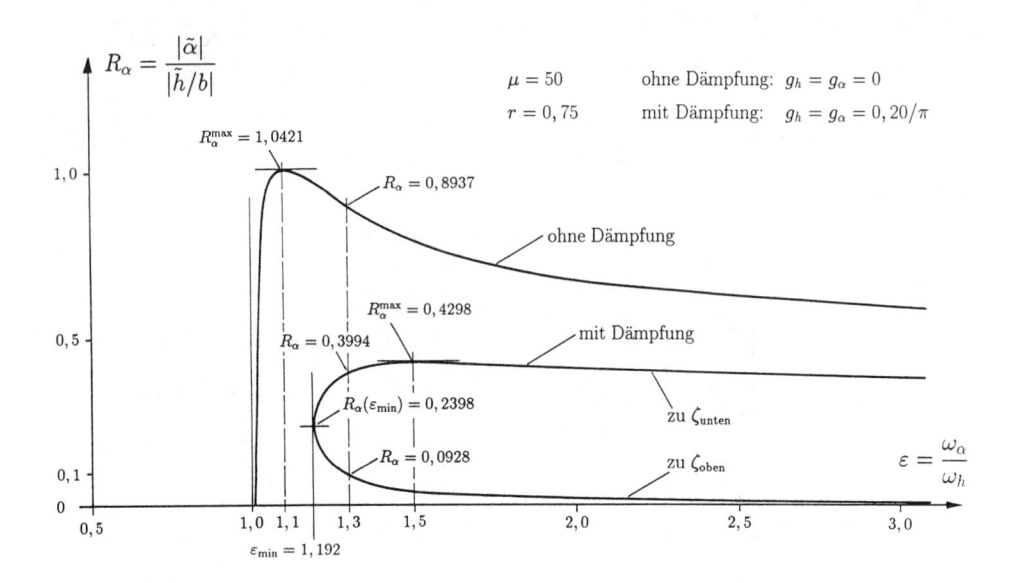

Abb. 2.8: Amplitudenverhältnis im grenzstabilen Flatterfall

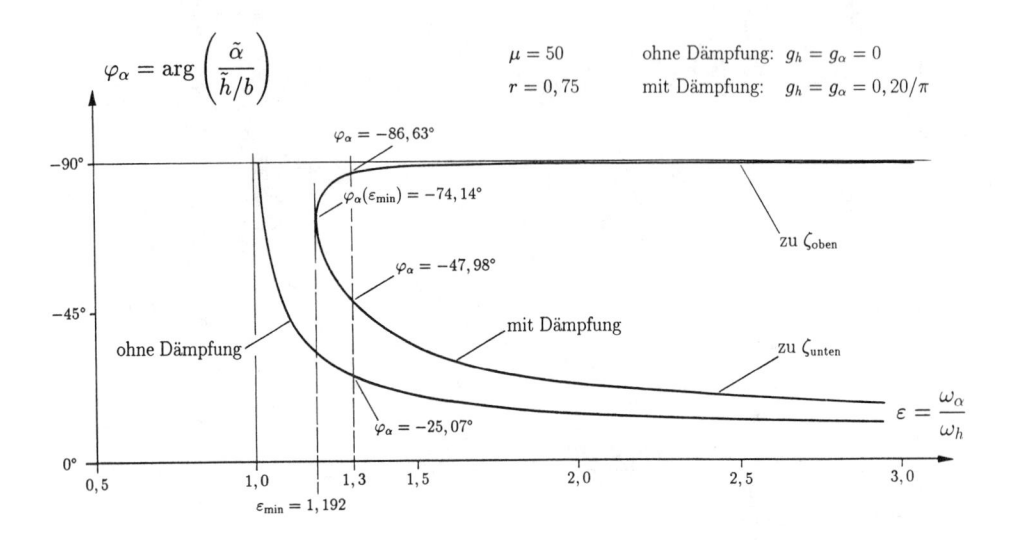

Abb. 2.9: Phasenwinkel im grenzstabilen Flatterfall

2.2. KLASSISCHE FLATTERTHEORIE UND DEREN ANWENDUNG

2.2.3.2 Nachrechnung von Teilmodellversuchen

Ukeguchi, Sakata & Nishitani [140] geben Ergebnisse von Windkanalversuchen an drei verschiedenen Teilmodellen an. Die Lager- und Symmetriebedingungen entsprechen den hier gemachten Annahmen, wobei aber die Drehachse beim Profil B (Fachwerk) in Höhe der Fahrbahn, beim Profil C (Fachwerk) in Höhe etwa des Schwerpunktes bzw. der elastischen Achse liegt. Profil A ist ein H-Querschnitt, die Höhe der Seitenwände beträgt 1/10 der Gesamtbreite.

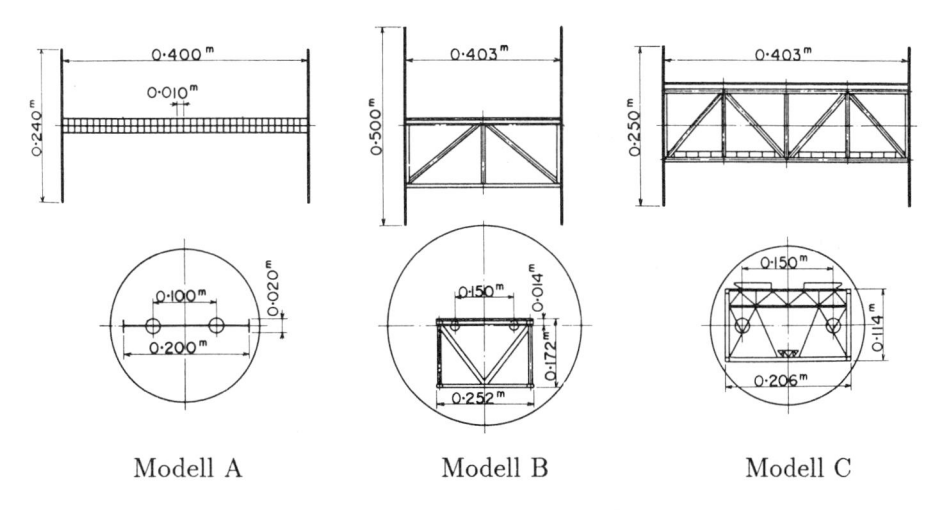

Abb. 2.10: Im Windkanal untersuchte Teilmodelle [140]

Die Anströmgeschwindigkeit wurde langsam gesteigert, bis das Modell spontan mit Flatterbewegungen begann. Dann wurde die Geschwindigkeit so weit verringert, bis das Flattern wieder aufhörte. Die beiden so ermittelten Geschwindigkeitswerte liegen durchschnittlich um nur ca. 4 %, maximal um 10 % auseinander. Das plötzliche Ein- und Aussetzen der Schwingungen spricht für die Güte der realisierten Versuchsbedingungen (Anströmung geringer Turbulenz) und bestätigt die Annahme weitgehend nur selbsterregter Schwingungen. Denn andernfalls hätte man statt einem Stabilitäts- eher ein Antwortverhalten zu erwarten mit den dafür typischen weichen Übergängen. Auch stützen diese Beobachtungen die Annahme eines für kleine Schwingungen linearen aeroelastischen Systems, da harte Selbsterregung offenbar nicht auftrat (vgl. Abschnitt 2.5).

In Tabelle 2.2 werden die in [140] angegebenen Systemparameter (in der hier verwendeten Notation) und gemessenen minimalen Flattergeschwindigkeiten den hier berechneten theoretischen Bewegungsparametern im Flatterfall gegenübergestellt. Der in Abschnitt 2.2.1 definierte Formfaktor η wird für die spätere Diskussion in Abschnitt 2.2.4 ebenfalls angegeben.

Bezüglich des in [140] für das Modell C angegebenen sehr kleinen Massenträgheitsmomentes I bestanden zunächst Zweifel an der richtigen Wiedergabe diese Wertes.

Modell	Parameter	Flatterversuche von Ukeguchi et al. [140]							klassische Flattertheorie (Abschnitt 2.2.2)						Vergleich
		μ	r	ε	g_h	g_α	$\omega_h\,[\frac{1}{s}]$	$b\,[m]$	$v_{gem}\,[\frac{m}{s}]$	k	$\omega\,[\frac{1}{s}]$	ζ	$v_{ber}\,[\frac{m}{s}]$	R_α	φ_α	$\eta=\frac{v_{gem}}{v_{ber}}$
A	Fall 1	258,2	0,5076	1,564	0,0170	0,0543	32,1	0,100	29,1	0,10888	35,35	10,11	32,46	0,333	−18,2°	0,90
	Fall 2			1,435	0,0158	0,0506	31,7		23,7	0,12307	34,20	8,77	27,79	0,354	−20,8°	0,85
B	Fall 1	84,78	0,6665	1,159	0,0235	0,1211	10,7	0,125	6,48	0,16801	11,04	6,14	8,21	0,211	−67,2°	0,79
	Fall 2	84,84		1,692	0,0208	0,0947	9,93		8,32	0,13946	11,86	8,56	10,63	0,326	−23,4°	0,78
	Fall 3	84,51		2,387	0,0313	0,1639	9,93		13,2	0,09779	13,33	13,73	17,04	0,224	−22,3°	0,77
C	Fall 1	105,9	0,359	2,270	0,0146	0,0864	11,1	0,102	20,6	0,14355	13,06	8,19	9,28	0,392	−19,1°	2,22
	Fall 2	105,9		1,658	0,0091	0,0769	15,5		18,5	0,19725	16,93	5,54	8,75	0,472	−25,5°	2,11
	Fall 3	105,8		2,348	0,0327	0,1013	11,2		22,6	0,13642	13,20	8,64	9,87	0,362	−22,3°	2,29

Tabelle 2.2: Vergleich von Flatterversuchen an Teilmodellen mit Berechnung nach klassischer Flattertheorie

v_{gem} ↝ gemessene kritische Windgeschwindigkeit (Teilmodell)

v_{ber} ↝ berechnete kritische Windgeschwindigkeit (ebene Platte)

2.2. KLASSISCHE FLATTERTHEORIE UND DEREN ANWENDUNG

Diese Zweifel werden entkräftet durch die sehr guten Übereinstimmungen zwischen den in Abschnitt 2.3.4.2 und den in [140] durchgeführten Berechnungen. Der kleine bezogene Trägheitsradius r wird möglich durch die Einbeziehung der bewegten Massen der Versuchseinrichtung.

Die Gegenüberstellung zeigt, daß eine rein theoretische Berechnung der kritischen Windgeschwindigkeit (unter Benutzung der potentialtheoretischen Luftkraftkoeffizienten für die ebene Platte) zu keiner durchgängig guten Übereinstimmung mit an Brückenprofilen gemessenen Werten führt. Die auftretenden Diskrepanzen sind teilweise groß und in ihrer Tendenz nicht gleichbleibend, d. h. die kritische Windgeschwindigkeit kann bei Anwendung der klassischen Flattertheorie sowohl über- als auch unterschätzt werden.

2.2.3.3 Nachrechnung der Tacoma–Brücke

Im Rückgriff auf die Streifentheorie (Vernachlässigung dreidimensionaler Strömungseffekte) und unter der Annahme weitgehender Affinität der beteiligten Eigenformen von Biege- und Torsionsschwingungen sowie nur schwach veränderlicher Systemparameter wird das Verfahren auf die erste Tacoma–Brücke angewendet (theoretische Begründung in Abschnitt 3.2.2).

Nach Augenzeugenberichten (zitiert in [97]) stellte sich eine Stunde vor dem Einsturz der Brücke eine Schwingung mit einem Knoten in Brückenmitte ein. Dies deutet auf eine Beteiligung der jeweils ersten antisymmetrischen Schwingungsmodi in Biegung und Torsion hin. Die schubfesten Verbindungen zwischen den beiden Tragkabeln und dem Versteifungsträger waren zu diesem Zeitpunkt zumindest auf der Leeseite ausgefallen. Es sei hier angenommen, daß auch der luvseitige Schubverband nicht mehr wirksam war, und daß das somit symmetrische System gekoppelte Schwingungen im ersten antisymmetrischen Modus ausführte.* Die hierfür von Rocard [97] berechneten Eigenfrequenzen und andere von ihm angegebene Systemparameter werden übernommen. Die Strukturdämpfung wird nach [119] geschätzt.

Die Berechnung nach Abschnitt 2.2.2 gilt für die ebene Platte. Der tatsächlich vorhandene H–Querschnitt hatte ein Seitenverhältnis von $d/(2b) = 0,205$ ($d \rightsquigarrow$ Höhe der Seitenwände).

Systemparameter:

$$m = 8\,500 \text{ kg/m} \,, \quad \rho = 1,25 \text{ kg/m}^3 \,, \quad b = 5,95 \text{ m} \quad \Rightarrow \quad \mu = \tfrac{m}{\pi \rho b^2} = 61$$

$$r = 0,77$$

$$\omega_h = 0,84 \text{ s}^{-1} \,, \quad \omega_\alpha = 1,11 \text{ s}^{-1} \quad \Rightarrow \quad \varepsilon = \tfrac{\omega_\alpha}{\omega_h} = 1,32$$

---

*Der wahrscheinliche Ausfall nur oder zuerst des leeseitigen Schubverbandes korrespondiert übrigens mit der im Windkanal gemachten Beobachtung (siehe z. B. [62]) von Flatterschwingungen um eine luvseitig verschobene fixe Achse.

$$\delta_h = \delta_\alpha = 0,05 \quad \Rightarrow \quad \begin{cases} g_h \simeq \frac{\tilde{\omega}}{\pi}\delta_h \simeq \frac{1,15}{\pi} \cdot 0,05 = 0,018 \\ g_\alpha \simeq \frac{\tilde{\omega}}{\pi\varepsilon}\delta_\alpha \simeq \frac{1,15}{\pi \cdot 1,32} \cdot 0,05 = 0,014 \end{cases}.$$

Ergebnisse nach Abschnitt 2.2.2:

$k = 0,2440$

$\tilde{\omega} = 1,15$ (wie angesetzt) $\quad \Rightarrow \quad \omega = 1,15 \cdot 0,84 \text{ s}^{-1} = \underline{0,97 \text{ s}^{-1}}$

$\zeta = 4,72 \quad \Rightarrow \quad v = \underline{23,6 \text{ m/s}}$

$R_\alpha = 0,658 \;,\quad \varphi_\alpha = -26,0°$.

Die gemessene Windgeschwindigkeit während des Einsturzes betrug 18,9 m/s. Bei Gültigkeit der getroffenen Annahmen ergäbe sich ein Formfaktor von

$$\eta = \frac{v_\text{gem}}{v_\text{ber}} = \frac{18,9}{23,6} = \underline{0,80} \;.$$

Die Literaturangaben bezüglich der beobachteten Flatterkreisfrequenz sind widersprüchlich; sie betrug

$$\omega_\text{gem} = 2\pi \tfrac{12}{60} = 1,26 \text{ s}^{-1}$$

[97] oder mehr [62], was von dem berechneten Wert $\omega = 0,97\,\text{s}^{-1}$ stark abweicht und sogar noch um 14 % höher ist, als die veranschlagte Eigenkreisfrequenz für Torsionsschwingungen. Nimmt man für diese probeweise den höheren Wert $\omega_\alpha = 1,72 \text{ s}^{-1}$ an ($\Rightarrow \varepsilon = 2,05$, $g_h \simeq 0,024$, $g_\alpha \simeq 0,012$), so erhält man das bezüglich der Flatterfrequenz übereinstimmende folgende Ergebnis:

$k = 0,1585$

$\tilde{\omega} = 1,50$ (wie angesetzt) $\quad \Rightarrow \quad \omega = 1,50 \cdot 0,84 \text{ s}^{-1} = \underline{1,26 \text{ s}^{-1}}$

$\zeta = 9,48 \quad \Rightarrow \quad v = \underline{47,4 \text{ m/s}}$

$R_\alpha = 0,551 \;,\quad \varphi_\alpha = -14,0°$.

Der Formfaktor ergäbe sich hiermit zu

$$\eta = \frac{18,9}{47,4} = \underline{0,40} \;.$$

2.2.4 Vergleich mit Messungen und Diskussion
2.2.4.1 Überprüfung der Luftkraftterme
Die Gültigkeit der klassischen Flattertheorie ist geknüpft an die Gültigkeit der verwendeten Luftkraftterme (Gleichungen (2.4), bzw. (2.5) bis (2.9)). Erste experimentelle Bestätigungen dieser Ausdrücke in Windkanalversuchen erbrachten Bratt & Scruton [15] und Halfman [44] in den Jahren 1938 bis 1952 für Tragflügelprofile. In [35, Abb. 3.49] werden gemessene instationäre Druckverteilungen an einer harmonisch schwingenden Platte den nach Potentialtheorie berechneten gegenübergestellt. Die Übereinstimmung ist befriedigend. Die Theorie liefert im allgemeinen etwas überhöhte Drücke und Kräfte, womit sich etwas zu kleine theoretische Flattergeschwindigkeiten ergäben. Die für die dünne, ebene Platte hergeleitete Theorie wird im Flugzeugbau zum Flatternachweis von Tragflügeln mit bis zu etwa 10 % Profildicke erfolgreich angewendet [35].

Messungen von Sakata [105] an einem Teilmodell der Severn–Brücke (geschlossener, windschnittiger Hohlkasten) zeigten ebenfalls gute Übereinstimmung bezüglich der instationären Luftkräfte. Die Messungen deckten einen großen Parameterbereich ab ($0,08 \leq k \leq 0,90$). Der Anstellwinkel wurde dabei von $-5°$ bis $+5°$ variiert, was auf die Meßergebnisse relativ wenig Einfluß hatte. Wie in Abschnitt 2.2.5.1 vorgeführt, kann die klassische Flattertheorie mit Hilfe sinnvoller Annahmen auf den Fall nichthorizontaler Anströmung erweitert werden. Dabei zeigt sich, daß der Anströmwinkel ohne Einfluß auf die instationären Luftkräfte und das Flatterverhalten bleibt. Die von Sakata beobachtete Invarianz der instationären Strömungskräfte gegenüber dem Anstellwinkel wäre somit ein weiterer Hinweis auf die direkte Anwendbarkeit der klassischen Flattertheorie.

Ein anderes, leichter zu überprüfendes Kriterium für eine Anwendbarkeit beruht auf der experimentellen Bestimmung der Steigungen $dC_A/d\alpha$ und $dC_M/d\alpha$ der *stationären* Luftkraftbeiwerte im Bereich kleiner Anstellwinkel. Für das Modell der Severn–Brücke, deren Trägerquerschnitt wegen der gerade zitierten Ergebnisse als plattenähnlich im Sinne der klassischen Flattertheorie angesehen werden soll, wurden die stationären Beiwerte für Auftrieb und Luftkraftmoment ermittelt [105]. Für Anstellwinkel im Bereich von $\pm 8°$ liegen die Steigungen nahe an den theoretischen Werten 2π und $\pi/2$ der ebenen Platte. Diese Eigenschaft scheint somit plattenähnliche Querschnitte auszuzeichnen.

Die Flatterversuche von Klöppel & Thiele [62] bestätigen tendenziell die Gültigkeit dieses Kriteriums: Die stationären Beiwerte zweier geschlossener Kastenprofile wurden gemessen. Das Profil mit guter Übereinstimmung in der kritischen Geschwindigkeit (aus Theorie und Versuch) erfüllt das Kriterium bezüglich des stationären Beiwertes $C_A(\alpha)$. Das Profil mit schlechter Übereinstimmung hat im Bereich kleiner Anstellwinkel α eine hochgradig nichtlineare Kennlinie $C_A(\alpha)$; die Steigung $dC_A/d\alpha$ wird hier teilweise negativ.

Scanlan & Tomko [111] haben instationäre Strömungskräfte sowohl an einem Tragflügel als auch an einer Vielzahl typischer Brückenquerschnitte über einen großen k-Bereich gemessen (an Teilmodellen im Windkanal). Der Vergleich mit den theoretischen Kennlinien der ebenen Platte zeigte akzeptable Übereinstimmung beim Tragflügel, aber teilweise starke Diskrepanz bei Brückenprofilen. Während sich für die geschlossenen, windschnittigen Formen und für die Fachwerkkastenträger im allgemeinen noch gewisse Ähnlichkeiten ergaben, waren diese bei H–Querschnitten nicht mehr festzustellen.

Bei fast allen Querschnitten aber wiesen die Koeffizienten $c''_{\alpha\alpha}(k)$ — im Gegensatz zur Theorie — einen Vorzeichenwechsel auf, wurden also positiv. Da der Koeffizient $c''_{\alpha\alpha}$ (A_2^* in der Notation von [111]; vgl. Abschnitt 2.2.5.3) für ein Moment in Phase mit der Drehgeschwindigkeit $\dot\alpha$ steht, entspricht dies einer negativen aerodynamischen Dämpfung in diesem Freiheitsgrad. Die hiermit gegebene Möglichkeit des reinen Torsionsflatterns ist nach der klassischen Flattertheorie für symmetrische Systeme ausgeschlossen (vgl. Abschnitt 2.2.2.1). Allein schon dieses Phänomen positiver $c''_{\alpha\alpha}$ stellt die allgemeine Anwendbarkeit der klassischen Flattertheorie — auch wenn mit Formfaktoren nach [62] geeicht — in Frage. Hierauf wird in Abschnitt 2.2.4.3 genauer eingegangen.

Nach den Messungen [111] zeichneten sich einige Profile aber auch dadurch aus, daß sie im untersuchten k-Bereich keine (oder nur sehr kleine) positive $c''_{\alpha\alpha}$ aufwiesen: die geschlossenen, windschnittigen Querschnitte der Severn–Brücke und der Lillebælt–Brücke sowie zwei hohe Fachwerkkastenträger. Die beiden Fachwerkprofile zeigten sich dabei äußerst sensibel gegenüber geringfügigen Entwurfsänderungen: z. B. genügte die Anordnung einer niedrigen Leitbarriere in Fahrbahnmitte, um $c''_{\alpha\alpha}(k)$ in den positiven Bereich durchschlagen zu lassen und damit die potentielle Instabilität wesentlich zu erhöhen. Diese große Empfindlichkeit läßt starke aerodynamische Nichtlinearität vermuten. Das ansonsten offenbar plattenähnliche Verhalten dieser beiden Fachwerkprofile ist wahrscheinlich bedingt durch einen geringen geometrischen Völligkeitsgrad in der Brückenansicht.

2.2.4.2 Überprüfung an beobachteten Flatterschwingungen

Die Lager- und Symmetriebedingungen der nun zitierten Versuche entsprechen den hier getroffenen Annahmen. Eventuelle Abweichungen zwischen den Höhenlagen von Drehpunkt, elastischer Achse und Schwerpunkt können zwar Einfluß haben [58], sind aber nicht quantitativ dokumentiert und im allgemeinen wohl zu vernachlässigen. Wie auch bei den zuvor zitierten Teilmodellmessungen wird durch die üblichen Endscheiben eine weitgehend zweidimensionale Strömung gewährleistet.

Die Windkanalversuche an Brückenprofilen von Klöppel & Thiele ergaben für flache, trapezähnliche Querschnitte eine Übereinstimmung bis zu 93 % ($\eta = 0,93$) mit der für die ebene Platte berechneten kritischen Windgeschwindigkeit (gegenübergestellt in [62, Tafel 2]). Die klassische Flattertheorie liefert hier also — anders als bei Tragflügelprofilen — höhere kritische Windgeschwindigkeiten als beobachtet. Für geschlossene Querschnitte mit senkrechten Stegen sowie für H- und TT-Profile

2.2. KLASSISCHE FLATTERTHEORIE UND DEREN ANWENDUNG

fallen nach [62] und [119] die gemessenen Werte und damit der Formfaktor

$$\eta := \frac{v_{\text{gem}}}{v_{\text{ber}}} \qquad (2.50)$$

allerdings deutlich ab (bis $\eta = 0,1$).

Die in Abschnitt 2.2.3.2 nachgerechneten Versuche von Ukeguchi et al. [140] führten für zwei Fachwerkprofile auf Formfaktoren zwischen $0,77$ und $2,3$; der Formfaktor kann also auch für übliche Brückenquerschnitte (hier das Profil C, Fachwerk) größer als eins werden. Dies scheint damit in Zusammenhang zu stehen, daß der angesprochene Querschnitt über keine geschlossene Auftriebsfläche (Fahrbahn) verfügt. Wegen des hiermit möglichen Druckausgleiches zwischen Ober- und Unterseite werden wesentlich geringere Luftkräfte als bei der ebenen Platte induziert (vgl. auch Abschnitt 2.3.4.2, Tabelle 2.6).

Nach einem in [62] durchgeführten Vergleich waren die gemessenen Flatterfrequenzen im allgemeinen etwas höher als die nach der klassischen Flattertheorie berechneten und lagen somit näher an den Torsionseigenfrequenzen. Die dort weiterhin berichteten Schwingungen um eine luvseitig verschobene fixe Achse passen nicht gut zur Theorie, die — wie eine eigene Nachrechnung ergab — auch für die in [62] angegebenen Parameter auf Phasenwinkel φ_α deutlich ungleich null führt ($8° < \varphi_\alpha < 30°$), was der (leider nur qualitativen) Beobachtung entgegensteht (vgl. auch Abbildung 2.9).

Bemerkenswert sind in diesem Zusammenhang auch die Beobachtungen von Scanlan & Tomko [111]. Fast alle im Windkanal getesteten Fachwerk-, H- und stromlinienförmigen Hohlkastenquerschnitte begannen das Flattern mit reiner Torsionsschwingung. Es darf angenommen werden, daß eine Nachrechnung mit der hier dargelegten Theorie nicht zu diesbezüglich befriedigender Übereinstimmung führen würde. Denn der Beobachtung entspräche ein Amplitudenverhältnis $R_\alpha \gg 1$, wie es für übliche Systemparameter rechnerisch nicht auftritt. Das beobachtete Torsionsflattern unterstreicht im übrigen die Bedeutung des Koeffizienten $c''_{\alpha\alpha}$.

Die Diskrepanzen bezüglich der Schwingungsmodi deuten darauf hin, daß das aeroelastische Kräftespiel theoretisch nicht richtig erfaßt wird. Die Allgemeingültigkeit einer mit Formfaktoren verbesserten Theorie, wie sie Klöppel & Thiele [62] vorschlugen, wird hierdurch vielleicht nicht widerlegt, aber doch etwas in Frage gestellt.

Im Abschnitt 2.2.3 wurde das Flattern zweier H-Querschnitte nachgerechnet und die entsprechenden Werte für η bestimmt. Diese werden in Tabelle 2.3 den Ergebnissen von Selberg [119] gegenübergestellt.

Bei den aus [119] übernommenen Messungen lag der Definition der kritischen Windgeschwindigkeit eine von außen angeregte Schwingung bestimmter Amplitude zugrunde, die bei der jeweiligen Geschwindigkeit gerade konstant blieb. Die angegebenen Grenzwerte für η gelten für verschiedene Amplituden ($\tilde{\alpha} = 0,6° \div 11,5°$).

Querschnitt	$\dfrac{d}{2b}$	ε	$\eta = \dfrac{v_{\text{gem}}}{v_{\text{ber}}}$	
			nach Abschnitt 2.2.3	nach Selberg [119]
H–Profil	0,100	1,56	0,90	0,18 ÷ 0,45
		1,44	0,85	
Tacoma (H–Profil)	0,205	1,32	0,80	0,14 ÷ 0,38
		2,05	0,40	0,12 ÷ 0,30

Tabelle 2.3: Formfaktor η nach verschiedenen Autoren

Die schlechte Übereinstimmung ist somit auch auf verschiedene Beobachtungsbedingungen zurückzuführen (vgl. Abschnitt 2.2.3.2). Der von Selberg festgestellte weiche Übergang zu größeren Amplituden kann verursacht sein durch aerodynamische Nichtlinearitäten oder durch Störerregung (z. B. durch turbulente Anströmung). Der Vergleich zeigt also auch die Schwierigkeit, den Formfaktor η für nichtplattenähnliche Querschnitte praktisch zu bestimmen.

2.2.4.3 Schlußfolgerungen

Wie die vorangegangenen Vergleiche zeigten, ist die klassischen Flattertheorie im Falle gewisser, plattenähnlicher Querschnitte anwendbar. Dies kann direkt oder in verbesserter Form mittels experimentell bestimmter Formfaktoren (Eichung) erfolgen. Bei anderen, nichtplattenähnlichen Querschnitten liefert auch die geeichte Theorie falsche Ergebnisse: Während die Flatterversuche vor allem die experimentellen Schwierigkeiten bei der Bestimmung des Formfaktors zeigten, offenbarten die gemessenen instationären Luftkraftbeiwerte, daß das aeroelastische Kräftespiel grundsätzlich falsch erfaßt wird, und daß die postulierte Systemunabhängigkeit des Formfaktors deshalb nicht gewährleistet sein kann.

Zur Begründung sei noch einmal der Faden aus Abschnitt 2.2.4.1 aufgenommen: Die gemessenen Kennlinien $c''_{\alpha\alpha}(k)$ hatten für gewisse Profile — im Gegensatz zur Theorie — einen Nulldurchgang und wurden positiv. Wie schon erläutert, entspricht positives $c''_{\alpha\alpha}$ einer negativen aerodynamischen Dämpfung; hiermit ist die Möglichkeit eines weitgehend entkoppelten Torsionsflatterns gegeben. Das zum Nulldurchgang gehörige, allein vom Querschnitt abhängige k wird dann näherungsweise der Kennwert des in der Regel nun maßgebenden Torsionsflatterns sein (wenn man vom Einfluß der Strukturdämpfung sowie der aerodynamischen Dämpfung infolge einer eventuell noch vorhandenen kleinen Vertikalbewegung absieht). Da außerdem die

2.2. KLASSISCHE FLATTERTHEORIE UND DEREN ANWENDUNG 65

Strömungskräfte im Verhältnis zu den elastischen und trägheitsbedingten Kräften relativ klein sind, wird die Flatterfrequenz in der Nähe der Torsionseigenfrequenz liegen ($\omega \simeq \omega_\alpha$). Die auf $\omega_h b$ bezogene kritische Windgeschwindigkeit entsprechend Gleichung (2.38) kann somit näherungsweise zu

$$\zeta^Q = \frac{v^Q}{\omega_h b} = \frac{\omega^Q/\omega_h}{k^Q} \simeq \frac{\varepsilon}{k(c''_{\alpha\alpha} = 0)} \tag{2.51}$$

angenommen werden; sie ist also im wesentlichen abhängig von dem querschnittstypischen k des Nulldurchganges von $c''_{\alpha\alpha}(k)$. (Wählte man als Bezugsgröße ω_α statt ω_h, so wäre der Faktor ε durch eins zu ersetzen.) Der Index Q deutet an, daß dieser Wert nicht für die ebene Platte, sondern schon für den tatsächlichen Querschnitt gilt. Das Verfahren von Klöppel & Thiele [62] unter Verwendung des Formfaktors η führt dagegen auf

$$\zeta^Q = \eta \cdot \zeta(\mu, r, \varepsilon) \;, \tag{2.52}$$

wobei ζ für die ebene Platte gilt und sich allein aus den Systemparametern μ, r, ε (und den hier fortgelassenen Dämpfungsparametern g_h, g_α) berechnen läßt. Wäre dieses Verfahren universell, dann müßten die Ausdrücke (2.51) und (2.52) gleichwertig sein. Für η folgte hieraus

$$\eta = \eta^Q \cdot \eta^S \tag{2.53}$$

mit $\quad \eta^Q := \dfrac{1}{k(c''_{\alpha\alpha} = 0)}$

und $\quad \eta^S := \dfrac{\varepsilon}{\zeta(\mu, r, \varepsilon)} \;.$

Der Anteil η^S bringt nun deutlich zum Ausdruck, daß η grundsätzlich nicht invariant gegenüber den Systemparametern μ, r, ε sein kann. Die Arbeitshypothese von [62] ist nicht erfüllt!

Mit Hilfe der Interpolationsformel (2.79) von Selberg (vgl. Abschnitt 2.2.5.5) kann eine Beziehung zwischen den Formfaktoren η_1 und η_2, gültig für zwei verschiedene Sätze von Systemparametern, angegeben werden: Der syteminvariante, nur vom Querschnitt abhängige Anteil η^Q wird aus der ersten Messung ($\rightsquigarrow \eta_1$) ermittelt zu

$$\eta^Q = \frac{\eta_1}{\eta_1^S} = \eta_1 \cdot 0{,}74\sqrt{(1 - 1/\varepsilon_1^2)\mu_1 r_1} \;. \tag{2.54}$$

Die zweite Messung müßte dann führen auf

$$\eta_2 = \eta^Q \cdot \eta_2^S = \eta_1 \sqrt{\frac{(1-1/\varepsilon_1^2)\mu_1 r_1}{(1-1/\varepsilon_2^2)\mu_2 r_2}} \ . \tag{2.55}$$

Eine Überprüfung dieser Formel an den in [62] zusammengestellten Windkanalversuchen (bei denen ε variiert wurde) brachte gute Übereinstimmung z. B. für die Querschnitte A5 und S3 ($d/(2b) = 0,05$). Die genannten Voraussetzungen könnten in diesen Fällen also weitgehend erfüllt sein. Im allgemeinen aber wird der Einfluß der Systemparameter auf den Formfaktor — der hiermit grundsätzlich nachgewiesen wurde — nicht in dieser einfachen Weise zu fassen sein.

Das Versagen der klassischen Flattertheorie ist begründet in einer wesentlich falsch beschriebenen Aerodynamik der betroffenen Querschnitte. Für die im Brückenbau fast ausschließlich eingesetzten kantigen Profile kann die Grundannahme der Potentialtheorie an gewissen Punkten nicht gelten: Abgesehen etwa von einer scharfen Hinterkante bedeutet jede weitere Kante eine Singularität im theoretischen Strömungsfeld. Wegen der hier auftretenden großen Geschwindigkeitsgradienten wird die Voraussetzung reibungsloser Strömung örtlich stark verletzt. Die Strömung (und damit die Luftkräfte am Profil) wird beeinflußt oder geprägt durch Vorgänge wie Abreißen und (räumlich oder zeitlich) nachfolgendes Wiederanliegen; dies zeigten Messungen der instationären Druckverteilung an schwingenden Rechteck- und Brückenprofilen [88]. Strömungsabriß an einem schwingenden Profil kann auch eine schlagartige globale Veränderung des Strömungsfeldes mit sich bringen, die selbst der allgemeineren Annahme harmonisch oszillierender Luftkräfte und der mathematischen Linearisierung u. U. entgegensteht (vgl. Abschnitt 2.5). Der durch Kanten bedingte Fehler in der Beschreibung der Strömung kann örtlich begrenzt bleiben (wie bei der ebenen Platte und ähnlichen Querschnitten) oder großräumig zur Wirkung kommen. Abgesehen von der Schwierigkeit, beliebige Randbedingungen rechnerisch zu berücksichtigen, ist die Potentialtheorie also für gewisse Profile grundsätzlich ungeeignet.

Große Abweichungen vom theoretisch berechneten Flatterverhalten zeigten besonders die Querschnitte mit hohen vertikalen (und geschlossenen) Seitenwänden, und insbesondere die H–Profile. Auffällig ist hier das Fehlen eines gut definierten Staupunktes. Die außer der Potentialtheorie ebenfalls benutzte Kutta'sche Abflußbedingung ist zumindest bei H–Profilen nicht mehr anwendbar, da keine scharfe Hinterkante existiert. Auch etwa vorhandene Unterbrechungen in der Auftriebsfläche — bei Fachwerken im allgemeinen nur die Fahrbahn — verändern die Strömung entscheidend (obwohl eine entsprechend verfeinerte potentialtheoretische Behandlung dieses Falles eventuell noch möglich ist [96]). Unsicherheiten in der Bestimmung aerodynamischer Kräfte schlagen gerade bei der Berechnung symmetrischer Systeme voll durch; die aerodynamische Kopplung der beiden Freiheitsgrade wird hier nicht durch elastische oder träge Kopplungskräfte relativiert.

2.2. KLASSISCHE FLATTERTHEORIE UND DEREN ANWENDUNG   67

Für das Prädikat „plattenähnlich im Sinne der klassischen Flattertheorie" wurden Kriterien herausgearbeitet, die nun noch einmal zusammengestellt werden. Die folgenden vier Punkte sind geordnet nach zunehmendem Aufwand und größer werdender Zuverlässigkeit in der praktischen Anwendung dieser Kriterien.

1. Bei rein geometrischer Beurteilung der aerodynamischen Kontur ist das Profil plattenähnlich, wenn ein gut definierter Staupunkt und eine scharfe Hinterkante existieren, und das Profil oder — bei Fachwerken — der auftriebserzeugende Profilteil (Fahrbahn) nicht unterbrochen ist. Die Stege sind aufgelöst (Fachwerk geringen Völligkeitsgrades), schräggestellt (trapezähnlicher Querschnitt), ausgerundet (Tragflügel) oder entsprechend verkleidet. Das Verhältnis der Höhe des auftriebserzeugenden Profilteils zur Profilbreite beträgt maximal etwa 1/10.

2. Die Steigungen der am Teilmodell gemessenen *stationären* Luftkraftbeiwerte $C_A(\alpha)$ und $C_M(\alpha)$ zeigen für Anstellwinkel α bis zu etwa $\pm 8°$ die gleiche Tendenz wie die theoretischen Werte der ebenen Platte, bleiben vor allem also positiv und in etwa konstant.

3. Die am Teilmodell gemessene kritische Windgeschwindigkeit weicht um nicht mehr als etwa 20 % von der für die ebene Platte theoretisch ermittelten ab. Das Verhältnis zwischen gemessener und berechneter kritischer Windgeschwindigkeit (Formfaktor η) ist weitgehend unempfindlich gegen Veränderung der Systemparameter.

4. Die am Teilmodell gemessenen *instationären* Luftkraftbeiwerte (insbesondere $c''_{\alpha\alpha}$) zeigen ähnliche Tendenzen — besonders bezüglich ihrer Vorzeichen — wie die theoretischen Werte der ebenen Platte. Sie sind weitgehend invariant gegenüber dem Anstellwinkel.

Für so beschriebene plattenähnliche Querschnitte ist die klassische Flattertheorie anwendbar. Der berechnete Wert der kritischen Windgeschwindigkeit kann durch Multiplikation mit einem empirisch festgestellten Formfaktor verbessert werden.

Die Invarianz des Formfaktors gegenüber einer Maßstabsänderung (Gültigkeit des Modellgesetzes) wurde hier nicht diskutiert, empirisches Material für Brückenprofile liegt diesbezüglich noch nicht vor. Ein Einfluß der Reynolds–Zahl ist zwar grundsätzlich denkbar, aber gerade für die im Brückenbau verwendeten kantigen Profile wohl zu vernachlässigen (vgl. Diskussion in Abschnitt 2.3.7).

Nach den vorliegenden Erfahrungen ist die aerodynamische Kontur des Querschnittes im Interesse hoher kritischer Windgeschwindigkeit möglichst plattenähnlich zu gestalten. Die angegebenen Kriterien können deshalb als Entwurfsregeln angewendet werden. Als (nach Stand des Wissens) einzige Ausnahme sind die unterbrochenen Querschnitte zu nennen, die ein noch günstigeres Flatterverhalten ermöglichen können [96]. Es ist zu vermuten, daß in diesen Fällen die Querschnittsteile jeweils für sich möglichst plattenähnlich sein sollten.

2.2.5 Ergänzende Untersuchungen

2.2.5.1 Einfluß des Anströmwinkels

In [63] wird über Teilmodellversuche an Kastenprofilen berichtet. Die Meßergebnisse deuten auf eine ausgeprägte Abhängigkeit der kritischen Windgeschwindigkeit (Flattern) vom Anströmwinkel hin: Bei einer Anströmung unter $\tau = +9°$ fiel die kritische Windgeschwindigkeit auf bis zu 25 % des Wertes für horizontale Anströmung ab. Starke Veränderungen im Flatterverhalten zeigten sich bereits bei Anströmwinkeln von $\pm 3°$. Ähnliche Beobachtungen machte Selberg [119] an H– und TT–Querschnitten. Von Scruton [118] und Scanlan & Sabzevari [108] dagegen wird über Beobachtungen entgegengesetzter Tendenz berichtet: So zeigten Versuche an einem Modell der ersten Tacoma–Brücke für die drei untersuchten Anströmwinkel $\tau = -6°, 0°, +6°$, daß horizontale Anströmung ($\tau = 0°$) zur kleinsten kritischen Windgeschwindigkeit führt [108].

Lassen sich diese Beobachtungen mit der klassischen Flattertheorie nachvollziehen? Zur Beantwortung dieser Frage wird die Theorie auf den Fall nichthorizontaler Anströmung verallgemeinert. Übernimmt man die Bewegungsgleichungen (2.1), so sind nur der Luftkraftvektor f_L und der Dämpfungsansatz zu modifizieren. Sei τ klein, und nehme man eine harmonische Schwingung um eine verschobene Mittellage x^s an. Der Ansatzvektor lautet also

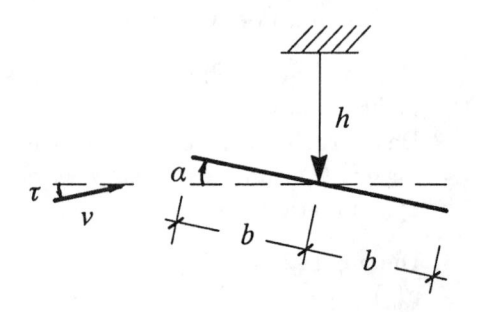

Abb. 2.11: System unter nichthorizontaler Anströmung

$$x = x^s + \tilde{x}e^{i\omega t} \qquad (2.56)$$

$$\text{mit} \qquad x^s := \begin{pmatrix} h^s/b \\ \alpha^s \end{pmatrix} \quad ; \quad h^s/b,\, \alpha^s \ll 1$$

und f_L wird sich im Rahmen linearer Theorie aus einem stationären und einem instationären Anteil zusammensetzen lassen:

$$f_L = f_L^s + f_L^i \qquad (2.57)$$

2.2. KLASSISCHE FLATTERTHEORIE UND DEREN ANWENDUNG

$$\left.\begin{array}{ll} \text{mit} & \boldsymbol{f}_L^s = v^2 \boldsymbol{L}^s (\boldsymbol{x}^s + \boldsymbol{t}) \\ & \boldsymbol{L}^s := \pi\rho \begin{pmatrix} 0 & -2 \\ 0 & b^2 \end{pmatrix} \quad ; \quad \boldsymbol{t} := \begin{pmatrix} 0 \\ \tau \end{pmatrix} \\ \text{und} & \boldsymbol{f}_L^i = \omega^2 \boldsymbol{L}^i (\boldsymbol{x} - \boldsymbol{x}^s) = \omega^2 \boldsymbol{L}^i \tilde{\boldsymbol{x}} e^{i\omega t} \\ & \boldsymbol{L}^i := \boldsymbol{L}(k) \text{ von Gleichungen (2.6), (2.7)} . \end{array}\right\} \quad (2.58)$$

Einsetzen in die Differentialgleichung (2.1) führt auf

$$\left[\boldsymbol{K}^d - \omega^2 (\boldsymbol{M} + \boldsymbol{L}^i)\right] \tilde{\boldsymbol{x}} e^{i\omega t} = v^2 \boldsymbol{L}^s (\boldsymbol{x}^s + \boldsymbol{t}) - \boldsymbol{K} \boldsymbol{x}^s , \qquad (2.59)$$

wobei auf der rechten Seite $\boldsymbol{K}^d$ durch die reine Federmatrix $\boldsymbol{K}$ entsprechend Gleichung (2.3) zu ersetzen ist. Lösungen sind nur möglich, wenn sich die auf der rechten Seite zusammengefaßten zeitunabhängigen Terme gegenseitig aufheben. Aus dieser Bedingung folgt, daß sich $\boldsymbol{x}^s$ zu

$$\boldsymbol{x}^s = \left(\frac{1}{v^2} \boldsymbol{K} - \boldsymbol{L}^s\right)^{-1} \boldsymbol{L}^s \boldsymbol{t} , \qquad (2.60)$$

berechnen läßt, falls die zu invertierende Matrix nicht singulär ist ($\leadsto$ statische Divergenz; s. folgender Abschnitt). Das dann verbleibende homogene Gleichungssystem (linke Seite von Gl. (2.59)) kann durch $e^{i\omega t}$ gekürzt werden, und man erhält wieder das schon bekannte Eigenwertproblem (2.12) und somit bezüglich Flattern das gleiche Ergebnis wie zuvor (d. h. wie bei horizontaler Anströmung). Die klassische Flattertheorie nach Theodorsen kann einen Einfluß des Anströmwinkels auf das Flatterverhalten also grundsätzlich nicht erklären.

Die in [63] vorgenommen Deutung der bei bestimmten Anströmwinkeln beobachteten entkoppelten Torsionsschwingungen als Abreißflattern stellt die Gültigkeit linearisierter Luftkraftterme in Frage (vgl. Abschnitt 2.5). Eine Verifizierung der in Abschnitt 2.3 entwickelten modifizierten Theorie wird aber zeigen, daß derartige Phänomene auch bei Benutzung eines linearen Luftkraftansatzes rechnerisch erfaßbar sind.

Eine andere in [63] wiedergegebene, aber nicht kommentierte Beobachtung waren entkoppelte Vertikalschwingungen eines Kastenprofils (A1) für Anströmwinkel im Bereich $+3° \leq \tau \leq +12°$. Gerade in diesem Bereich hat die in [62] für dasselbe Profil gemessene stationäre Kennlinie $C_A(\alpha)$ eine negative Steigung. Es wird sich bei diesen Schwingungen deshalb um eine als „Galloping" bezeichnete Spielart des Flatterns handeln. Zur Begründung sei auf die Nachweisverfahren für Gallopingschwingungen verwiesen: Sie gehen üblicherweise von der Annahme stationärer Strömung aus (berücksichtigen dafür aber nichtlineare aerodynamische Terme) [100]; negative Steigung von $C_A(\alpha)$ ist danach typisch für Instabilität. In diesem Falle wären (wegen $k \simeq 1, 1 \gg 0$) allerdings die instationären Luftkraftbeiwerte entsprechend Abschnitt 2.3 und das dort angegebene Verfahren zugrunde zu legen, das zwar keine Grenzamplituden, doch immerhin die Stabilitätsgrenze bei kleinen Störungen (kritische Windgeschwindigkeit) sicher vorhersagt. Dennoch mag die negative Steigung der stationären Auftriebskennlinie auch bei starker Instationarität der Strömung auf eine potentielle Instabilität bezüglich entkoppelter Vertikalschwingung hinweisen.

Eine pauschale Abminderung der kritischen Windgeschwindigkeit für nichthorizontale Anströmung, wie in [63] vorgeschlagen, erscheint wegen der komplexen mechanischen Zusammenhänge sowie entgegenlaufender Beobachtungen anderer Autoren für andere Profile als nicht gerechtfertigt. Insgesamt gesehen verliert die Frage nach dem Einfluß des Anströmwinkels etwas an Bedeutung dadurch, daß unter normalen topographischen Bedingungen die gleichmäßigen Winde hoher Geschwindigkeit fast horizontal blasen. Wie Messungen ergaben, haben unter 5° geneigte Winde im allgemeinen eine maximale Geschwindigkeit von nur ca. 20 % des entsprechenden Wertes für horizontalen Wind [41, S. 281]; vgl. auch [151].

2.2.5.2 Statische Divergenz

Beim Übergang auf die spezielle Eigenwertaufgabe (2.13) wurde $\omega \neq 0$ vorausgesetzt. Der Sonderfall $\omega = 0$ bedarf spezieller Behandlung. Nichttriviale Lösungen sind offensichtlich nur für $v \neq 0$ zu erwarten. Dies vorausgesetzt sind die Grenzübergänge $\omega \to 0$ und $k = \omega b/v \to 0$ äquivalent. Eine Grenzwertbetrachtung der Gleichungen (2.5) bis (2.8) führt dann auf

$$\lim_{\omega \to 0} \boldsymbol{f}_L = \lim_{\omega \to 0} \left[\omega^2 \boldsymbol{L}(k)\boldsymbol{x}\right] = v^2 \boldsymbol{L}^s \tilde{\boldsymbol{x}}$$

$$\text{mit} \quad \boldsymbol{L}^s = \pi\rho \begin{pmatrix} 0 & -2 \\ 0 & b^2 \end{pmatrix} \quad \text{(vgl. (2.58))}.$$

Als Grenzwert ergibt sich der Vektor der Luftkräfte in stationärer Strömung, d. h. bei verschobener und verdrehter, doch feststehender ebener Platte. Führt man für das Eigenwertproblem (2.12) denselben Grenzübergang durch, so erhält man

$$\left(\boldsymbol{K} - v^2 \boldsymbol{L}^s\right)\tilde{\boldsymbol{x}} = \boldsymbol{0} \;, \tag{2.61}$$

ein Eigenwertproblem nun mit dem unbestimmten Parameter v^2 (statt ω^2) und nicht mehr abhängig von k. Da die Dämpfungsterme g_h und g_α hier nicht mehr sinnvoll

2.2. KLASSISCHE FLATTERTHEORIE UND DEREN ANWENDUNG

sind, wurde $\boldsymbol{K}^d$ wieder ersetzt durch die reine Federmatrix $\boldsymbol{K}$ entsprechend Gleichung (2.3). Die Determinantenbedingung für die Existenz nichttrivialer Lösungen führt schließlich auf den Eigenwert

$$v = v^{\text{div}} := \sqrt{\frac{k_\alpha}{\pi \rho b^2}} \ . \tag{2.62}$$

Wie ein Vergleich z. B. mit [35] oder [120] zeigt, entspricht er der kritischen Windgeschwindigkeit für die statische Torsionsdivergenz der ebenen Platte! Erstaunlicherweise fängt Gl. (2.12) also auch dieses Phänomen statisch–aeroelastischer Instabilität mit ein. Der Übergang auf die dimensionslosen Parameter entsprechend den Definitionen (2.19) führt auf

$$v^{\text{div}} = \zeta^{\text{div}} \omega_h b \tag{2.63}$$

$$\text{mit} \qquad \zeta^{\text{div}} := \varepsilon r \sqrt{\mu} \ ,$$

d. h. auf Ausdrücke, die den für das Flattern geltenden Gleichungen (2.37) bis (2.39) formal nahekommen (vgl. auch [96]). Die bezogene kritische Windgeschwindigkeit ζ^{div} wurde für die in Abschnitt 2.2.3.1 untersuchten Systeme berechnet und in den Abbildungen 2.6 und 2.7 zusammen mit den entsprechenden Kurven der Flatterinstabilität dargestellt. Im flatterfreien Bereich $\varepsilon < 1,0 \div 1,2$ wird die Divergenz maßgebend.

2.2.5.3 Reelle Bewegungsgleichungen und viskose Dämpfung

Scanlan & Sabzevari propagieren in ihren Arbeiten zum Brückenflattern [102], [108], [109] die reelle Formulierung der Bewegungsgleichungen mit insbesondere auch reellen Luftkraftbeiwerten. Dies ist prinzipiell äquivalent zur komplexen Betrachtungsweise, solange die Darstellung von Betrag und Phasenlage aller Kräfte gewährleistet ist. Die Bewegungsgleichungen müssen deshalb außer $h, \alpha, \dot{h}, \dot{\alpha}$ auch die dazu phasenmäßig orthogonalen Terme $\bar{h}$ und $\bar{\alpha}$ beinhalten. Anstatt eines komplexen linearen Eigenwertproblems der Form $(\boldsymbol{A} + \phi^2 \boldsymbol{C})\boldsymbol{y} = \boldsymbol{0}$ erhielten Scanlan & Sabzevari ein reelles quadratisches Eigenwertproblem der Form $(\boldsymbol{A} + \phi \boldsymbol{B} + \phi^2 \boldsymbol{C})\boldsymbol{y} = \boldsymbol{0}$.

Der von ihnen angegebene Weg erweist sich bei näherer Betrachtung allerdings als falsch: Die z. B. in [109, Gln. (35), (36)] verwendeten Luftkraftbeiwerte H_i, A_i sind dimensionsgebunden und außer von k auch noch von ω abhängig. Dies ist nicht zulässig, da sowohl die erforderliche Übertragbarkeit auf andere Maßstäbe als auch die rechnerische Durchführung (zumindest in der dort angegebenen Weise) unmöglich wird. Die Benutzung dimensionsloser, nur von k abhängiger Koeffizienten H_i^*, A_i^* — wie in [109, Gln. (3), (4)] angegeben — führt aber nicht auf ein reelles, sondern unvermeidlich auf ein komplexes quadratisches Eigenwertproblem; die einzusetzende Fundamentalbeziehung $k = \omega b/v$ erzwingt nämlich für den Exponentialansatz die Form $e^{i\omega t}$ mit i im Exponenten. Die Nichtlinearität der Eigenwertaufgabe entsteht dabei ausschließlich durch den von Scanlan & Sabzevari bevorzugten viskosen Dämpfungsansatz. Das ebene Flatterproblem führt bei viskoser Dämpfung also auf eine charakteristische Gleichung vierten Grades mit komplexen Koeffizienten (wie es Scanlan in einem späteren Beitrag [120] auch kommentarlos angibt).

An die Eliminierung des unbestimmten Frequenzparameters, wie hier vorgeführt (vgl. (2.15) bis (2.18)), ist dann übrigens nicht mehr zu denken. Zu jedem versuchsweise vorgegebenen Wert k müssen entweder die Wurzeln der charakteristischen Gleichung ermittelt werden, oder auf deren komplexe Koeffizienten nun recht komplizierte Stabilitätskriterien (z. B. verallgemeinertes Routh–Verfahren, vgl. [107]) angewendet werden. Auch bei zwingender Vorgabe viskoser Dämpfung wird deshalb das hier in Abschnitt 2.2.2 vorgestellte Verfahren mit Iteration der Dämpfungswerte deutlich überlegen sein.

Die Äquivalenz der späteren Behandlung der Strömungskräfte durch Scanlan (mit nun dimensionslosen, aber immer noch reellen Beiwerten) mit den in dieser Arbeit benutzten Ansätzen zeigt der Koeffizientenvergleich zwischen [111, Gl. (2)]

$$L_h = (\tfrac{1}{2}\rho v^2)(2b)(kH_1^*\tfrac{\dot h}{v} + kH_2^*\tfrac{b\dot\alpha}{v} + k^2 H_3^* \alpha) \quad (\hat= -A)$$
$$M_\alpha = (\tfrac{1}{2}\rho v^2)(2b^2)(kA_1^*\tfrac{\dot h}{v} + kA_2^*\tfrac{b\dot\alpha}{v} + k^2 A_3^* \alpha) \quad (\hat= M_L)$$
(2.64)

und Gleichungen (2.5), (2.6). Es ergeben sich die Entsprechungen

$$H_1^* \hat= \pi c_{hh}'', \quad H_2^* \hat= \pi c_{h\alpha}'', \quad H_3^* \hat= \pi c_{h\alpha}'$$
$$A_1^* \hat= \pi c_{\alpha h}'', \quad A_2^* \hat= \pi c_{\alpha\alpha}'', \quad A_3^* \hat= \pi c_{\alpha\alpha}'$$
(2.65)

(wobei die H_i^*, A_i^* so wie die c'_{mn}, c''_{mn} auf die halbe Brückenbreite bezogen sind). Übereinstimmung zeigt sich auch bei einer Gegenüberstellung der Gleichungen (2.11) und [111, Gln. (3)] (Luftkraftbeiwerte der ebenen Platte), die bis auf den hier zusätzlich erscheinenden Summanden $+\tfrac{1}{8}$ im Koeffizienten $c'_{\alpha\alpha}$ (Einfluß von $\ddot\alpha$) identisch sind. Die Koeffizienten c'_{hh} und $c'_{\alpha h}$ finden allerdings keine Entsprechung, werden von Scanlan also stets vernachlässigt. Sämtliche Vereinfachungen werden begründet mit dem für das Strömungsmedium Luft geringen Einfluß der in den Theodorsen'schen Gleichungen (2.4) mit $\ddot h$ und $\ddot\alpha$ verknüpften Beschleunigungsterme. Gleichzeitig wird so aber auch der verzögerte (gegenphasige) Luftkraftanteil infolge $\dot h$ vernachlässigt, was nach einer Proberechnung für die ebene Platte leicht zu einer Überschätzung der kritischen Windgeschwindigkeit um 10 % und mehr führen kann.

All diese Zusammenhänge werden durch die reelle Schreibweise des Luftkraftvektors verschleiert. Insbesondere wird die grundsätzlich phasenverschobene Wirkung der Strömungskräfte nicht deutlich, wenn sie auch für α und $\dot\alpha$ noch mathematisch darstellbar bleibt (so beinhaltet z. B. H_2^* auch einen Anteil, der dem gegenphasigen Abtrieb infolge α entspricht etc.). Ein weiteres Manko reeller Schreibweise ist

2.2. KLASSISCHE FLATTERTHEORIE UND DEREN ANWENDUNG

der komplizierte Aufbau des Luftkraftvektors (Gleichungen (2.64)), der sogar die Windgeschwindigkeit v noch explizit enthält; erst im weiteren Verlauf der Rechnung — die genau dann komplex wird (!) — fällt v heraus. Aus Gründen der Klarheit und Einfachheit ist die hier gewählte komplexe Formulierung von Anfang an zu bevorzugen.

2.2.5.4 Vollständige Lösung der Eigenwertaufgabe

Alle bisherigen Untersuchungen beschränkten sich auf den Fall grenzstabiler harmonischer Schwingung. Dies vereinfachte den Rechenablauf, war aber auch bedingt durch den theoretischen Luftkraftansatz nach Theodorsen, der streng nur für harmonische Schwingungen, d. h. Schwingungen konstanter Amplitude, gilt. Einen tieferen Einblick in das theoretische Systemverhalten ermöglicht die Lösung der charakteristischen Gleichung (2.15) für beliebige reelle k. Die sich hieraus ergebenden Eigenfrequenzen sind im allgemeinen komplex und widersprechen damit der Eingangsvoraussetzung harmonischer Schwingung. Im Falle fast reeller Eigenfrequenz aber, so die plausible Annahme, wird auch die zugehörige Lösung „fast richtig" sein.* Da auf den Ansatz viskoser Dämpfung verzichtet wurde, ist die charakteristische Gleichung von zweiter (statt vierter) Ordnung. Ihre Wurzeln können explizit angegeben werden:

$$\lambda_{1,2}(k) = -\frac{a_1}{2} \pm \sqrt{\left(\frac{a_1}{2}\right)^2 - a_0} \; ; \qquad a_0, a_1 \in \mathcal{C} \; . \tag{2.66}$$

Unter Benutzung der Gleichungen (2.24) folgt

$$\lambda_{1,2}(k) = \frac{1}{\mu \omega_h^2 (\varepsilon r |\gamma|)^2} \left\{ \left[-\frac{b_1'}{2} \pm \Re(\sqrt{R})\right] + i \left[-\frac{b_1''}{2} \pm \Im(\sqrt{R})\right] \right\} \tag{2.67}$$

mit $\quad R := \left[\frac{1}{4}(b_1'^2 - b_1''^2) - (\varepsilon r |\gamma|)^2 b_0'\right] + i \left[\frac{1}{2} b_1' b_1'' - (\varepsilon r |\gamma|)^2 b_0''\right]$

sowie γ, b_i', b_i'' nach Gleichungen (2.23), (2.25). Die komplexen Kreisfrequenzen $\omega = \omega' + i\omega''$ ergeben sich aus den jeweiligen λ zu

$$\omega = \sqrt{\frac{1}{\lambda}} = \frac{\sqrt{\lambda}}{|\lambda|} = \underbrace{\frac{\Re(\sqrt{\lambda})}{|\lambda|}}_{\omega'} - \underbrace{\frac{\Im(\sqrt{\lambda})}{|\lambda|}}_{\omega''} i \; . \tag{2.68}$$

Ihre Imaginärteile ω'' bringen wegen

$$e^{i\omega t} = e^{i(\omega' + i\omega'')t} = e^{-\omega'' t} e^{i\omega' t} \tag{2.69}$$

---

*Eine weitergehende Diskussion dieses Punktes einschließlich eines Vergleiches mit genaueren Methoden findet man in [5, § 26.6].

abklingendes Schwingungsverhalten zum Ausdruck. Ist der zu

$$\delta := \ln\left(\frac{e^{-\omega''nT}}{e^{-\omega''(n+1)T}}\right) = 2\pi\frac{\omega''}{|\omega'|} = -2\pi\frac{\Im(\sqrt{\lambda})}{|\Re(\sqrt{\lambda})|} \tag{2.70}$$

definierte Lösungsparameter ausreichend klein, so entspricht er näherungsweise dem logarithmischen Dekrement der abklingenden (oder angefachten) Schwingung. Vor allem aber zeigt er mit seinem Vorzeichen die Art des Gleichgewichtes an.

Beschränkt man sich auf positive $k := \omega'b/v$, so ist $\omega' > 0$ zu fordern, womit die Vorzeichen von ω'' und δ für jede der beiden Lösungen $\lambda_{1,2}(k)$ eindeutig festliegen. Bei Verzicht auf den Dämpfungsansatz der Gleichungen (2.3) wären übrigens auch negative k und ω' zulässig. Mit Hilfe der Beziehung (2.107) kann man nämlich zeigen, daß für die Lösungen $\omega(-k<0)$ gelten muß:

$$\omega(-k) = -\bar{\omega}(k) \quad \Leftrightarrow \quad \omega'(-k) = -\omega'(k) \;, \quad \omega''(-k) = \omega''(k) \;.$$

D. h. beim Übergang auf negatives k ändert nur der Realteil der Kreisfrequenz ω' sein Vorzeichen, der Dämpfungsparameter ω'' ist für vorgegebenes $|k|$ eindeutig bestimmt.

Offensichtlich mußte aber k, um reell zu bleiben, neu definiert werden: ω wurde ersetzt durch ω'. Dieser Übergang hätte konsequenterweise auch bezüglich der Formulierung des Luftkraftvektors berücksichtigt werden müssen, was hier im Interesse eines sinnvollen rechnerischen Ablaufes nicht geschah. Das Verfahren ist also mathematisch nicht ganz konsistent (was übrigens auch bezüglich des Ansatzes (2.3) der Strukturdämpfung gilt). Diese Schwäche wäre durch Interpretation der hier zugrunde liegenden Theodorsenfunktion $C(k)$ für komplexe k (und damit nichtharmonische Bewegungen) zu beheben, eine Idee, die in den 50–er Jahren kontrovers diskutiert wurde [28], [111]. In jüngerer Zeit haben Edwards et al. [30] diese hier nicht weiter behandelte Möglichkeit wiederaufgegriffen.

Die Gleichungen (2.67), (2.68) und (2.70) wurden in programmgesteuerter Rechnung auf das gedämpfte System von Abbildung 2.5 (Abschnitt 2.2.3.1) unter Vorgabe verschiedener k angewendet. Die so berechneten Werte $\omega'_{1,2}$ und $\delta_{1,2}$ sind in Abbildung 2.12 graphisch dargestellt, wobei die Kurven diesmal über $1/k = v/(\omega'b) \in \mathcal{R}$ aufgetragen wurden.

Für $1/k \to 0$ (und damit $v \to 0$) ergeben sich logarithmische Dekremente wie nach Gleichung (2.40d) und die Realteile der Kreisfrequenzen sind etwa gleich den (Vakuum–)Eigenkreisfrequenzen ω_h und ω_α. Geringe Unterschiede entstehen durch die Strukturdämpfung und durch die Trägheitsterme im Luftkraftvektor. Für diesen Sonderfall ist die Lösung exakt (wie sonst nur für harmonische Schwingungen), da die zirkulationsabhängigen (mit $C(k)$ verknüpften) Luftkraftterme verschwinden (s. Gln. (2.4)).

Die mit $\sim \omega_h$ bzw. $\sim \omega_\alpha$ beginnenden Kurven werden im folgenden als Frequenzkurven des Biegeastes ($\leadsto \omega'_1$) bzw. Torsionsastes ($\leadsto \omega'_2$) bezeichnet. Die ihnen

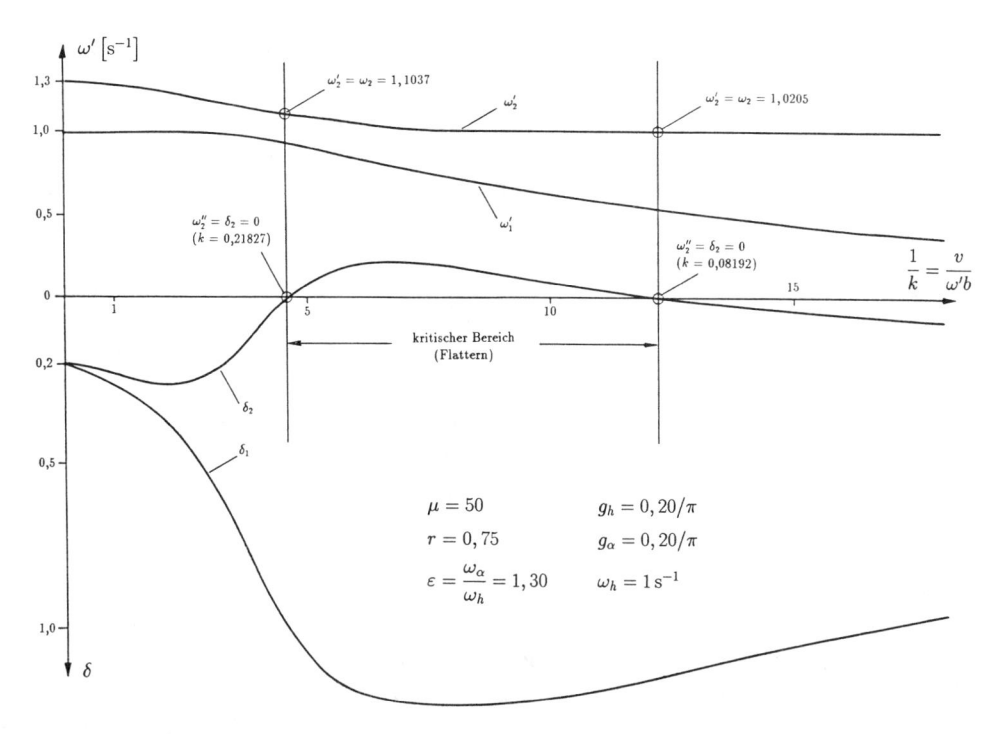

2.2. KLASSISCHE FLATTERTHEORIE UND DEREN ANWENDUNG 75

Abb. 2.12: Lösungen in Abhängigkeit von $1/k$ (gedämpftes System)

entsprechenden Schwingungsmodi sind im allgemeinen hybrid, d. h. sie enthalten sowohl Biege- als auch Torsionsanteile. (Die Begriffe *Biegung* und *Torsion* wurden aus der Theorie linienförmig räumlicher Tragsysteme entlehnt. In der Anwendung auf das ebene System, das starr ist und keine Biege- oder Torsionsverformungen erfährt, stehen sie für die Begriffe *Vertikalverschiebung* und *Drehung um die Längsachse*.)

Mit wachsendem $1/k$ (und v) verändern sich die Dämpfungskurven beider Modi zunächst in positive Richtung, die Luftkräfte wirken dämpfend. Diese Tendenz kehrt sich für die zum Torsionsast gehörige Dämpfungskurve $\delta_2(1/k)$ bald um. Bei Erreichen der kritischen Windgeschwindigkeit schneidet sie die Nullinie, bleibt bis zum Erreichen der oberen Grenze des kritischen Bereiches negativ, um dann einem positiven endlichen Grenzwert zuzustreben. Die Dämpfungskurve des Biegeastes $\delta_1(1/k)$ zeigt keinen Vorzeichenwechsel und strebt für große $1/k$ gegen $\pi g_\alpha = \delta_2^{1/k \to 0}$. Der kritische Bereich wird also durch zwei Grenzgeschwindigkeiten eingeschlossen, die sich beide aus dem Verlauf der Dämpfungskurve des Torsionsastes ergeben. Bei Windgeschwindigkeiten außerhalb dieses Bereiches ist das System stabil, d. h. flatterfrei.

Die von Rocard [97] allgemeiner beschriebene Annäherung von Frequenzkurven im Falle dynamischer Instabilität ist hier an der unteren Grenze des kritischen Bereiches festzustellen. Die Frequenzkurve des Torsionsastes $\omega_2'(1/k)$ liegt dabei zwischen den (Vakuum–)Eigenkreisfrequenzen ω_h und ω_α, die Frequenzkurve des Biegeastes $\omega_1'(1/k)$ bewegt sich etwas unterhalb von ω_h. Das Phänomen der Annäherung von Eigenwerten ist von anderen physikalischen Problemen her unter dem Namen 'avoided crossing' bekannt. Es tritt in der Molekularphysik, aber z. B. auch bei Platten- und Seilschwingungen auf [112], [137]; vgl. auch Abschnitt 4.4. Der für diese Erscheinung typische Austausch der Eigenformen während der vorübergehenden Annäherung der zugehörigen Eigenwerte findet hier ebenfalls statt, wie z. B. aus Abbildung 2.8 hervorgeht.

Folgerichtig ist der Fall der schon in Abschnitt 2.2.5.2 beschriebenen statischen Torsionsdivergenz im Biegeast enthalten: Der Grenzübergang $1/k \to \infty$ führt nämlich auf $\omega_1 = \omega_1' + i\omega_1'' \to 0$. Der Torsionsast dagegen hat einen endlichen Grenzwert. Der Divergenz entspricht kein eigener Lösungsast (für beliebige $1/k$), da die physikalische Möglichkeit einer exponentiell veränderlichen Bewegung bei nichtkritischen Geschwindigkeiten (vgl. z. B. [96]) wegen des hier gewählten Luftkraftansatzes nicht einmal näherungsweise beschreibbar ist. Diese Bewegungsform, der in strenger Rechnung rein imaginäre k entsprächen, würde eine extreme Verletzung der zugrundeliegenden Annahme harmonischer Schwingung darstellen.

Der hier eingeschlagene Weg zur Untersuchung des aeroelastischen Systemverhaltens ist einerseits aufwendiger als das bisher benutzte Verfahren (mit der Lösungsfunktion $f(k)$), andererseits aber ergiebiger und allgemeingültiger. Es erfordert zwar die Berechnung aller komplexen Wurzeln $\lambda(k)$ bzw. $\omega(k)$ für variierte reelle k, ermöglicht aber Aussagen bezüglich der Art des Gleichgewichtes und ist übertragbar auf Systeme mit mehr als zwei Freiheitsgraden. Falls $|\omega''/\omega'| \ll 1$, ist die Stärke des Abklingens oder Anwachsens der Schwingung näherungsweise bestimmbar, die Bedingung $\omega'' \doteq 0$ gestattet die Ermittlung kritischer Windgeschwindigkeiten.

Mit den nun komplexen Frequenzen ω tauchten Zweifel bezüglich der Gültigkeit der Luftkraftterme und gewisse mathematische Inkonsistenzen auf. Durch eine andere Betrachtungsweise — die allerdings etwas künstlich wirken mag — können diese Schwierigkeiten überwunden werden: In die Bewegungsgleichung (2.1) wird die zusätzliche, fiktive Kraft

$$\Delta \boldsymbol{f} := ig\boldsymbol{K}^d \boldsymbol{x} \; ; \qquad g \in \mathcal{R} \tag{2.71}$$

eingeführt, wobei nach Gl. (2.3) gilt:

$$\boldsymbol{K}^d = \begin{pmatrix} (1+ig_h)k_h & 0 \\ 0 & (1+ig_\alpha)k_\alpha \end{pmatrix} .$$

Aus

$$\boldsymbol{K}^d \boldsymbol{x} + \Delta \boldsymbol{f} = (1+ig)\boldsymbol{K}^d \boldsymbol{x} = \begin{pmatrix} [1-g_h g + i(g_h+g)]k_h & 0 \\ 0 & [1-g_\alpha g + i(g_\alpha+g)]k_\alpha \end{pmatrix} \boldsymbol{x} \tag{2.72a}$$

2.2. KLASSISCHE FLATTERTHEORIE UND DEREN ANWENDUNG

folgt mit $|g_h g|$, $|g_\alpha g| \ll 1$

$$\boldsymbol{K}^d \boldsymbol{x} + \Delta \boldsymbol{f} \simeq \begin{pmatrix} [1+i(g_h+g)]k_h & 0 \\ 0 & [1+i(g_\alpha+g)]k_\alpha \end{pmatrix} \boldsymbol{x} \ . \quad (2.72b)$$

Die Kraft $\Delta \boldsymbol{f}$ entspricht im wesentlichen also einer fiktiven zusätzlichen Strukturdämpfung, die Dämpfungsverlustwinkel g_h und g_α werden pauschal um g erhöht. Statt Gl. (2.1) schreibt man nun

$$\boldsymbol{M}\ddot{\boldsymbol{x}} + (1+ig)\boldsymbol{K}^d \boldsymbol{x} = \boldsymbol{f}_L \ , \quad (2.73)$$

was mit dem Ansatz (2.2) wieder auf das spezielle Eigenwertproblem (2.13) und die charakteristische Gleichung (2.15) führt; hierbei ist lediglich die Definition $\lambda := 1/\omega^2$ durch

$$\lambda := \frac{1+ig}{\omega^2} \quad (2.74)$$

zu ersetzen. Für die komplexen Wurzeln $\lambda(k)$ ergeben sich dieselben Werte wie zuvor (Gln. (2.66), (2.67)). Weist man ihren Realteilen gemäß

$$\lambda' = \frac{1}{\omega^2} > 0 \quad \Leftrightarrow \quad \omega = \frac{1}{\sqrt{\lambda'}} > 0 \quad (2.75a)$$

die nun wieder reellen Kreisfrequenzen ω zu, so erhält man mit

$$\lambda'' = \frac{g}{\omega^2} \quad \Leftrightarrow \quad g = \frac{\lambda''}{\lambda'} \quad (2.75b)$$

eine Bestimmungsgleichung für g. Somit entspricht $g = \lambda''/\lambda'$ der zusätzlich erforderlichen Strukturdämpfung, die bei dem vorgegebenen k gerade zu Schwingungen konstanter Amplitude führt. Da sich die Untersuchung auf harmonische Schwingungen beschränkt, kann die Fundamentalgleichung (2.9) unverändert übernommen werden, und der Luftkraftansatz nach Theodorsen ist streng gültig. Die vorher bestehenden Schwierigkeiten sind behoben. (Auch wird die numerische Rechnung etwas bequemer; vgl. (2.68), (2.70).)

Der Zusammenhang zwischen den beiden diskutierten Betrachtungsweisen wird hergestellt durch

$$\delta = -2\pi \frac{\Im(\sqrt{\lambda})}{|\Re(\sqrt{\lambda})|} = -2\pi \frac{\Im(\sqrt{1+i\lambda''/\lambda'})}{|\Re(\sqrt{1+i\lambda''/\lambda'})|} \simeq -\pi \frac{\lambda''}{\lambda'} = -\pi g \ , \quad (2.76)$$

was formal den Gleichungen (2.40d) entspricht. Die oben bezüglich δ gemachten Feststellungen werden hier anschaulich gerechtfertigt. Die reelle Kreisfrequenz ω

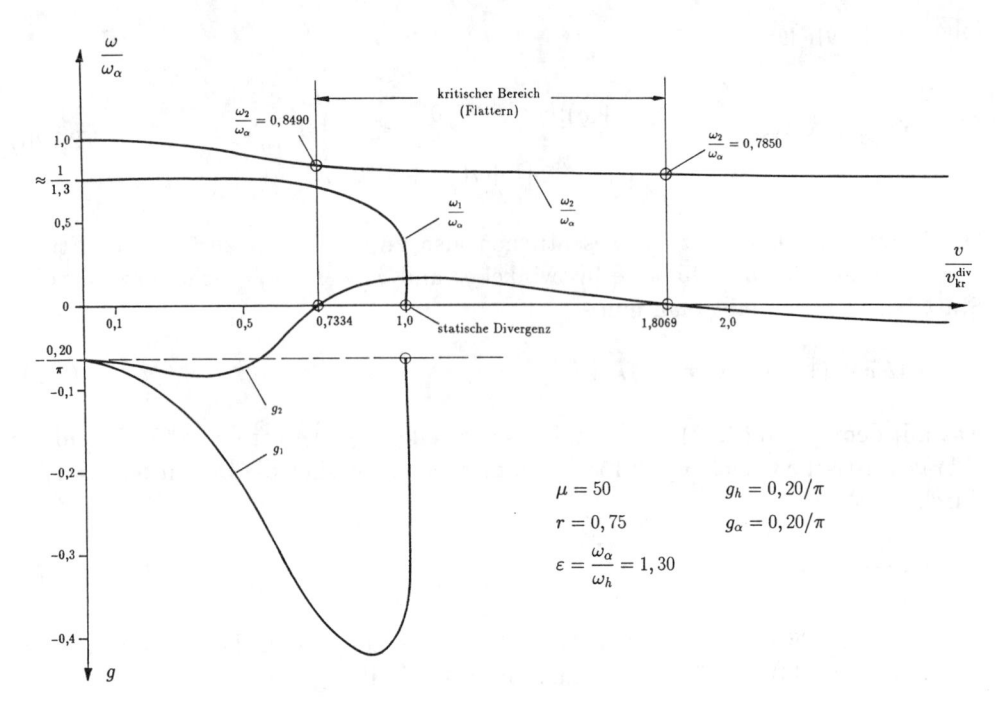

Abb. 2.13: Lösungen in Abhängigkeit von $v/v_{\text{kr}}^{\text{div}}$ (gedämpftes System)

nach Gleichung (2.75a) ist für $|\lambda''/\lambda'| \leq 0,3$ um höchstens $1/30$ größer als ω' nach Gleichung (2.68). Trägt man ω und g über $1/k$ auf, so sind die entstehenden Kurven (bei entsprechender Maßstabswahl für g) fast identisch mit denen von Abbildung 2.12.

Eine in der Literatur als v-g-Methode bezeichnete Variante besteht darin, die Lösungen ω und g nicht über $1/k$, sondern über v aufzutragen [28], [35]. Die Windgeschwindigkeiten v werden dabei nachträglich aus dem vorgegebenen k und den hierfür berechneten ω nach der Fundamentalgleichung $k = \omega b/v$ bestimmt. Die entsprechenden Berechnungen wurden für dasselbe System wie zuvor programmgesteuert durchgeführt und in Abbildung 2.13 dimensionslos dargestellt. Die Kreisfrequenzen ω sind auf ω_α bezogen, die Windgeschwindigkeit v auf die in Gleichung (2.63) angegebene kritische Windgeschwindigkeit $v_{\text{kr}}^{\text{div}}$ der statischen Torsionsdivergenz.* Hierbei gilt

$$\frac{v}{v_{\text{kr}}^{\text{div}}} = \frac{\omega b/k}{\omega_\alpha b\, r\sqrt{\mu}} = \frac{\omega/\omega_\alpha}{k r \sqrt{\mu}} \; . \tag{2.77}$$

---

*Die Verwendung des Fußzeigers „kr" zur Kennzeichnung des kritischen Falles beschränkt sich auf diesen Abschnitt.

2.2. KLASSISCHE FLATTERTHEORIE UND DEREN ANWENDUNG

Die Frequenzkurve des Biegeastes stellt sich nun grundsätzlich anders dar. Sie endet — in Übereinstimmung mit den oben gemachten Aussagen — bei $v/v_{kr}^{div} = 1$ und $\omega_1/\omega_\alpha = 0$. Die zugehörige Dämpfung g_1 endet bei $-g_\alpha \neq 0$. Da aber eine Schwingung mit $\omega = 0$ keine Schwingung im eigentlichen Sinne ist, hat dies keine physikalische Bedeutung. Die für g gegebene Deutung ist nicht mehr anwendbar.

Auffallend im Vergleich der beiden Darstellungsweisen (Abb. 2.12 und 2.13) ist weiterhin, daß im Bereich $1 \leq v/v_{kr}^{div} \leq \sim 1,025$ nun drei statt wie sonst zwei Lösungen existieren, und für $v/v_{kr}^{div} > \sim 1,025$ nur noch eine. Dieses scheinbar paradoxe Ergebnis ist folgendermaßen zu erklären: Eine Darstellung der Wurzeln als Funktionen von v kann man als indirekte Lösung des Eigenwertproblems

$$\left(\boldsymbol{A}(v,\omega) - \frac{1}{\omega^2}\boldsymbol{E} \right) \tilde{\boldsymbol{x}} = \boldsymbol{0} \tag{2.78a}$$

ansehen, in dem die Systemmatrix $\boldsymbol{A}(k)$ der Eigenwertaufgabe (2.13) durch $\boldsymbol{A}(\omega b/v) = \boldsymbol{A}(v,\omega)$ ersetzt wurde. Gibt man statt k also ein festes v vor, so erhält man nicht mehr ein lineares Eigenwertproblem in $1/\omega^2$, sondern das allgemeinere, nichtlineare Problem

$$\boldsymbol{F}(\omega)\tilde{\boldsymbol{x}} = \boldsymbol{0}$$

mit der Parametermatrix

$$\boldsymbol{F}(\omega) := \boldsymbol{A}(\omega) - \frac{1}{\omega^2}\boldsymbol{E} \;,$$

(2.78b)

für das die sonst gültigen Sätze, die z. B. die Existenz von genau n Lösungen (Eigenwerten) garantieren, nicht gelten ($n \leadsto$ Reihenzahl, hier: $n = 2$); vgl. [157]. Die übliche und praktikable Formulierung des Flatterproblems als lineare Eigenwertaufgabe — wie hier in den Gleichungen (2.12) oder (2.13) — gelingt offenbar nur unter Einführung der reduzierten Frequenz k.

Eine exakte Berechnung des Schwingungsverhaltens bei nichtkritischen Windgeschwindigkeiten würde bei den hier benutzten Luftkrafttermen die Zulässigkeit und Ermittlung komplexer k und ω voraussetzen. Eine Lösung für vorgegebenes v im Sinne der Gleichungen (2.78a,b) ergäbe dann zusätzliche Lösungsäste für nichtoszillatorische Bewegungen, wie sie z. B. von Richardson [96] unter Verwendung eines allgemeineren Luftkraftansatzes (vgl. Abschnitt 2.4) angegeben wurden.

2.2.5.5 Interpolationsformeln

Die Ergebnisse der potentialtheoretischen Flatterberechnung einer ebenen Platte (klassische Flattertheorie) lassen sich in einfachen Interpolationsformeln resümieren. Zwei solcher Formeln seien in der hier eingeführten Notation vorgestellt. Sie geben näherungsweise die bezogene kritische Windgeschwindigkeit $\zeta = v/(\omega_h b)$ für ein ungedämpftes System an und entsprechen den graphischen Darstellungen von

Systemparameter			$\zeta = \dfrac{v}{\omega_h b}$				
μ	r	ε	exakt	Selberg [119]		DIN 1055 [50]	
			Abs. 2.2.2	Gl. (2.79)	Fehler [%]	Gl. (2.80)	Fehler [%]
50	0,75	1,05	1,753	1,451	−17	4,021	129
		1,10	2,210	2,077	−6,0	4,205	90
		1,20	3,071	3,006	−2,1	4,572	49
		1,50	5,132	5,066	−1,3	5,674	11
		3,00	13,041	12,817	−1,7	11,186	−14
20	0,75	1,20	2,106	1,901	−9,7	3,627	72
100			4,306	4,251	−1,3	5,637	31
50	0,50		2,503	2,454	−2,0	4,100	64
	1,00		3,443	3,471	0,8	4,970	44
20	0,75	1,50	3,296	3,204	−2,8	4,324	31
100			7,283	7,165	−1,6	7,196	−1,2
50	0,50		4,024	4,137	2,8	5,000	24
	1,00		5,883	5,850	−0,6	6,243	6,1

Für alle Rechnungen gilt $g_h = g_\alpha = 0$ (ungedämpftes System)

Tabelle 2.4: Bezogene kritische Windgeschwindigkeit nach Potentialtheorie
(exakt und nach Interpolationsformeln)

Abbildung 2.6 und [62, Bild 16]. Selbergs Formel [119] ist mit dem Faktor $1/\sqrt{2}$ zu korrigieren und lautet dann

$$\zeta = 0,74\sqrt{(\varepsilon^2 - 1)\mu r} \ . \tag{2.79}$$

Der Entwurf zur DIN 1055, Teil 4 sieht die Formel

$$\zeta = 2 + 0,6\,(\varepsilon - 0,5)\sqrt{\mu r} \tag{2.80}$$

vor [50]. In Tabelle 2.4 werden einige Beispielrechnungen gegenübergestellt. Wie sich zeigt, ist Selbergs Formel deutlich genauer und liegt im allgemeinen auf der sicheren Seite. Für Parameter innerhalb der Grenzen $50 \leq \mu \leq 100$ / $0,75 \leq r \leq 1,00$ / $1,2 \leq \varepsilon \leq 3,0$ liefert sie auf ca. 2 % genaue Werte.

2.3 Einbeziehung gemessener instationärer Luftkraftbeiwerte (modifizierte Theorie)

2.3.1 Allgemeines

Die im vorangegangenen Abschnitt 2.2 deutlich gewordenen Unstimmigkeiten zwischen klassischer Flattertheorie und Beobachtung legen es nahe, im Falle nichtplattenähnlicher Querschnitte von der Anwendung der Potentialtheorie abzugehen, und — in derzeitiger Ermangelung besserer strömungsmechanischer Rechenverfahren — die angreifenden Strömungskräfte experimentell zu bestimmen, um sie in ein im übrigen analytisches Nachweisverfahren einzuführen. Der Einfluß der Profilform soll also nicht wie vorher mit einem Formfaktor nachträglich in Rechnung gestellt werden, sondern schon bei den Lastannahmen Berücksichtigung finden.

Es ist die Grundidee des nun dargestellten Verfahrens, die weitere Gültigkeit der Ansätze (2.2), (2.5) und (2.6) zu postulieren: Die Schwingung sei harmonisch und der Luftkraftvektor lasse sich in der angegebenen Weise als lineare Transformation der Verschiebungen darstellen. Die theoretischen Luftkraftkoeffizienten nach Gleichungen (2.7) bzw. (2.11) aber werden ersetzt durch empirische Funktionen der reduzierten Frequenz k (Beiwertfunktionen). Für deren experimentelle Ermittlung am Teilmodell im Windkanal werden die eben genannten Ansätze sowie — je nach Meßverfahren — die Bewegungsgleichungen (2.1) herangezogen. Das Modellgesetz ist damit a priori festgelegt, die reduzierte Frequenz $k = \omega b / v$ behält ihre zentrale Stellung eines fundamentalen Kennwertes der sonst nicht weiter beschriebenen instationären Strömung.

Der übernommene Ansatz beschränkt die analytische Untersuchung, an der sich prinzipiell sonst nichts ändert, grundsätzlich wieder auf den grenzstabilen Fall einer stationären Schwingung. Linearität und Superponierbarkeit der Luftkraftterme legen es nahe, wie vorher nur kleine Verschiebungsamplituden in Betracht zu ziehen.

Ein Vorteil dieses Verfahrens gegenüber einem direkten Messen der kritischen Windgeschwindigkeit (Teilmodell/Windkanal) ist es, daß die gemessenen instationären Beiwertfunktionen im Idealfall ausschließlich (und vollständig) den Einfluß strömungsmechanischer Parameter (Querschnittskontur, Anströmwinkel, Turbulenzgrad) wiedergeben, von strukturellen Systemparametern aber unberührt bleiben. Die Frage nach den im direkten Versuch einzustellenden Feder- und Dämpfungsparametern (schwierig besonders bei nichtaffinen Biege- und Torsionseigenformen des Bauwerks) sowie das Problem, daß strukturelle Entwurfsänderungen u. U. neue Versuche erforderlich machen, entfallen.* Die Herstellung des Teilmodells, das jetzt

---

*Auch die Formfaktoren nach Klöppel & Thiele [62] erheben den Anspruch weitgehender Systemunabhängigkeit. Wie in Abschnitt 2.2.4 ausführlich erörtert, werden sie diesem Anspruch nur für eine begrenzte Gruppe von Querschnittsformen gerecht.

nur noch geometrisch ähnlich, nicht aber auch dynamisch ähnlich zum Bauwerk sein muß, vereinfacht sich. Das Verfahren ist in Verbindung mit der aerodynamischen Streifentheorie und einem entsprechenden analytischen Algorithmus — wenigstens vom Konzept her — geeignet, Windkanalversuche an Vollmodellen zu ersetzen, wo diese wegen Profilform und/oder strukturellen Systemeigenschaften erforderlich wären.

Andererseits stellt die Messung von prinzipiell acht instationären Beiwertfunktionen (von denen meistens allerdings mehrere vernachlässigt werden können) qualitativ und quantitativ höhere Ansprüche an die ausführende Versuchsanstalt als ein direktes Messen der kritischen Windgeschwindigkeit. Es kann erforderlich werden, die zugrundeliegenden Annahmen (reine Selbstinduzierung, Linearität, Modellgesetz; vgl. Abschnitt 2.3.7) im Einzelfall zu verifizieren.

Wie die Messungen und Vergleichsrechnungen nach der hier dargelegten Methode zeigen, ist der Parameter k auch für nichtplattenähnliche Profile eine entscheidende Größe im Flatternachweis. Der Ansatz instationärer Strömung ist somit unabdingbar (vgl. auch Diskussionen in [96] und [108]). Nach [35, Abschnitt 3.4] ist der vereinfachte, quasi–stationäre Luftkraftansatz an die — bei Brücken selten erfüllte — Bedingung $k < 0,05$ geknüpft. Die früher verschiedentlich vorgeschlagenen quasi–stationären Nachweisverfahren (z. B. [97], [128]) werden deshalb nicht weiter besprochen.

2.3.2 Meßanordnung und Auswertung

Im folgenden werden drei verschiedene Meßmethoden beschrieben und gegenübergestellt. Alle Messungen werden an Teilmodellen im Windkanal vorgenommen und erstrecken sich über den erforderlichen k–Bereich; sie werden also für verschiedene Anströmungsgeschwindigkeiten und/oder Schwingungsfrequenzen durchgeführt.

    a. Direktes Messen der Strömungskräfte: Das Modell führt gesteuerte harmonische Schwingungen in Vertikalrichtung (h) oder um die Mittelachse (α) aus. Die Reaktionskräfte werden gemessen (Dehnungsmeßstreifen) und, etwa mittels einer elektrischen Brückenschaltung, um die Trägheitskräfte (Beschleunigungsmesser) vermindert. Der verbleibende Anteil entspricht den Strömungskräften, die zur weiteren Auswertung z. B. mit einem Oszillographen dargestellt werden. Auftrieb und Luftkraftmoment werden jeweils gleichzeitig gemessen. Versuche mit gekoppelten Schwingungen zur Ermittlung der Kopplungskoeffizienten $c_{h\alpha}$ und $c_{\alpha h}$ sind deshalb nicht erforderlich. Die Auswertung der Oszillogramme erfolgt mit den Luftkraftansätzen der Gleichungen (2.5) und (2.6). Sind die zeitlichen Verläufe der Kräfte nicht sinusförmig, so werden sie einer harmonischen Analyse unterzogen und nur das erste (nichtkonstante) Glied der Fourierreihe weiter verwendet [140]. Anstatt der Real- und Imaginärteile der Beiwerte c_{mn} werden in den entsprechenden Veröffentlichungen meist deren Beträge (Amplituden) und Argumente (Phasenwinkel) angegeben. Beide Darstellungsweisen sind völlig äquivalent.

2.3. EINBEZIEHUNG GEMESSENER LUFTKRAFTBEIWERTE

Diese von Halfman 1952 entwickelte Methode zur Messung instationärer Luftkraftbeiwerte an einem harmonisch schwingenden Tragflügel [44] wurde von Ukeguchi, Sakata & Nishitani 1966 erstmals auf die Untersuchung von Brückenprofilen angewendet [140]. Über weitere Messungen berichten Sakata [105] und Miyata, Kubo & Ito [86].

b. Methode der freien Schwingungen: Das Modell wird angestoßen und die entstehende angefachte, stationäre oder abklingende Schwingung vermessen (Frequenz, Amplitudenabfall etc.). Zur Ermittlung der Luftkraftbeiwerte c_{mn} muß auch auf die Bewegungsgleichungen (2.1) zurückgegriffen werden. Diesen zwei komplexen Gleichungen stehen vier zu bestimmende komplexe Koeffizienten gegenüber. Eine ausreichende Anzahl von Bestimmungsgleichungen enthält man deshalb nur durch Variierung der mechanischen Randbedingungen (Lager, Freiheitsgrade): Die gemessenen Parameter *Frequenz* und *Amplitudenabfall* der reinen Vertikal- bzw. reinen Drehschwingung ermöglichen die Berechnung von c_{hh} bzw. $c_{\alpha\alpha}$. Während der gekoppelten Schwingung werden zusätzlich das Amplitudenverhältnis und der Phasenwinkel zwischen den beiden Freiheitsgraden gemessen. Die ingesamt vier gemessenen (reellen) Bewegungsparameter ermöglichen zusammen mit den schon bekannten Kennlinien $c_{hh}(k)$ und $c_{\alpha\alpha}(k)$ die Berechnung der restlichen (komplexen) Beiwerte $c_{h\alpha}$ und $c_{\alpha h}$.

Dieses Verfahren wurde in [140] erwähnt und einer japanischen Studie aus dem Jahre 1960 zugeschrieben. Es wurde von Scanlan, Sabzevari & Tomko zur aerodynamischen Vermessung verschiedener Brückenprofile benutzt [102], [108], [109], [111]. Die Realteile der Beiwerte c_{hh} und $c_{\alpha h}$ werden von ihnen stets vernachlässigt, wodurch sich das Verfahren etwas vereinfacht.

c. Äußere Anregung und Resonanzprinzip: Das Modell wird mit einer definierten harmonischen Kraft zu Schwingungen angeregt, und die Bewegungsparameter des eingeschwungenen Zustandes (Amplituden und Phasenwinkel) werden gemessen. Zur Ermittlung der Beiwerte c_{mn} sind auch wieder die Bewegungsgleichungen (2.1) heranzuziehen, die aber um den Term der äußeren Erregerkraft zu ergänzen sind und somit inhomogen werden. Aus den gleichen Gründen wie unter b. sind auch hier drei Meßreihen unter jeweils verschiedenen Lagerungsbedingungen durchzuführen. Im Falle ungekoppelter Schwingung läßt sich das Verfahren vereinfachen: Variiert man die Erregerfrequenz vor der Messung so lange, bis der Resonanzfall eintritt, so entfällt die Messung des Phasenwinkels zwischen Erregerkraft und Verschiebung, da dieser zu 90° angenommen wird. In dieser Form wurde die Methode von Försching beschrieben (s. [35, S. 596 ff.] und dort angegebene Literatur).

Bardowicks et al. [6] berichten über die Anwendung des Verfahrens bei der aerodynamischen Untersuchung prismatischer Körper. Die äußere Erregerkraft wird dort elektrodynamisch aufgebracht, die Erfüllung der Phasenresonanzbedingung (Phasenwinkel zwischen äußerer Kraft und Verschiebung $\dot{=}$ 90°) durch einen Regelkreis gesichert.

Zwei weitere Meßmethoden, auf die hier nicht näher eingegangen wird, seien wenigstens erwähnt:

d. Messung der Oberflächendrücke am schwingenden Profil, Ermittlung der Luftkräfte und Beiwerte durch Integration über die Profiltiefe. Aufwendige, aber genaue Methode. Nach einer Mitteilung von Dr. G. Schwarz, Universität Stuttgart wurde dieses Verfahren realisiert und erprobt bei der französischen ONERA.

e. Vermessung der freien gekoppelten Schwingung (entsprechend b. aber ohne Variierung der Randbedingungen) und Systemidentifizierung durch Anwendung numerischer Filter- und Transformationstechniken [153]. Diese neue Methode scheint dem unter b. beschriebenen Verfahren bezüglich Genauigkeit und experimentellen Aufwandes überlegen zu sein.

Die weitere Diskussion beschränkt sich auf die Methoden a, b und c.

2.3.3 Diskussion der verschiedenen Meßmethoden

Die Methoden b und c gehen indirekt vor; unter Ansatz der Bewegungsgleichungen werden die Kraftgrößen aus gemessenen Verschiebungen ermittelt. Die hierbei zur Bestimmung der Beiwerte $c_{h\alpha}$ und $c_{\alpha h}$ in Betracht zu ziehenden gekoppelten Schwingungen sind meßtechnisch und rechnerisch relativ schwierig zu handhaben. Diesbezüglich besonders problematisch erscheint Methode b. Im Falle freier Koppelschwingungen setzt sich der Verschiebungsvektor nämlich aus beiden aeroelastischen Eigenformen zusammen (vgl. Abschnitt 2.2.5.4), was die Systemidentifizierung wesentlich erschweren dürfte. Dieser Umstand wurde in den einschlägigen Veröffentlichungen noch gar nicht angesprochen, könnte aber für die in [111] berichteten großen Diskrepanzen bezüglich des Beiwertes $c''_{h\alpha}$ (dort: H_2^*) verantwortlich sein.* Zur Bestimmung von $c_{h\alpha}$ und $c_{\alpha h}$ müssen Methoden b und c die experimentell bestimmten Kennlinien $c_{hh}(k)$ und $c_{\alpha\alpha}(k)$ mit einbeziehen; zuvor aufgetretene Fehler werden nochmals wirksam, wodurch sich deren Einfluß potenziert.

Methode b erfordert im allgemeinen auch die Beobachtung von Schwingungen veränderlicher Amplitude, da sonst unter den üblichen Versuchsbedingungen kein ausreichend großer k–Bereich abdeckbar wäre. Die zugrundegelegten Ansätze (2.2), (2.5) und (2.6) gelten hierfür nicht mehr, was eine weitere Fehlerquelle darstellt. (Diesem Problem wurde in [111] theoretisch weiter nachgegangen.)

Andererseits ist Methode b versuchstechnisch einfach (zumindest solange die Kopplungsbeiwerte $c_{h\alpha}$ und $c_{\alpha h}$ ausreichend klein sind und auf deren genauere Bestimmung verzichtet werden kann). Ein Vorteil dieses Verfahrens mag es sein, daß

---

*Ein theoretisch ausreichend durchdachtes Meß- und Auswertungskonzept zur Methode der freien Schwingungen scheint erst mit der neueren Arbeit von Xie [153] vorzuliegen; s. Punkt e im vorigen Abschnitt.

ausschließlich Verschiebungen, nicht aber Kräfte gemessen werden. Methode c erfordert die genaue Einstellung der Erregerkraft, ist aber sonst ebenfalls einfach durchzuführen.

Methode a ist der Theorie am nächsten, da zumindest der harmonische Bewegungsansatz (2.2) mehr oder weniger exakt realisiert wird. (Bei den anderen Verfahren gilt dies oft nur, wenn die Strömungskräfte genügend klein im Verhältnis zu den Trägheits- und Federkräften sind [110].) Es ist das einzige Verfahren, das den tatsächlichen zeitlichen Kräfteverlauf dokumentiert; ein a priori festgelegter Luftkraftansatz — wie nach Gleichungen (2.5), (2.6) — ist hierfür nicht nötig, womit die Gültigkeit jedweden Ansatzes direkt überprüfbar wird. Die Bestimmung der Kopplungsbeiwerte $c_{h\alpha}$ und $c_{\alpha h}$ wirft bei Methode a keine besonderen Probleme auf, die Versuchstechnik ist aber insgesamt anspruchsvoller als bei den anderen beiden Verfahren. Die Reaktions- und Trägheitskräfte müssen mit großer Genauigkeit gemessen werden, da aus ihrer Differenz die relativ kleinen Luftkräfte zu ermitteln sind. (Das Problem der Differenz großer Zahlen tritt übrigens in verschiedener Form und mit verschiedenem Fehlereinfluß bei allen drei Verfahren auf.)

Die gemessenen Kräfte (Methode a) bzw. die beobachteten freien Schwingungen (Methode b) sind nicht immer harmonisch bzw. exponentiell abklingend harmonisch [140], [111]. Dies berührt die Grundannahme linearer Aerodynamik. Genauere (quantitative) Untersuchungen an Brückenprofilen — etwa mit Hilfe der Methode a — liegen diesbezüglich noch nicht vor (vgl. Abschnitt 2.5).

2.3.4 Verifizierung des Verfahrens

2.3.4.1 Gegenüberstellung der nach verschiedenen Methoden gemessenen Luftkraftbeiwerte

Eine erste Diskussion gemessener Luftkraftbeiwerte erfolgte schon in Abschnitt 2.2.4.1. Im folgenden werden Meßergebnisse verschiedener Autoren gegenübergestellt. Das H-Profil mit einem Seitenverhältnis von $d/(2b) = 0,10$ wurde sowohl von Ukeguchi et al. [140, Modell A] als auch von Scanlan et al. [110], [111] im Windkanal vermessen. Teilmodelle der Severn–Brücke, die allerdings nicht detailgetreu übereinstimmten, wurden von Sakata [105] und Scanlan et al. [111], [120] untersucht. Bei allen Messungen wurde möglichst glatte Anströmung angestrebt. Ukeguchi et al. und Sakata haben die Strömungskräfte direkt gemessen (Methode a), Scanlan et al. benutzten die Methode der freien Schwingungen (Methode b).

Alle Meßergebnisse werden umgerechnet in das hier benutzte System der c_{mn} entsprechend der Ansätze (2.5) und (2.6). Die hierfür zu benutzenden Beziehungen ergeben sich aus dem Koeffizientenvergleich der jeweiligen Ansatzfunktionen, die zwar grundsätzlich übereinstimmen, sich in der Wahl der Bezugsgrößen aber unterscheiden. Man findet die folgenden Entsprechungen:

$$\left.\begin{array}{ccccccc}
c'_{hh} & \mathrel{\widehat{=}} & C'_{Lh} & \mathrel{\widehat{=}} & \frac{1}{\pi k^2} C^{S'}_{Lh} & & \\[4pt]
c'_{h\alpha} & \mathrel{\widehat{=}} & C'_{L\alpha} & \mathrel{\widehat{=}} & \frac{1}{\pi k^2} C^{S'}_{L\alpha} & \mathrel{\widehat{=}} & \frac{8}{\pi} H^*_3 \\[4pt]
c'_{\alpha h} & \mathrel{\widehat{=}} & C'_{Mh} & \mathrel{\widehat{=}} & \frac{1}{\pi k^2} C^{S'}_{Mh} & & \\[4pt]
c'_{\alpha\alpha} & \mathrel{\widehat{=}} & C'_{M\alpha} & \mathrel{\widehat{=}} & \frac{1}{\pi k^2} C^{S'}_{M\alpha} & \mathrel{\widehat{=}} & \frac{16}{\pi} A^*_3 \\[4pt]
c''_{hh} & \mathrel{\widehat{=}} & C''_{Lh} & \mathrel{\widehat{=}} & \frac{1}{\pi k^2} C^{S''}_{Lh} & \mathrel{\widehat{=}} & \frac{4}{\pi} H^*_1 \\[4pt]
c''_{h\alpha} & \mathrel{\widehat{=}} & C''_{L\alpha} & \mathrel{\widehat{=}} & \frac{1}{\pi k^2} C^{S''}_{L\alpha} & \mathrel{\widehat{=}} & \frac{8}{\pi} H^*_2 \\[4pt]
c''_{\alpha h} & \mathrel{\widehat{=}} & C''_{Mh} & \mathrel{\widehat{=}} & \frac{1}{\pi k^2} C^{S''}_{Mh} & \mathrel{\widehat{=}} & \frac{8}{\pi} A^*_1 \\[4pt]
c''_{\alpha\alpha} & \mathrel{\widehat{=}} & C''_{M\alpha} & \mathrel{\widehat{=}} & \frac{1}{\pi k^2} C^{S''}_{M\alpha} & \mathrel{\widehat{=}} & \frac{16}{\pi} A^*_2 \;.
\end{array}\right\} \quad (2.81)$$

↑ hier definiert (in Übereinstimmung mit Klöppel [62])

↑ nach Ukeguchi et al. [140]

↑ nach Sakata [105]

↑ nach Scanlan et al. [110], [111], [120] (bezogen auf $B=2b$)

Beiwerte entsprechend c'_{hh} und $c'_{\alpha h}$ wurden von Scanlan et al. nicht definiert und nicht gemessen. Die allgemeine Zulässigkeit dieser Vereinfachung ist zu bezweifeln. Besondere Bedenken stellen sich aber gerade bei Anwendung der von Scanlan propagierten Meßmethode der freien Schwingungen (Methode b) ein, da diese auf die Bewegungsgleichungen zurückgreift. Durch die Vernachlässigung der beiden genannten Koeffizienten sind diese Gleichungen nämlich nicht mehr vollständig, was für die im Ansatz verbleibenden Koeffizienten zu Verfälschungen führen kann. Die Unterschiede zwischen (2.65) und (2.81) beruhen auf einer zwischenzeitlichen Änderung der geometrischen Bezugsgröße: Statt auf b bezieht Scanlan seine Koeffizienten später auf die Gesamtbreite $B := 2b$ des Querschnitts und ersetzt k durch $K := 2k$. Seine Ergebnisse stellt er dar in Abhängigkeit nicht von k, sondern von

$$\left(\frac{v}{NB}\right) = \frac{\pi}{k} \;; \quad N \rightsquigarrow \text{Frequenz} \;. \quad (2.82)$$

Ukeguchi et al. und Sakata geben ihre Ergebnisse in Form von Betrag und Argument der komplexen Beiwerte an; die Berechnung derer Real- und Imaginärteile entspricht der Umwandlung von Polarkoordinaten in kartesische Koordinaten.

Teilmodell der Severn-Brücke

		nach Sakata [105]				nach Scanlan et al. [111], [120]			theoretisch für die ebene Platte [132]	
k	$\frac{v}{NB}=\frac{\pi}{k}$	$\lvert C^S_{Mh}\rvert$	$\arg C^S_{Mh}$	$c'_{\alpha h}=\frac{C^{S\prime}_{Mh}}{\pi k^2}$	$c''_{\alpha h}=\frac{C^{S\prime\prime}_{Mh}}{\pi k^2}$	A_1^*		$c''_{\alpha h}=\frac{8A_1^*}{\pi}$	$c'_{\alpha h}$	$c''_{\alpha h}$
0,26	12	0,53	85°	0,22	2,5	1,0		2,5	0,71	2,64
0,50	6,3	0,85	79°	0,21	1,1	0,42		1,1	0,30	1,20
0,80	3,9	1,07	72°	0,16	0,51	0		0	0,15	0,69
k	$\frac{v}{NB}=\frac{\pi}{k}$	$\lvert C^S_{M\alpha}\rvert$	$\arg C^S_{M\alpha}$	$c'_{\alpha\alpha}=\frac{C^{S\prime}_{M\alpha}}{\pi k^2}$	$c''_{\alpha\alpha}=\frac{C^{S\prime\prime}_{M\alpha}}{\pi k^2}$	A_2^*	A_3^*	$c'_{\alpha\alpha}=\frac{16A_3^*}{\pi}$, $c''_{\alpha\alpha}=\frac{16A_2^*}{\pi}$	$c'_{\alpha\alpha}$	$c''_{\alpha\alpha}$
0,26	12	2,0	−12°	9,2	−2,0	−0,20	1,55	7,9 / −1,0	10,6	−3,33
0,50	6,3	2,2	−24°	2,6	−1,1	−0,07	0,40	2,0 / −0,37	2,67	−1,00
0,80	3,9	2,4	−39°	0,93	−0,75	−0,03	0	0 / −0,17	1,06	−0,46

H-Profil ($\frac{d}{2b}=0,1$)

		nach Ukeguchi et al. [140]				nach Scanlan et al. [110], [111]			theoretisch für die ebene Platte [132]	
k	$\frac{v}{NB}=\frac{\pi}{k}$	$\lvert C_{Lh}\rvert$	$\arg C_{Lh}$	$c'_{hh}=C'_{Lh}$	$c''_{hh}=C''_{Lh}$	H_1^*		$c''_{hh}=\frac{4H_1^*}{\pi}$	c'_{hh}	c''_{hh}
0,26	12	6,1	−12°	6,0	−1,3	(∼)−8,7		(∼)−11	−0,42	−5,28
0,50	6,3	3,3	−21°	3,1	−1,2	−4,8		−6,1	0,40	−2,39
0,80	3,9	3,0	−30°	2,6	−1,5	−2,1		−2,7	0,71	−1,39
k	$\frac{v}{NB}=\frac{\pi}{k}$	$\lvert C_{M\alpha}\rvert$	$\arg C_{M\alpha}$	$c'_{\alpha\alpha}=C'_{M\alpha}$	$c''_{\alpha\alpha}=C''_{M\alpha}$	A_2^*	A_3^*	$c'_{\alpha\alpha}=\frac{16A_3^*}{\pi}$, $c''_{\alpha\alpha}=\frac{16A_2^*}{\pi}$	$c'_{\alpha\alpha}$	$c''_{\alpha\alpha}$
0,26	12	11,1	170°	−10,9	1,9	(∼)1,3	0	0 / 6,6	10,6	−3,33
0,50	6,3	2,87	161°	−2,7	0,93	0,23	0	0 / 1,2	2,67	−1,00
0,80	3,9	0,90	151°	−0,79	0,44	−0,04	0	0 / −0,21	1,06	−0,46

Tabelle 2.5: Gegenüberstellung instationärer Luftkraftbeiwerte nach verschiedenen Autoren

Eine Gegenüberstellung für den gemeinsam abgedeckten k–Bereich findet man in Tabelle 2.5. Zur Orientierung sind die nach Gleichung (2.11) berechneten theoretischen Werte der ebenen Platte mit angegeben.

Der Querschnitt der Severn–Brücke kann nach den Erkenntnissen von Abschnitt 2.2.4 als plattenähnlich im Sinne der klassischen Flattertheorie gelten. Beide Verfahren liefern hier teils gut übereinstimmende Werte und zeigen überall gleiches Vorzeichen und gleiche Tendenz. Für den besonders flatterrelevanten Beiwert $c''_{\alpha\alpha}$ ergeben sich allerdings Diskrepanzen von 100 % und mehr. Sakatas Werte (Methode a) liegen näher an den theoretischen als die von Scanlan angegebenen (Methode b). Bei einem plattenähnlichen Profil scheint dies für eine größere Genauigkeit der Methode a zu sprechen.

Bei dem nichtplattenähnlichen H–Profil sind die theoretischen Werte nicht mehr in einen Vergleich einbeziehbar; sie weichen in Betrag, Vorzeichen und Tendenz stark von den gemessenen Werten ab. Die Übereinstimmung der gemessenen Beiwerte untereinander beschränkt sich auf Vorzeichen und Tendenz im Bereich $k \leq 0,50$; ihre Beträge weichen stark voneinander ab. Eine Nullstelle der Kennlinie $c''_{\alpha\alpha}(k)$ konstatiert nur Scanlan.

Die aufgezeigten Unstimmigkeiten stellen die Eignung mindestens einer der beiden Meßmethoden in Frage. Allerdings können hier auch unvollkommene oder stark verschiedene Versuchsbedingungen (z. B. bezüglich der Turbulenzfreiheit der Anströmung) eine Rolle gespielt haben. Dies aber wird im nachhinein kaum zu klären sein.

2.3.4.2 Nachrechnung von Teilmodellversuchen

Die Versuche von Ukeguchi et al. [140] werden nochmals, jetzt unter Verwendung der von ihnen gemessenen instationären Luftkraftbeiwerte, nachgerechnet. Die Rechnungen beschränken sich auf die Modelle A (H–Profil; $d/(2b) = 0,10$) und C (Fachwerk), da die Beiwerte für Modell B nur unvollständig vorliegen.

Die aus den in [140] angegebenen Diagrammen abgelesenen Beiwerte sind in Tabelle 2.6 zusammengestellt. Dort findet man auch die in das hier gewählte Bezugssystem umgerechneten Werte, wieder ergänzt um die theoretischen Werte für die ebene Platte. Die Berechnung erfolgt wie in Abschnitt 2.2 (klassische Flattertheorie), wobei lediglich die potentialtheoretischen Ausdrücke (2.11) durch die empirischen Werte von Tabelle 2.6 zu ersetzen sind. Zwischen den angegebenen Stützstellen k_i wird dabei linear interpoliert.

In Tabelle 2.7 werden Versuchsparameter und gemessene kritische Windgeschwindigkeiten den hier berechneten Bewegungsparametern des kritischen Falles gegenübergestellt. Der Quotient η entspricht wieder dem Verhältnis von gemessener zu berechneter kritischer Windgeschwindigkeit, wird aber nicht mehr als Formfaktor aufgefaßt. Ein Vergleich mit der Berechnung nach der klassischen Flattertheorie (Abschnitt 2.2.3.2; Tabelle 2.2) zeigt, daß

Luftkraftbeiwerte nach Ukeguchi et al. [140] für **Profil A**							
k	$\|C_{Lh}\|$	$\arg C_{Lh}$	$\|C_{L\alpha}\|$	$\arg C_{L\alpha}$	$\|C_{Mh}\|$	$\arg C_{Mh}$	$\|C_{M\alpha}\|$	$\arg C_{M\alpha}$
0,10	21,5	−7°	121	82°	6,68	265°	75,0	176°
0,15	13,1	−8,5°	53,6	81°	4,30	263°	32,9	174°
0,20	8,9	−10,5°	28,7	79°	3,04	261°	18,7	172°
0,25	6,32	−12°	18,5	78°	2,37	259°	11,9	170°
0,30	5,18	−13,5°	13,0	76°	1,90	257°	7,94	168°

Luftkraftbeiwerte nach Ukeguchi et al. [140] für **Profil C**							
k	$\|C_{Lh}\|$	$\arg C_{Lh}$	$\|C_{L\alpha}\|$	$\arg C_{L\alpha}$	$\|C_{Mh}\|$	$\arg C_{Mh}$	$\|C_{M\alpha}\|$	$\arg C_{M\alpha}$
0,10	8,10	−80°	76,4	204°	1,81	104°	9,26	9°
0,15	5,01	−84°	27,1	200°	1,07	93°	5,98	−2°
0,20	3,71	−88°	13,5	197°	0,77	88°	3,91	−13°
0,25	2,87	−91°	8,86	198°	0,63	85°	2,52	−25°
0,30	2,31	−93°	6,31	200°	0,53	82°	1,54	−36°

Umrechnung obiger Werte in das hier benutzte Bezugssystem und Gegenüberstellung unter Einbeziehung der theoretischen Luftkraftbeiwerte der ebenen Platte

k	c'_{hh}			$c'_{h\alpha}$			$c'_{\alpha h}$			$c'_{\alpha\alpha}$			c''_{hh}			$c''_{h\alpha}$			$c''_{\alpha h}$			$c''_{\alpha\alpha}$		
	A	C	T	A	C	T	A	C	T	A	C	T	A	C	T	A	C	T	A	C	T	A	C	T
0,10	21,3	1,41	−2,45	16,8	−69,8	−168	−0,58	−0,44	1,72	−74,8	9,15	84,2	−2,62	−7,98	−16,6	120	−31,1	16,1	−6,65	1,76	8,32	5,23	1,45	−18,1
0,15	13,0	0,52	−1,49	8,38	−25,5	−69,9	−0,52	−0,06	1,24	−32,7	5,98	35,1	−1,94	−4,98	−10,3	52,9	−9,27	4,76	−4,27	1,07	5,15	3,44	−0,21	−9,04
0,20	8,75	0,13	−0,89	5,48	−12,9	−37,3	−0,48	0,03	0,94	−18,5	3,81	18,8	−1,62	−3,71	−7,28	28,2	−3,95	0,79	−3,00	0,77	3,64	2,60	−0,88	−5,40
0,25	6,18	−0,05	−0,48	3,85	−8,43	−22,9	−0,45	0,05	0,74	−11,7	2,28	11,6	−1,31	−2,87	−5,54	18,1	−2,74	−0,84	−2,33	0,63	2,77	2,07	−1,06	−3,58
0,30	5,04	−0,12	−0,20	3,14	−5,93	−15,4	−0,43	0,07	0,60	−7,77	1,25	7,81	−1,21	−2,31	−4,43	12,6	−2,16	−1,57	−1,85	0,52	2,22	1,65	−0,91	−2,55

Tabelle 2.6: Gemessene und berechnete instationäre Luftkraftbeiwerte

A ↝ gemessen für Profil A C ↝ gemessen für Profil C T ↝ theoretisch für ebene Platte

Modell	Parameter	Flatterversuche von Ukeguchi et al. [140]								berechnet mit gemessenen Beiwerten (nach [140])					$\eta = \dfrac{v_{\text{gem}}}{v_{\text{ber}}}$	
		μ	r	ε	g_h	g_α	$\omega_h\,[\tfrac{1}{s}]$	$b\,[m]$	$v_{\text{gem}}\,[\tfrac{m}{s}]$	k	$\omega\,[\tfrac{1}{s}]$	ζ	$v_{\text{ber}}\,[\tfrac{m}{s}]$	R_α	φ_α	a	b
A	Fall 1	258,2	0,5076	1,564	0,0170	0,0543	32,1	0,100	29,1	0,20853	58,62	8,76	28,11	7,008	100,2°	1,04	0,90
	Fall 2			1,435	0,0158	0,0506	31,7		23,7	0,21872	52,37	7,55	23,94	6,884	100,3°	0,99	0,85
C	Fall 1	105,9	0,359	2,270	0,0146	0,0864	11,1	0,102	20,6	0,11716	20,35	15,65	17,72	1,275	−29,0°	1,16	2,22
	Fall 2	105,9		1,658	0,0091	0,0769	15,5		18,5	0,12807	21,15	10,65	16,84	1,034	−30,5°	1,10	2,11
	Fall 3	105,8		2,348	0,0327	0,1013	11,2		22,6	0,11042	21,10	17,06	19,49	1,175	−29,8°	1,16	2,29

Tabelle 2.7: Vergleich von Flatterversuchen an Teilmodellen mit Berechnung basierend auf gemessenen Luftkraftbeiwerten

v_{gem} ↝ gemessene kritische Windgeschwindigkeit

v_{ber} ↝ berechnete kritische Windgeschwindigkeit

a ↝ Vergleich nach hier durchgeführter Rechnung

b ↝ Vergleich nach Tabelle 2.2 (klassische Flattertheorie)

2.3. EINBEZIEHUNG GEMESSENER LUFTKRAFTBEIWERTE

- die kritische Windgeschwindigkeit jetzt wesentlich besser rechnerisch bestimmt wird ($\eta \simeq 1$),

- die berechneten Bewegungsparameter k, ω, R_α und φ_α von den vorher ermittelten Werten stark abweichen.

Bei einem berechneten Amplitudenverhältnis von $R_\alpha \simeq 7 \gg 1$ (Modell A) erscheint es nun möglich, daß die zitierten Beobachtungen reinen Torsionsflatterns [111] rechnerisch nachvollzogen werden können, was vorher nicht gelang. Höhere berechnete Flatterkreisfrequenzen ω stehen tendenziell besser in Einklang mit den Messungen von [62]. Für Modell A übersteigt ω sogar deutlich (um ca. 16 %) die Eigenkreisfrequenz für Drehschwingungen $\omega_\alpha = \varepsilon \cdot \omega_h$. Dieses Phänomen scheint bei den Schwingungen der Tacoma–Brücke tatsächlich aufgetreten zu sein (vgl. Abschnitt 2.2.3.3); es ist mit der klassischen Flattertheorie nicht zu erklären, wohl aber — wie die Ergebnisse vermuten lassen — mit der hier diskutierten Methode. Die Phasenwinkel φ_α sind immer noch deutlich von null verschieden, was den qualitativen Beobachtungen von [62] allerdings entgegensteht.

Die eben bezüglich ω, R_α und φ_α gemachten Aussagen mußten leider etwas vage formuliert werden, da die entsprechenden Messungen — insbesondere in Verbindung mit gemessenen Luftkraftbeiwerten — noch nicht ausreichend dokumentiert vorliegen. Eine quantitative Überprüfung der Methode ist zur Zeit nur bezüglich der kritischen Strömungsgeschwindigkeit möglich. Hier zeigt sich für beide Profile und verschiedene Systemparameter gute Übereinstimmung zwischen Rechnung und Experiment. Dieses erfreuliche Ergebnis wird durch eine gewisse Willkür bei der Festlegung der Luftkraftbeiwerte relativiert: Die Messungen streuen mitunter stark. Die gemessenen Phasenwinkel $\arg C_{M\alpha}$ liegen in der Nähe von 180° bzw. 0°, weshalb die Beiwerte $c''_{\alpha\alpha} = C''_{M\alpha} = |C_{M\alpha}| \cdot \sin(\arg C_{M\alpha})$ entsprechend ungenau aus den Diagrammen bestimmt werden. Dies spricht zumindest gegen eine Darstellung der gemessenen Beiwerte in Form ihrer Beträge und Argumente. Die hier vorgestellte Flatterberechnung greift auf Beiwerte entsprechend den in [140] in die Diagramme eingezeichneten Ausgleichskurven zurück. Die in [140] selbst angegebene Rechnung konnte sich direkt auf die Meßdaten stützen. Unterschiede zwischen den hier und dort berechneten kritischen Strömungsgeschwindigkeiten von $1 \div 20\,\%$ lassen sich aus den eben formulierten Einschränkungen erklären, wie Proberechnungen bestätigen.

Zum vertieften Studium der aeroelastischen Vorgänge wird das System „Modell A/Fall 2" zusätzlich mit der in Abschnitt 2.2.5.4 diskutierten Methode untersucht: Die Eigenwertaufgabe wird für beliebige k gelöst. Den komplexen Lösungen λ_i werden Kreisfrequenzen ω_i und fiktive zusätzliche Strukturdämpfungen g_i zugeordnet. Die Ergebnisse, aufgetragen über $1/k$, sind in Abbildung 2.14 dargestellt. Zum Vergleich sind auch die theoretischen Ergebnisse für die ebene Platte (klassische Flattertheorie) angegeben.

Die theoretischen Kurven zeigen wieder die in Abschnitt 2.2.5.4 besprochenen Eigenschaften (vgl. Abbildung 2.12). Die halbempirisch gewonnenen Kurven weichen stark von den theoretischen ab:

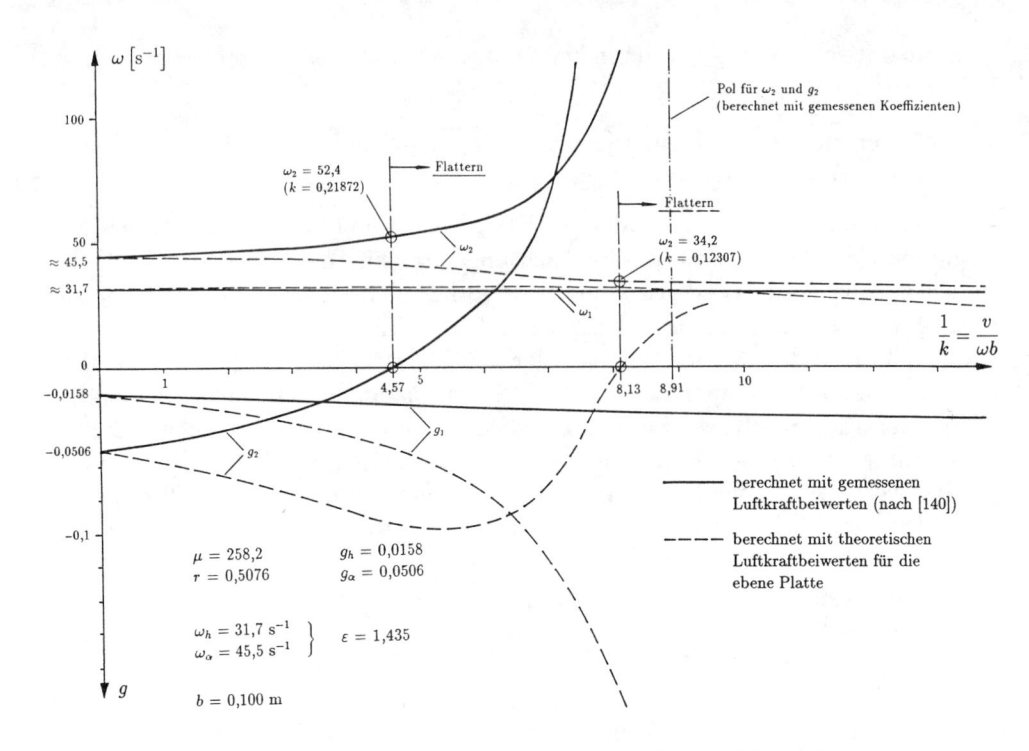

92 KAPITEL 2. ZWEIDIMENSIONALE AEROELASTISCHE SYSTEME

Abb. 2.14: Lösungen in Abhängigkeit von $1/k$ (Modell A/Fall 2)

- g_1 und ω_1 (Biegeast) verändern sich wenig bzw. fast gar nicht mit $1/k$.

- g_2 und ω_2 (Torsionsast) werden für ein gewisses $1/k$ singulär. Die zugehörige Strömungsgeschwindigkeit $v_2 = \omega_2 b/k$ geht dabei ebenfalls gegen unendlich. Für größeres $1/k$ existieren wieder endlich große, aber rein imaginäre ω_2 (die ebenso wie die zugehörigen g_2 nicht mehr dargestellt sind).

- ω_2 wächst monoton und ist für alle $1/k$ größer als die Eigenkreisfrequenz der Drehschwingung ω_α. Auch die Flatterkreisfrequenz ω — wie vorher ein spezieller Punkt des Torsionsastes — ist somit größer als ω_α.

- Eine Annäherung der beiden Frequenzkurven ω_1 und ω_2 findet nicht mehr statt.

Letzteres läßt vermuten, daß der Kopplung der beiden Freiheitsgrade keine maßgebende Rolle mehr zukommt. Ein qualitativer Vergleich der gemessenen Beiwerte mit den theoretischen der ebenen Platte (Tabelle 2.6) bestätigt und erläutert einige der in der Beschreibung des Systemverhaltens festgestellten Unterschiede:

- Die nun stärkere Anregung der Drehschwingung spiegelt sich in den Beiwerten $c''_{\alpha\alpha}$ wider. Beim jeweiligen k des Flatterfalles sind diese Werte für beide

2.3. EINBEZIEHUNG GEMESSENER LUFTKRAFTBEIWERTE

Profile (und im Gegensatz zur ebenen Platte) positiv. Eine Schwingungskomponente in Vertikalrichtung ist somit für die Aufrechterhaltung einer stationär harmonischen Schwingung nicht mehr erforderlich.

- Die Kopplungsbeiwerte $c'_{\alpha h}$ und $c''_{\alpha h}$ werden für beide Profile absolut kleiner. Die Drehschwingung wird also weniger von der Vertikalschwingung beeinflußt, als es potentialtheoretisch der Fall ist.

- Der Beiwert $c'_{\alpha\alpha}$ ist für Profil A von gleicher Größenordnung wie berechnet, aber negativen Vorzeichens. Dies führt für die Drehschwingung zu einer aerodynamischen Verringerung des effektiven Trägheitsmomentes und damit zur Erhöhung der Eigenfrequenz. Die Singularität von ω_2 entspricht einem durch Strömungskräfte bis auf null verringerten effektiven Trägheitsmoment.

- Das im Vergleich zur ebenen Platte günstigere aeroelastische Verhalten des Profils C findet Niederschlag in betragsmäßig meist kleineren Beiwerten.

2.3.4.3 Nachrechnung der Tacoma–Brücke

Folgende System- und Beobachtungsdaten werden von Abschnitt 2.2.3.3 übernommen:

$b = 5,95 \text{ m}$, $\quad \mu = 61$, $\quad r = 0,77$

$\omega_h = 0,84 \text{ s}^{-1}$, $\quad \omega_\alpha = 1,11 \text{ s}^{-1} \quad \Rightarrow \quad \varepsilon = 1,32$

$\delta_h = \delta_\alpha = 0,05 \quad \Rightarrow \quad g_h \simeq \frac{1,32}{\pi} \cdot 0,05 = 0,021$, $\quad g_\alpha \simeq \frac{1,32}{\pi \cdot 1,32} \cdot 0,05 = 0,016$

$v_{\text{gem}} = 18,9 \text{ m/s}$, $\quad \omega_{\text{gem}} = 1,26 \text{ s}^{-1} \quad \Rightarrow \quad k_{\text{gem}} = \frac{1,26 \cdot 5,95}{18,9} = 0,397$.

Die von Scanlan et al. [110], [111] an einem Teilmodell der ersten Tacoma–Brücke gemessenen Beiwerte sind in Tabelle 2.8 auszugsweise zusammengestellt.

k	$\frac{v}{NB}$	H_1^*	H_2^*	H_3^*	A_2^*	c''_{hh}	$c''_{h\alpha}$	$c'_{h\alpha}$	$c''_{\alpha\alpha}$
0,785	4	−3,20	0,98	0,52	0,107	−4,07	2,50	1,32	0,54
0,657	4,78	−5,33	2,13	−0,43	0,173	−6,79	5,42	−1,09	0,88
0,524	6	−3,73	−0,32	−2,71	0,325	−4,75	−0,81	−6,90	1,66
$A_1^* = A_3^* = 0 \Rightarrow c''_{\alpha h} = c'_{\alpha\alpha} = 0$; $\quad c'_{hh}$ und $c'_{\alpha h}$ vernachlässigt (nicht gemessen)									

Tabelle 2.8: Gemessene instationäre Luftkraftbeiwerte (erste Tacoma–Brücke)

Die Stützstellen wurden so gewählt, daß lineare Interpolation statthaft ist. Zur Umrechnung in das hier definierte Bezugssystem wurden die Gleichungen (2.81) und (2.82) herangezogen. Ausgehend von diesen Daten erfolgte eine Flatterberechnung entsprechend der im vorigen Abschnitt erläuterten Vorgehensweise. Man erhält mit

$$k = 0,7704$$

$$\tilde{\omega} = 1,32 \text{ (wie angesetzt)} \quad \Rightarrow \quad \omega = \underline{1,11 \text{ s}^{-1}}$$

$$\zeta = 1,71 \quad \Rightarrow \quad v = \underline{8,56 \text{ m/s}} \ll 18,9 \text{ m/s} = v_{\text{gem}}$$

$$R_\alpha = 8,77 \; , \quad \varphi_\alpha = 99,1°$$

eine viel zu ungünstige kritische Windgeschwindigkeit v. Die Flatterkreisfrequenz ω ist gleich der Torsionseigenfrequenz ω_α, wie man übrigens auch direkt aus $c'_{\alpha\alpha} = c'_{\alpha h} = c''_{\alpha h} = 0$ ableiten kann. Verdoppelt man versuchsweise die angesetzte Strukturdämpfung auf

$$\delta_h = \delta_\alpha = 0,10 \quad \Rightarrow \quad g_h \simeq \tfrac{1,32}{\pi} \cdot 0,10 = 0,042 \; , \quad g_\alpha \simeq \tfrac{1,32}{\pi \cdot 1,32} \cdot 0,10 = 0,032 \; ,$$

so erhält man mit

$$k = 0,6097$$

$$\tilde{\omega} = 1,32 \text{ (wie angesetzt)} \quad \Rightarrow \quad \omega = \underline{1,11 \text{ s}^{-1}}$$

$$\zeta = 2,16 \quad \Rightarrow \quad v = \underline{10,8 \text{ m/s}} \ll 18,9 \text{ m/s} = v_{\text{gem}}$$

$$R_\alpha = 6,02 \; , \quad \varphi_\alpha = 29,3°$$

einen nur geringfügig besseren Wert v.

Die in diesem Falle schlechte Übereinstimmung zwischen Beobachtung und Rechnung könnte auf fehlerhaft ermittelte Luftkraftbeiwerte und damit auf die schon diskutierten Nachteile des von Scanlan benutzten Verfahrens der freien Schwingungen zurückzuführen sein. Es ist aber anzunehmen, daß der hier noch nicht berücksichtigte Einfluß der natürlichen Windturbulenz die Tacoma–Brücke über die für glatte Anströmung geltende Grenzgeschwindigkeit hinaus stabilisierte. Diese Annahme wird durch Windkanalversuche gestützt [88], [148]. Die hier berechneten Werte werden dadurch qualitativ aufgewertet, sie liegen zumindest auf der richtigen Seite.

Numerische Ergebnisse gleicher Größenordnung — unter Anwendung eines anderen halbempirischen Verfahrens, aber ebenfalls für glatte Anströmung — gab Böhm an [14]; vgl. Abschnitt 2.5.3.

2.3. EINBEZIEHUNG GEMESSENER LUFTKRAFTBEIWERTE

2.3.4.4 Zusammenfassung

Die mit verschiedenen Verfahren für dasselbe Profil gemessenen instationären Luftkraftbeiwerte weichen teilweise stark voneinander ab. Direkt gemessene Beiwerte (Methode a) ermöglichen für zwei nichtplattenähnliche Querschnitte eine gute rechnerische Erfassung von Flatterschwingungen. Die Methode der freien Schwingungen (Methode b) lieferte für das Profil der ersten Tacoma–Brücke Beiwerte, die auf eine zu kleine kritische Windgeschwindigkeit führen. Dies beruht aber teilweise oder ganz auf dem Einfluß der natürlichen Windturbulenz, der bei der Ermittlung der Beiwerte nicht berücksichtigt wurde.

Es war nicht möglich, die Methode der angeregten Schwingungen (Methode c) an Hand von Veröffentlichungen zu überprüfen. Nach den Überlegungen des Abschnittes 2.3.3 wird sie qualitätsmäßig zwischen den anderen beiden Methoden liegen, von denen die erstere (Methode a) die zuverlässigere zu sein scheint.

2.3.5 Einfluß des effektiven Anströmwinkels

Die gemessenen Luftkraftbeiwerte werden im allgemeinen abhängig vom Anströmwinkel τ sein (vgl. Abbildung 2.11). Dies stellt das Verfahren nicht prinzipiell in Frage. Es ist aber denkbar, daß die hier zugrundegelegten Annahmen für bestimmte Anströmwinkel nicht mehr gelten. So ist die für gewisse Profile und Anströmwinkel mögliche harte Selbsterregung (s. Abschnitt 2.5) mit linearisierten Gleichungen nicht mehr beschreibbar.

Ein anderer prinzipieller Einwand im Zusammenhang mit dem Anströmwinkel ist folgender: Das stationäre Luftkraftmoment insbesondere nichtplattenähnlicher Querschnitte ist auch bei horizontaler Anströmung ($\tau = 0$) von null verschieden. Die korrespondierende stationäre Verdrehung α^s entspricht der Nullage der Drehschwingungen und damit gleichzeitig dem *effektiven* Anströmwinkel $\tau_{\text{eff}} = \alpha^s$ (bzw. für $\tau \neq 0$: $\tau_{\text{eff}} = \tau + \alpha^s$; vgl. Abschnitt 2.2.5.1). *Effektiv* ist hierbei gleichbedeutend mit *maßgebend für die Luftkräfte*. Wie aus Gl. (2.60) hervorgeht, wird aber α^s und damit τ_{eff} nicht nur von aerodynamischen Parametern, sondern auch von der Systemsteifigkeit abhängen. Die bei der Ermittlung der Luftkraftbeiwerte gewünschte Systemunabhängigkeit wird hierdurch bei Anwendung der indirekten Meßmethoden b und c in Frage gestellt. Außerdem liegt dem Flatternachweis des Bauwerks eventuell ein falscher Anströmwinkel zugrunde.

Diesem Einwand — hier erstmals erhoben — soll durch eine einfache Rechnung für den Fall horizontaler Anströmung nachgegangen werden. Das stationäre Luftkraftmoment — wie immer bezogen auf die Länge — kann man bei linearisierter Kennlinie $C_M(\alpha)$ schreiben als

$$M_L^s = (C_{M_0} + C_M' \alpha) q (2b)^2 \quad ; \quad C_M' := \frac{dC_M}{d\alpha} \qquad (2.83)$$

mit dem Staudruck

$$q = \tfrac{1}{2}\rho v^2 \; . \tag{2.84}$$

Aus der statischen Gleichgewichtsbedingung

$$M_L^s - k_\alpha \alpha^s \doteq 0 \tag{2.85}$$

folgt

$$\alpha^s = \frac{C_{M_0} q (2b)^2}{k_\alpha - C_M' q (2b)^2} \; . \tag{2.86}$$

Mit Hilfe der Gleichungen (2.19) und (2.63) läßt sich dies zu

$$\alpha^s = \frac{C_{M_0}}{\dfrac{\pi}{2}\left(\dfrac{v^{\mathrm{div}}}{v}\right)^2 - C_M'} \tag{2.87}$$

umformen, wobei $v^{\mathrm{div}} = \varepsilon r \sqrt{\mu}\, \omega_h b$ die kritische Windgeschwindigkeit für die statische Divergenz der ebenen Platte ist (vgl. Abschnitt 2.2.5.2). Für $C_M' \simeq 0$ vereinfacht sich dieser Ausdruck zu

$$\alpha^s \simeq \frac{2}{\pi} C_{M_0} \left(\frac{v}{v^{\mathrm{div}}}\right)^2 \; . \tag{2.88}$$

Der nun folgenden Beispielrechnung werden die Systemparameter

$$\mu = 50 \; , \qquad r = 0{,}75 \; , \qquad \varepsilon = 1{,}3 \; , \qquad g_h = g_\alpha = 0$$

zugrundegelegt. Gemäß Abbildung 2.6 ergibt sich nach der klassischen Flattertheorie eine bezogene kritische Windgeschwindigkeit von

$$\zeta = 3{,}82 \; .$$

Nach Gl. (2.63) lautet der entsprechende Wert für den Fall der statischen Divergenz

$$\zeta^{\mathrm{div}} = 1{,}3 \cdot 0{,}75 \cdot \sqrt{50} = 6{,}89 \; .$$

Die aerodynamische Kontur entspreche dem in [62] untersuchten Trapezprofil B2. Gemäß den dort vorgenommenen Messungen wird ein Formfaktor von $\eta = 0{,}88$ und

2.3. EINBEZIEHUNG GEMESSENER LUFTKRAFTBEIWERTE

ein stationärer Beiwert von $C_{M_0} = 0,075$ angesetzt, die Steigung C'_M ist etwa null. Aus Gleichung (2.88) folgt für $\tau_{\text{eff}} = \alpha^s$ bei gerade einsetzendem Flattern

$$\tau_{\text{eff}} = \frac{2}{\pi} \cdot 0,075 \cdot \left(\frac{3,82 \cdot 0,88}{6,89}\right)^2 = 0,011 \,\text{rad} \,\,\hat{=}\,\, \underline{0,65°} \,.$$

Die in [63] beschriebenen Messungen legen es nahe, schon für $\tau_{\text{eff}} \simeq 1°$ deutliche Veränderungen im aeroelastischen Kräftespiel zu erwarten. Das Ergebnis der Beispielrechnung liegt in dieser Größenordnung. Der untersuchte Effekt könnte also tatsächlich von Bedeutung sein und müßte dann bei der Flatterberechnung berücksichtigt werden. Diese wäre gegebenenfalls mit Beiwerten zu wiederholen, die für den effektiven Anströmwinkel ermittelt wurden. Eine unverfälschte Messung der Beiwerte (Methoden b und c) könnte durch eine nachgeführte Justierung des Modells erreicht werden, bei der die Schwingungsnullage stets auf den vorgegebenen Anströmwinkel ausgerichtet bleibt. Unberührt hiervon bleibt die Meßmethode der gesteuerten harmonischen Schwingungen (Methode a).

2.3.6 Vereinfachter Nachweis des Torsionsflatterns

Das beobachtete und nun auch rechnerisch nachvollzogene fast reine Torsionsflattern nichtplattenähnlicher Profilformen legt eine vereinfachte rechnerische Durchführung nahe. Aus der Eigenwertgleichung (2.12) gewinnt man bei Vernachlässigung des Kopplungskoeffizienten $c_{\alpha h}$ die entkoppelte skalare Teilgleichung für Drehschwingungen

$$[(1 + ig_\alpha)k_\alpha - \omega^2(I + \pi\rho b^4 c_{\alpha\alpha})]\tilde{\alpha} = 0 \ . \tag{2.89}$$

Die Determinantenbedingung reduziert sich auf die Forderung, daß der Klammerausdruck verschwinden muß. Anwendung dieser Bedingung auf Real- und Imaginärteil führt mit $\omega \in \mathcal{R}$ auf die beiden reellen Gleichungen

$$\omega^2 \doteq \frac{k_\alpha}{I + \pi\rho b^4 c'_{\alpha\alpha}} = \frac{\omega_\alpha^2}{1 + \frac{c'_{\alpha\alpha}}{\mu r^2}} \tag{2.90}$$

$$c''_{\alpha\alpha} \doteq \frac{g_\alpha k_\alpha}{\omega^2 \pi \rho b^4} = \left(\frac{\omega_\alpha}{\omega}\right)^2 g_\alpha \mu r^2 \ , \tag{2.91}$$

aus denen sich ω eleminieren läßt. Es folgt

$$c''_{\alpha\alpha} \doteq g_\alpha(\mu r^2 + c'_{\alpha\alpha}) \ , \tag{2.92}$$

wobei $\quad \mu r^2 = \dfrac{I}{\pi \rho b^4} \quad$ (siehe Gleichungen (2.19)) .

Ein Gleichsetzen der Flatterkreisfrequenz ω mit der Eigenkreisfrequenz der Drehschwingung ω_α — wie in der Literatur verschiedentlich vorgeschlagen [28] — entspricht einer Vernachlässigung auch des Koeffizienten $c'_{\alpha\alpha}$; dies ist aus Gl. (2.90) deutlich abzulesen. Man erhält

$$c''_{\alpha\alpha} \doteq g_\alpha \mu r^2 \tag{2.93}$$

als Bedingungsgleichung für den Flatterfall, aus der sich k und mittels der Fundamentalgleichung (2.9) auch die kritische Windgeschwindigkeit v direkt ermitteln lassen. Verzichtet man auf diese vereinfachende Annahme bezüglich ω, so gilt die etwas umständlicher zu lösende Gleichung (2.92). Mit dem so ermittelten k folgt ω aus Gleichung (2.90), womit sich auch v schließlich bestimmen läßt.

Als für die Ermittlung von k maßgebliche Systemparameter verbleiben in beiden Fällen nur der Dämpfungsverlustwinkel g_α und das bezogene Massenträgheitsmoment μr^2. Der Ausdruck

$$g_\alpha \mu r^2 \simeq \frac{2\xi_\alpha I}{\pi \rho b^4}$$

entspricht übrigens dem andernorts definierten Massendämpfungsparameter (vgl. [100]), für den in letzter Zeit die Bezeichnung Scruton-Zahl vorgeschlagen wurde.

Im Falle verschwindender Strukturdämpfung ($g_\alpha = 0$) reduzieren sich beide Bedingungsgleichungen auf die einfache Forderung

$$c''_{\alpha\alpha} \doteq 0 \;, \tag{2.94}$$

womit sich k allein als Funktion der Profilform ergibt und von strukturellen Systemparametern ganz unabhängig wird. Diese Grenzbetrachtung untermauerte in Abschnitt 2.2.4.3 die Kritik an einer mit Formfaktoren geeichten klassischen Flattertheorie. Gleichung (2.94) kann als theoretischer Hintergrund für den in [47] vorgeschlagenen erfahrungsgestützten Flatternachweis betrachtet werden. Die dort definierte querschnittstypische Theodorsen-Zahl T entspricht dem aus Gleichung (2.94) resultierenden k ($T \hateq k/\pi$).

Jüngere experimentelle Arbeiten [9], [10] beschränkten sich auf die Messung von $c''_{\alpha\alpha}$ (dort: A_2^*) und der strukturellen Dämpfung, setzen also eine genügende Aussagekraft der Gleichung (2.93) voraus. Die so berechnete kritische Windgeschwindigkeit stimmte auf 10 % mit der gemessenen überein. Es handelte sich um das Torsionsflattern eines ⊔-Profils. In derartigen Fällen läßt sich also mit

$$v = \frac{\omega_\alpha b}{k \left(c''_{\alpha\alpha} = g_\alpha \mu r^2 \right)} \tag{2.95}$$

ein besonders einfacher Näherungsausdruck für die kritische Windgeschwindigkeit angeben, in dem der Einfluß der verschiedenen Systemparameter recht deutlich wird. Insbesondere erkennt man, daß die Flatterstabilität mit der Querschnittsbreite und

2.3. EINBEZIEHUNG GEMESSENER LUFTKRAFTBEIWERTE

k	Profil A					Profil C				
	$c'_{\alpha\alpha}$	$c''_{\alpha\alpha}$	$\frac{1}{g_\alpha}c''_{\alpha\alpha} - c'_{\alpha\alpha}$			$c'_{\alpha\alpha}$	$c''_{\alpha\alpha}$	$\frac{1}{g_\alpha}c''_{\alpha\alpha} - c'_{\alpha\alpha}$		
			Fall 1	Fall 2				Fall 1	Fall 2	Fall 3
0,075						14,1	4,05	32,8	38,6	25,9
0,100		5,23				9,15	1,45	7,63	9,71	5,16
0,150	−32,7	3,44	96,1				−0,21			
0,200	−18,5	2,60	66,4	69,9						
0,250	−11,7	2,07		52,6						

Tabelle 2.9: Eingangsdaten zur vereinfachten Flatterberechnung
(nach [140]; vgl. Tabelle 2.6)

der Eigenfrequenz der Drehschwingungen wächst (vgl. diesbezügliche Diskussion für Potentialflattern von S. 47).

Zur Überprüfung der vereinfachten Algorithmen an Hand des bisher diskutierten Versuchsmaterials werden die Versuche von Ukeguchi et al. [140] noch einmal mit den Formeln (2.92), (2.93) und (2.94) nachgerechnet (für Profile A und C nach Abbildung 2.10). Zur leichteren rechnerischen Auswertung wird Gl. (2.92) in umgestellter Form benutzt:

$$\frac{1}{g_\alpha}c''_{\alpha\alpha} - c'_{\alpha\alpha} \doteq \mu r^2 \; . \tag{2.92a}$$

Die linke Seite dieser Bestimmungsgleichung ist in Tabelle 2.9 für verschiedene Stützstellen k numerisch angegeben; auch die zur Berechnung erforderlichen Beiwerte $c'_{\alpha\alpha}$ und $c''_{\alpha\alpha}$ sind dort zusammengestellt. Zur Ermittlung von k (und gegebenfalls von $c'_{\alpha\alpha}$) wird zwischen den angegebenen Werten linear interpoliert. Die Systemparameter und Rechenergebnisse sind in Tabelle 2.10 zusammengestellt. Es wird die prozentuale Abweichung von k und v angegeben — aus Gründen der besseren Vergleichbarkeit nicht in bezug auf die entsprechenden Flatterversuche, sondern auf die hiervon nur wenig abweichenden Ergebnisse der genauen Berechnung (Tabelle 2.7).

Gleichung (2.92) liefert gute Ergebnisse für Profil A, aber nur mäßig genaue Werte für Profil C. Dies korrespondiert mit dem jeweiligen Maß der Drehschwingungsdominanz, die nur für Profil A einigermaßen ausgeprägt ist ($R_\alpha \simeq 7$; vgl. Tabelle 2.7). Eine Berechnung nach Gleichung (2.93) bringt für beide Profile wesentlich ungenauere Ergebnisse bezüglich v. Gleichung (2.94) ist auf Profil A nicht mehr anwendbar, da $c''_{\alpha\alpha}$ im untersuchten (und plausiblen) k-Bereich keine Nullstelle hat. Eine untere Grenze des kritischen Geschwindigkeitsbereiches ist in diesem Falle nicht auffindbar. Die gute Übereinstimmung für Profil C bezüglich v muß deshalb, aber auch wegen der großen Abweichung bezüglich k und der großen Streuung als zufällig angesehen werden.

Zusammenfassend wird festgestellt:

- Die vereinfachten Algorithmen ensprechend Gleichungen (2.92) und (2.93) liefern für gewisse, nichtplattenähnliche Profile eine grobe Näherung für die kritische Windgeschwindigkeit.

- Eine gute Annäherung ergibt sich nur für Profile, die zu einem weitgehend entkoppelten Torsionsflattern neigen, im allgemeinen aber nur, wenn außer $c''_{\alpha\alpha}$ auch der Beiwert $c'_{\alpha\alpha}$ in die Rechnung mit einbezogen wird (Gl. (2.92)).

- Anders als beim gekoppelten Biege–Torsions–Flattern kann die strukturelle Dämpfung beim entkoppelten Torsionsflattern von deutlichem Einfluß sein und ist rechnerisch zu berücksichtigen.

Aus der Besonderheit des Nichtkoppelns im Flatterfall — sofern gegeben — kann eine weitere, höchst wichtige Schlußfolgerung für den Nachweis des *räumlichen* Brückensystems gezogen werden: Die Affinität oder der Grad der Nichtaffinität der Eigenformen der Biege- und Torsionsschwingungen haben keine Auswirkung auf das Flatterverhalten. (Im allgemeineren Falle des gekoppelten Flatterns ist Affinität von wesentlicher Bedeutung; den hiermit zusammenhängenden Fragen sind Kapitel 3 und wesentliche Teile von Kapitel 5 gewidmet.) Der ersatzweise Nachweis am ebenen System ist diesbezüglichen Zweifeln enthoben.

Die angegebenen Formeln können direkt auf den Nachweis des räumlichen Systems angewendet werden. Nach Abschnitt 3.2.2 ist die hiermit verbundene Generalisierung exakt, falls die strukturellen und aerodynamischen Systemparameter über die Länge unveränderlich sind. Deren in der Praxis mögliche Veränderlichkeit ist im allgemeinen von wenig Einfluß.

Wegen der bestehenden Analogien lassen sich die hier gemachten Aussagen auf den direkten Flatterversuch am Teilmodell übertragen. Bei diesem rein experimentellen Nachweis im Windkanal ist bei entsprechendem Profil nur die richtige Modellierung der aerodynamischen Kontur und der torsionsbezogenen Systemparameter erforderlich, die dynamischen Parameter der Biegeschwingung sind ohne Belang.

2.3.7 Abschließende Bemerkungen

Die Frage nach der Anwendbarkeit der hier diskutierten modifizierten Theorie kann grundsätzlich positiv beantwortet werden. Es zeigte sich allerdings, daß die experimentelle Ermittlung der Luftkraftbeiwerte nicht nur aufwendig bezüglich der zu handhabenden Datenmenge ist, sondern auch hohe Genauigkeitsanforderungen stellt. Abgesehen von der Möglichkeit, einzelne Beiwerte zu vernachlässigen, läßt sich das Verfahren nicht weiter vereinfachen. Hierauf sei kurz eingegangen:

2.3. EINBEZIEHUNG GEMESSENER LUFTKRAFTBEIWERTE

Systemparameter								
Modell	Parameter	μ	r	g_α	$\omega_\alpha\,[\tfrac{1}{s}]$	$b\,[m]$	μr^2	$g_\alpha \mu r^2$
A	Fall 1	258,2	0,5076	0,0543	50,2	0,100	66,5	3,61
A	Fall 2			0,0506	45,5			3,37
C	Fall 1	105,9	0,359	0,0864	25,2	0,102	13,6	1,18
C	Fall 2	105,9		0,0769	25,7			1,05
C	Fall 3	105,8		0,1013	26,3			1,38

Berechnung nach Gln. (2.92) bzw. (2.92a) und Gl. (2.90)							
Modell	Parameter	k	$c'_{\alpha\alpha}$	$\omega\,[\tfrac{1}{s}]$	$v\,[\tfrac{m}{s}]$	Abw. k	Abw. v
A	Fall 1	0,200	−18,5	59,1	29,6	−4 %	5 %
A	Fall 2	0,210	−17,1	52,8	25,1	−4 %	5 %
C	Fall 1	0,094	10,3	19,0	20,6	−20 %	16 %
C	Fall 2	0,097	9,74	19,6	20,6	−24 %	22 %
C	Fall 3	0,090	11,1	19,5	22,1	−18 %	13 %

Berechnung nach Gl. (2.93), d.h. mit $\omega=\omega_\alpha$							
Modell	Parameter	k	$c'_{\alpha\alpha}$	$\omega\,[\tfrac{1}{s}]$	$v\,[\tfrac{m}{s}]$	Abw. k	Abw. v
A	Fall 1	0,145	0	50,2	34,6	−30 %	23 %
A	Fall 2	0,154		45,5	29,5	−30 %	23 %
C	Fall 1	0,108	0	25,2	23,8	−8 %	34 %
C	Fall 2	0,112		25,7	23,4	−13 %	39 %
C	Fall 3	0,102		26,3	26,3	−8 %	35 %

Berechnung nach Gl. (2.94), d.h. für $g_\alpha=0$; mit $\omega=\omega_\alpha$							
Modell	Parameter	k	$c'_{\alpha\alpha}$	$\omega\,[\tfrac{1}{s}]$	$v\,[\tfrac{m}{s}]$	Abw. k	Abw. v
A	Fall 1	keine Nullstelle	0	50,2	−	−	−
A	Fall 2			45,5			
C	Fall 1	0,144	0	25,2	17,9	23 %	1 %
C	Fall 2			25,7	18,2	12 %	8 %
C	Fall 3			26,3	18,6	30 %	−5 %

Tabelle 2.10: Vereinfachte Nachrechnung von Flatterversuchen an Teilmodellen

Die potentialtheoretischen Luftkraftbeiwerte nach Gleichungen (2.11) sind über die Theodorsenfunktion $C(k) = C'(k) + iC''(k)$ untereinander verknüpft; z. B. gilt für sie die Beziehung

$$c''_{\alpha\alpha} = \tfrac{1}{2}\left[c''_{\alpha h} - \tfrac{1}{k}(1 + 2c'_{\alpha h})\right] \;. \tag{2.96}$$

Setzt man hier die gemessenen Beiwerte von Tabelle 2.6 ein, so wird diese Gleichung nicht einmal näherungsweise erfüllt. Die Idee, Gleichungen (2.11) bestehen zu lassen und nur die Funktionen $C'(k)$ und $C''(k)$ experimentell zu bestimmen, ist deshalb zu verwerfen. Eine allgemeingültige Beziehung zwischen den acht reellen Beiwerten c'_{mn}, c''_{mn} kann nicht formuliert werden.

Aus der gegebenen Begründung folgt eine weitere wichtige Erkenntnis. Die Zusammenhänge nach Gleichungen (2.11) beruhen nämlich auf zwei bemerkenswerten Eigenschaften des hier wesentlichen zirkulatorischen (mit C verknüpften) Anteils der potentialtheoretischen Auftriebskraft der ebenen Platte: Wie sich aus Gleichungen (2.4) ablesen läßt, ist dieser Anteil proportional zum Abwind

$$w_{3/4} := -\left(\dot{h} + v\alpha + \tfrac{b}{2}\dot{\alpha}\right)$$

im 3/4–Punkt der Platte (hinten, Lee) und wirkt im 1/4–Punkt (vorne, Luv). Da die Zusammenhänge nach Gleichungen (2.11) nicht für allgemeine Querschnitte gelten, werden auch die gerade genannten beiden Eigenschaften bei allgemeinen und insbesondere bei nichtplattenähnlichen Querschnitten nicht vorhanden sein.

Dies zeigten auch direkte Messungen der Druckverteilung an schwingenden Rechteck- und Brückenprofilen (geschlossene Kastenquerschnitte) [88]. Während erzwungener Torsionsschwingungen wurden relativ große anregende (d. h. in Phase mit der Geschwingigkeit liegende) Druckdifferenzen in der Nähe der Vorder- und Hinterkanten gemessen. Diese entsprechen auch bei geringem Gesamtauftrieb einem kräftigen Luftkraftmoment; die Entfernung des Kraftangriffspunktes von der Profilmitte ist wesentlich größer als der potentialtheoretische Wert $b/4$. Der Anregungsmechanismus des entkoppelten Torsionsflatterns ist hiermit teilweise geklärt.

Die allgemeine Gültigkeit der modifizierten Theorie für beliebige Querschnitte ist experimentell nicht endgültig belegt. Folgende Punkte bleiben in weiteren Untersuchungen zu klären:

1. Einfluß einer eventuell vorhandenen Fremderregung auf die Ermittlung der Luftkraftbeiwerte: So scheint die von Scanlan & Tomko [111] an H–Profilen vorgenommene Messung von Beiwerten durch periodische Wirbelablösungen stark beeinflußt worden zu sein (wie die Autoren auch selbst kommentieren). Die korrespondierenden Luftkräfte sind aber nicht in der durch die homogenen und linearen Bewegungsgleichungen angesetzten Form abhängig von der Schwingung (und insbesondere von deren Amplitude) und führen deshalb zu einer groben Fehlinterpretation der Meßergebnisse. Verzichtet man auf die

eigentlich erforderliche Erweiterung der Ansatzgleichungen um inhomogene Anteile, so werden die ermittelten Beiwerte zumindest abhängig von den im Versuch auftretenden Schwingungsamplituden sein (was der ursprünglichen Intention zuwiderläuft), möglicherweise aber sind sie völlig unbrauchbar.*

Wirbelerregung kann allerdings nur zum Tragen kommen, wenn die Ablösefrequenz der Schwingungsfrequenz nahekommt, d. h. wenn die Strouhal–Zahl S und die reduzierte Frequenz k etwa gleich sind (wobei S entsprechend Gl. (2.9) zu bilden ist). Nach den Beispielrechnungen von [62] ist dies beim Brückenflattern kaum zu erwarten. Andernfalls wäre durch geeignete Maßnahmen eine unverfälschte Messung der Beiwerte sicherzustellen. Das hier vorliegende aeroelastische Antwortproblem erfordert eine grundsätzlich andere rechnerische Behandlung (vgl. Abschnitt 2.6).

2. Linearer Ansatz der Luftkräfte: Eine Linearisierung der aerodynamischen Verschiebungs–Kraft–Relationen, wie hier vorgenommen, wäre unzulässig, falls diese im relevanten Bereich große Krümmungen aufweisen oder nicht eindeutig sind. Derartige Kennlinien können ganz andersartige aeroelastische Mechanismen ermöglichen, die einer linearen Betrachtungsweise grundsätzlich nicht mehr zugänglich sind (vgl. Abschnitt 2.5).

Für nichtlineare Schwinger wird die Schwingungsamplitude zu einem wichtigen Bewegungsparameter, der in allen theoretischen und experimentellen Untersuchungen Berücksichtigung finden muß.

3. Gültigkeit des Modellgesetzes: Bezüglich der reduzierten Frequenz k ist das Modellgesetz a priori erfüllt. Es ist aber denkbar, daß auch andere Ähnlichkeitsparameter und insbesondere die Reynolds–Zahl von Bedeutung sein können. Aus versuchstechnischen Gründen entspricht die Reynolds–Zahl des Modells im allgemeinen nicht der des Bauwerkes [102]. Ihr Einfluß dürfte aber bei üblichen Brückenprofilen gering sein [110], [123]; die hier meist vorhandenen wohldefinierten Abreißkanten vermindern die Bedeutung der Strömungsvorgänge in der Grenzschicht.

Bei den in Abschnitt 2.2.4.1 ausführlicher zitierten Beobachtungen von Scanlan & Tomko [111] könnte die Reynolds–Zahl allerdings von Einfluß gewesen sein. Die gemessenen Beiwerte zeigten sich überraschend sensibel gegenüber geringfügigen Änderungen der aerodynamischen Kontur. Bedeutung hat hier die auf Entwurfsdetails (Geländer, Schlitze, Leitbarrieren etc.) bezogene örtliche Reynolds–Zahl [102].

Zur endgültigen Beantwortung dieser noch offenen Fragen wären vergleichende Windkanalmessungen, etwa nach der Methode der gesteuerten harmonischen

---

*Vgl. auch die Angaben von Försching [35, § 3.7.2] bezüglich Messungen an querschwingenden Profilen und die Veröffentlichung [6] über Messungen an quer- oder drehschwingenden Profilen (in beiden Fällen handelt es sich nicht um typische Brückenquerschnitte).

Schwingungen (Methode a), durchzuführen. Dabei wären die Beiwerte für verschiedene Schwingungsamplituden und variierte Modellgrößen und/oder Systemparameter zu ermitteln und gegenüberzustellen (bezüglich ersterem vgl. [86] und [105]). Die genannte Methode ermöglicht auch eine direkte Überprüfung des linearen Luftkraftansatzes (vgl. Abschnitte 2.3.3 und 2.5.2).

Von Bedeutung für die Ermittlung der Luftkraftbeiwerte und für das Flatterproblem insgesamt ist außerdem der Turbulenzgrad der Anströmung, wie schon verschiedentlich zur Sprache kam. Der Turbulenzeinfluß ist in Windkanalversuchen an Teil- und Vollmodellen untersucht worden; einen Überblick gibt die Arbeit [148]. Bei den untersuchten Brückenprofilen hatte die Turbulenz einen stabilisierenden Einfluß bezüglich Flattern.

Soll die natürliche Windturbulenz beim Flatternachweis berücksichtigt werden, so ist dies durch Messen der instationären Beiwerte in definierter turbulenter Anströmung prinzipiell möglich [53]. In der Arbeit [148] werden Diskrepanzen bezüglich des Turbulenzeinflusses zwischen Teil- und Vollmodellversuchen deutlich; dies könnte die Übertragbarkeit der am Teilmodell in turbulenter Anströmung gemessenen Beiwerte auf das Bauwerk allerdings in Frage stellen. Überdies brächte ein ausgesprochen böiger Wind mit starken und niederfrequenten Geschwindigkeitsschwankungen eine zusätzlich aufgeprägte Störerregung mit sich, die schon vor Erreichen einer Stabilitätsgrenze Schwingungen endlicher Amplitude verursachte. Auf das somit vorliegende aeroelastische Antwortproblem wird in Abschnitt 2.6 eingegangen. Im übrigen scheinen die in glatter Anströmung gemessenen Beiwerte im Rahmen des Flatternachweises zu konservativen Ergebnissen zu führen [39], [120].

Aufgrund der hier vorgestellten prinzipiellen Überlegungen und numerischen Überprüfungen wird die Methode der gesteuerten harmonischen Schwingungen (Methode a) sowohl für grundlagen- als auch für anwendungsbezogene Messungen empfohlen.

Sollte es der Strömungsmechanik künftig gelingen, das instationäre Strömungsfeld um schwingende kantige Profile zu berechnen, würde die hier dargelegte modifizierte Theorie noch an Bedeutung gewinnen. Die am mechanischen Analogrechner „Teilmodell im Windkanal" ermittelten Kennlinien könnten dann durch berechnete Werte ersetzt werden.

2.4 Aeroelastik beliebig bewegter Systeme

2.4.1 Überblick

Die in Abschnitt 2.2.2.1 zusammengestellten Voraussetzungen der klassischen Flattertheorie sollen in einem Punkte verallgemeinert werden, der allen bisherigen Rechnungen zugrundelag: Statt nur harmonische Schwingungen werden nun beliebige Bewegungen zugelassen.

Mit Hilfe der von Wagner [145] schon 1925 angegebenen nichtelementaren analytischen Funktion ist es möglich, die an der ebenen Platte wirkenden instationären Strömungskräfte für den Fall beliebiger Bewegung in h und α theoretisch zu berechnen. Hierbei muß Superponierbarkeit der aerodynamischen Terme und damit Linearität vorausgesetzt werden. Setzt man die so ermittelten Kräfte in die Bewegungsgleichungen (2.1) ein, so ist der Exponentialansatz (2.2) wieder Lösung dieses wie vorher homogenen Gleichungssystems. Allerdings haben nun auch die komplexen Eigenwerte ω direkte physikalische Bedeutung. Sie stehen für Schwingungen exponentiell veränderlicher Amplitude, die damit für beliebige Strömungsgeschwindigkeiten (im Rahmen der Theorie) exakt berechnet werden können. Bei Annäherung an eine kritische Windgeschwindigkeit wird eine der Lösungen zunehmend reell. Die zugehörige Bewegungsform nähert sich einer stationär harmonischen Schwingung und entspricht immer mehr dem Ergebnis nach der klassischen Flattertheorie (insbesondere nach Abschnitt 2.2.5.4). Für den kritischen Grenzfall schließlich liefern beide Berechnungsansätze die gleichen Ergebnisse.

Im folgenden Abschnitt werden die aerodynamischen Grundgleichungen sowie einige interessante und bisher wenig beachtete Zusammenhänge und Analogien erörtert. Wegen der formalen Ähnlichkeit werden dort auch die analytischen Luftkraftterme des Böenproblems angegeben. Entsprechend der empirischen Modifikation der klassischen Flattertheorie (Abschnitt 2.3) wurde vorgeschlagen, die Wagner–Funktion durch experimentell bestimmte Kurven zu ersetzen und so einen Flatternachweis für Strukturen beliebiger aerodynamischer Kontur zu ermöglichen. Dieser Idee wird im übernächsten Abschnitt nachgegangen. Wie gezeigt wird, bestehen weitgehende Analogien zu den bisher diskutierten Verfahren, so daß wesentliche Aussagen direkt übernommen werden können.

2.4.2 Theoretische Luftkraftterme

Die instationären Luftkräfte an einer beliebig bewegten ebenen Platte (entsprechend Abbildung 2.1) können potentialtheoretisch berechnet werden [35]. Man findet die Beziehungen

$$\left.\begin{aligned}
A(s) &= \pi\rho b^2(\ddot{h}+v\dot{\alpha})+\ldots \\
&\quad + 2\pi\rho vb \int_0^s \tfrac{d}{d\sigma}[\dot{h}(\sigma)+v\alpha(\sigma)+\tfrac{b}{2}\dot{\alpha}(\sigma)]W(s-\sigma)\,d\sigma \\
M_L(s) &= -\pi\rho b^2\bigl(\tfrac{vb}{2}\dot{\alpha}+\tfrac{b^2}{8}\ddot{\alpha}\bigr)+\ldots \\
&\quad + \pi\rho vb^2 \int_0^s \tfrac{d}{d\sigma}[\dot{h}(\sigma)+v\alpha(\sigma)+\tfrac{b}{2}\dot{\alpha}(\sigma)]W(s-\sigma)\,d\sigma\;,
\end{aligned}\right\} \quad (2.97)$$

wobei s und σ dimensionslose Zeiten darstellen und definiert sind zu

$$s := \frac{vt}{b}\;, \qquad \sigma := \frac{v\tau}{b}\;. \tag{2.98}$$

Ein Vergleich mit den Ausdrücken (2.4) zeigt Übereinstimmung bezüglich der nichtzirkulatorischen (von C unabhängigen) Anteile. In den zirkulatorischen Anteilen wird das Produkt $C(-w_{3/4})$ mit

$$w_{3/4}(t) := -[\dot{h}(t)+v\alpha(t)+\tfrac{b}{2}\dot{\alpha}(t)] \tag{2.99}$$

unter Festlegung auf die Anfangsbedingung $w_{3/4}(0)=0$ ersetzt durch das Faltungsintegral

$$-\int_0^s \frac{dw_{3/4}(\sigma)}{d\sigma}\,W(s-\sigma)\,d\sigma\;. \tag{2.100}$$

Hierbei ist $w_{3/4}$ der Abwind im 3/4–Punkt der Platte (hinten, Lee). $W(s)$ schließlich ist die Wagnerfunktion. Sie steht für den zirkulatorischen, im vorderen Viertelspunkt der Platte wirkenden Gesamtauftrieb infolge einer plötzlichen Verdrehung $\hat{\alpha}$ und damit eines plötzlichen konstanten Abwindes

$$\hat{w}_{3/4}(t) = \begin{cases} 0 & ; \quad t<0 \\ -v\hat{\alpha} & ; \quad t\geq 0\;. \end{cases} \tag{2.101}$$

Die Darstellung der Wagnerfunktion $W(s)$ ist gemäß

$$W(s) = \frac{1}{2\pi i}\int_{-\infty}^{+\infty}\frac{C(k)}{k}e^{iks}\,dk \tag{2.102}$$

2.4. AEROELASTIK BELIEBIG BEWEGTER SYSTEME

unter Rückgriff auf die Theodorsenfunktion $C(k)$ möglich, die ihrerseits nach Gl. (2.8) aus Hankelfunktionen aufgebaut ist. Für negative s ist die Wagnerfunktion gleich null; sie springt bei $s = 0$ auf den Wert $1/2$ und nähert sich dann monoton steigend dem Wert eins. Folgende Näherung wurde entwickelt [35]:

$$W(s) \begin{cases} = 0 & ; \quad s < 0 \\ \simeq 1 - me^{-ps} - ne^{-qs} & ; \quad s \geq 0 \end{cases}$$

$$\text{mit} \quad m = 0{,}165 \; ; \quad p = 0{,}0455$$
$$n = 0{,}335 \; ; \quad q = 0{,}3 \; . \tag{2.103}$$

Die Ausdrücke (2.97) und (2.102) werden in [35] hergeleitet mittels einer Fourier–Transformation der Zeitfunktion $\hat{w}_{3/4}(t)$ in den Frequenzbereich, Einsetzen des zirkulatorischen Auftriebs infolge harmonisch veränderlicher Abwinde (nach Theodorsen [132]) und schließlich Integration über die beliebige Zeitfunktion $w_{3/4}(s)$. Es wird also vom Superpositionsprinzip Gebrauch gemacht. Das aerodynamische Konzept ist nach wie vor ein lineares.

Wendet man umgekehrt die Gleichungen (2.97) auf den Sonderfall harmonischer Schwingungen an, so werden sich wieder die Theodorsen'schen Ausdrücke (2.4) ergeben. Zwischen den Funktionen $W(s)$ und $C(k)$ muß ein enger mathematischer Zusammenhang bestehen. Gleichung (2.102) legt folgende Beziehung nahe:

$$iW(s) = \frac{1}{2\pi} \int_{-\infty}^{+\infty} \frac{C(k)}{k} e^{iks} dk \tag{2.102a}$$

$$\frac{C(k)}{k} = \int_{-\infty}^{+\infty} iW(s) e^{-iks} ds \; . \tag{2.104}$$

D. h. die komplexe Funktion $C(k)/k$ kann als Fourier–Transformierte der imaginären Zeitfunktion $iW(s)$ aufgefaßt werden (vgl. auch [107]). Diese Zusammenhänge gelten, obwohl das Integral

$$\int_{-\infty}^{+\infty} |iW(s)| \, ds \tag{2.105}$$

nicht endlich ist. Singularitäten entstehen in dieser Schreibweise allerdings bei $k = 0$ bzw. $s = 0$. Die Ausdrücke (2.102) und (2.102a) verlangen Funktionswerte $C(k)$ für negative k. Benutzt man bezüglich der in Gl. (2.8) auftretenden Hankelfunktionen die Beziehungen

$$H_0^{(2)}(-k) = H_0^{(2)}(k)$$
$$H_1^{(2)}(-k) = -H_1^{(2)}(k) \;,$$
(2.106)

so folgt nach einiger Rechnung

$$C(-k) = \bar{C}(k) \tag{2.107}$$

bzw. $\quad C'(-k) = C'(k)$
$\quad\quad\quad C''(-k) = -C''(k) \;.$

Die Theodorsenfunktion soll aus Gleichungen (2.104) und (2.103) näherungsweise berechnet werden:

$$C(k) = ik \int_{-\infty}^{+\infty} W(s)\, e^{-iks}\, ds \;; \quad k,\, s \neq 0 \tag{2.108}$$

$$\simeq ik \int_0^{\infty} \left(1 - me^{-ps} - ne^{-qs}\right) e^{-iks}\, ds = 1 - \tfrac{imk}{p+ik} - \tfrac{ink}{q+ik} \;.$$

Für Real- und Imaginärteil folgt hieraus

$$C'(k) \simeq 1 - \tfrac{mk^2}{p^2+k^2} - \tfrac{nk^2}{q^2+k^2} = 1 - \left(\tfrac{0{,}165}{0{,}00207025+k^2} + \tfrac{0{,}335}{0{,}09+k^2}\right) k^2$$
$$C''(k) \simeq -\tfrac{mpk}{p^2+k^2} - \tfrac{nqk}{q^2+k^2} = -\left(\tfrac{0{,}0075075}{0{,}00207025+k^2} + \tfrac{0{,}1005}{0{,}09+k^2}\right) k \;.$$
(2.109)

Im relevanten k–Bereich liefern diese Ausdrücke auf ca. $1 \div 5\,\%$ genaue Werte, sind also den genaueren Interpolationsformeln (2.49) in praktischer Hinsicht unterlegen. Im Gegensatz zu diesen erfüllen sie jedoch die Symmetriebeziehung (2.107) und liefern für $k = 0$ und $k \to \infty$ exakte Werte.

2.4. AEROELASTIK BELIEBIG BEWEGTER SYSTEME

Wegen der formalen Ähnlichkeit in Herleitung und Ergebnis sei hier auch das Böenproblem behandelt. Die instationären Luftkräfte an einer waagerecht fixierten ebenen Platte infolge eines (bezüglich der Horizontalströmung ortsfesten) vertikalen Böenfeldes beliebiger räumlicher Verteilung können potentialtheoretisch berechnet werden [35]. Bei inkompressibler Strömung betragen sie

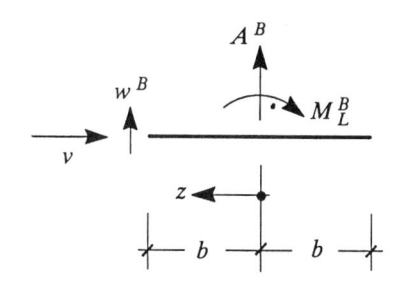

Abb. 2.15: Feststehende Platte in vertikalem Böenfeld

$$A^B(s) = 2\pi\rho v b \left[w^B(0)\,K(s) + \int_0^s \frac{dw^B(\sigma)}{d\sigma}\,K(s-\sigma)\,d\sigma \right] \tag{2.110}$$

$$M_L^B(s) = \tfrac{b}{2} A^B(s) \,.$$

Dabei ist $w^B(s)$ die Vertikalgeschwindigkeit an der Plattenvorderkante und v die (konstante) Horizontalgeschwindigkeit der Anströmung. Der Gesamtauftrieb wirkt — wie vorher die zirkulatorischen Luftkräfte nach Theodorsen — im vorderen Viertelspunkt der Platte. $K(s)$ steht für die Küssnerfunktion

$$K(s) = \frac{1}{2\pi i} \int_{-\infty}^{+\infty} \frac{C(k)\bigl[J_0(k) - iJ_1(k)\bigr] + iJ_1(k)}{k}\, e^{ik(s-1)}\,dk \tag{2.111}$$

($J_0, J_1 \rightsquigarrow$ Besselfunktionen 1. Gattung) .

Diese läßt sich wiederum durch den Ausdruck (2.103) näherungsweise darstellen, wobei nun aber die Parameter

$$\begin{aligned} m &= 0,5 \;; & p &= 0,13 \\ n &= 0,5 \;; & q &= 1 \end{aligned} \tag{2.112}$$

einzusetzen sind [35]. Die Küssnerfunktion weist bei $s = 0$ keinen Sprung auf, ähnelt sonst aber der Wagnerfunktion.

Für den Sonderfall der sogenannten Sinus-Böe

$$w^B(z,t) = \tilde{w}^B e^{i\omega(t+\frac{z}{v})} \tag{2.113}$$

ergibt sich schließlich als Gegenstück zu den zirkulatorischen Anteilen der Theodorsen'schen Ausdrücke (2.4)

$$A^B(t) = 2\pi\rho v b\, C_B(k)\, w^B(b,t)$$
$$M_L^B(t) = \tfrac{b}{2} A^B(t) \qquad (2.114)$$

mit

$$C_B(k) := \{C(k)[J_0(k) - iJ_1(k)] + iJ_1(k)\} e^{-ik} \; ; \qquad (2.115)$$

hierbei steht $w^B(b,t)$ für die vertikale Strömungsgeschwindigkeit an der Plattenvorderkante und k — Definition (2.9) übernehmend — für die reduzierte Böenfrequenz [35]. Einsetzen von Gl. (2.115) in Gl. (2.111) führt auf

$$K(s) = \frac{1}{2\pi i} \int_{-\infty}^{+\infty} \frac{C_B(k)}{k} e^{iks} dk \; . \qquad (2.116)$$

Ein Vergleich mit Ausdruck (2.102) offenbart die enge Analogie zwischen $W(s)$ und $K(s)$, $C(k)$ und $C_B(k)$ sowie zwischen den hiermit beschriebenen aerodynamischen Vorgängen. Insbesondere kann auch die komplexe Funktion $C_B(k)/k$ als Fourier–Transformierte einer imaginären Zeitfunktion, nämlich $iK(s)$, aufgefaßt werden. Dies ermöglicht die Berechnung eines Näherungsausdruckes für $C_B(k)$ unter Benutzung der Parameter (2.112). Einsetzen in Gleichungen (2.109) führt direkt auf

$$C_B'(k) \simeq 1 - \left(\frac{0{,}5}{0{,}0169+k^2} + \frac{0{,}5}{1+k^2}\right) k^2$$
$$C_B''(k) \simeq -\left(\frac{0{,}065}{0{,}0169+k^2} + \frac{0{,}5}{1+k^2}\right) k \; . \qquad (2.117)$$

Die Funktion $C_B(k)$ hat einen ähnlichen Verlauf wie die Funktion $C(k)$. Wie diese erfüllt sie die Symmetriebeziehung (2.107), wie eine Analyse der Gleichung (2.115) zeigt. Ihr Realteil $C_B'(k)$ strebt für große k jedoch nicht gegen $1/2$, sondern gegen null. Die Funktionen $W(s)$ und $K(s)$ nennt man Übergangsfunktionen (in der englischsprachlichen Fachliteratur: 'indicial functions'). In [107] werden direkte Beziehungen zwischen ihnen angegeben. Auf eine weitere Vertiefung sei verzichtet.

2.4.3 Anwendung auf den Flatternachweis von Brücken

Die im vorigen Abschnitt für die Luftkräfte angegebenen Ausdrücke (2.97) wurden von Richardson [96] und Rocard [97] zur aeroelastischen Berechnung von Brücken benutzt. Für den Flatterfall müssen die Resultate mit denen der klassischen Flattertheorie (Abschnitt 2.2.2) prinzipiell übereinstimmen. Numerische Abweichungen

2.4. AEROELASTIK BELIEBIG BEWEGTER SYSTEME

ergeben sich allenfalls infolge verschieden genauer Näherungsfunktionen für $W(s)$ bzw. $C(k)$. Wie zuvor können die Ergebnisse — unter den schon diskutierten Vorbehalten — direkt oder mit experimentell bestimmten Formfaktoren verbessert benutzt werden. Eine weitere Diskussion der praktischen Tragweite dieser Vorgehensweise erübrigt sich. Auf die rechentechnischen Besonderheiten soll nicht weiter eingegangen werden.

Entsprechend der empirischen Modifikation der klassischen Flattertheorie für nichtplattenähnliche Brückenquerschnitte (Abschnitt 2.3) ist auch hier eine Einbeziehung experimentell bestimmter Übergangsfunktionen denkbar; hierauf weist Scanlan hin [28], [110]. Nimmt man die weitere Gültigkeit des Superpositionsprinzips für die der Einheitssprung–Abwindfunktion (2.101) entsprechenden Luftkräfte an, so bleibt der Ansatz von Faltungsintegralen, wie sie in den Gleichungen (2.97) auftauchen, prinzipiell richtig. Es liegt nahe, diese Gleichungen zur Bestimmung experimentell ermittelter Wagnerfunktionen heranzuziehen.

Aus den schon in Abschnitt 2.3.7 diskutierten Gründen ist aber eine direkte Übernahme der Gleichungen (2.97) nicht möglich. Sie beruhen in dieser einfachen Form nämlich auf zwei Eigenschaften des zirkulatorischen Anteils der potentialtheoretischen Auftriebskraft, die — wie vorher gezeigt — für nichtplattenähnliche Querschnitte nicht gegeben sind: Im allgemeinen wirkt dieser Anteil weder im vorderen Viertelspunkt der Platte, noch ist er proportional zum Abwind in ihrem hinteren Viertelspunkt. Gleichungen (2.97) können auf einen allgemeineren Ausdruck zurückgeführt werden, der insgesamt vier Übergangsfunktionen

$$W_{hh}(s), \quad W_{h\alpha}(s), \quad W_{\alpha h}(s), \quad W_{\alpha\alpha}(s)$$

enthält [35]. Wegen der eben angesprochenen Eigenschaften der potentialtheoretischen Auftriebskraft sind diese Funktionen im Falle der ebenen Platte in bekannter Weise untereinander affin. Man kommt hier deshalb mit einer einzigen Übergangsfunktion — eben der Wagnerfunktion $W(s)$ — aus und erhält die Gleichungen (2.97). Im Falle eines beliebigen Profils aber können keine derartigen Beziehungen angegeben werden — ganz analog zu der in Abschnitt 2.3.7 gemachten Feststellung: Die durch Gleichungen (2.7) bzw. (2.11) vermittelte gegenseitige Verknüpfung der Luftkraftbeiwerte $c_{mn}(k)$ gilt nicht allgemein. Anders als von Scanlan in [28] angesetzt, müßten prinzipiell also nicht zwei, sondern vier reelle Übergangsfunktionen experimentell ermittelt werden — entsprechend den vier komplexen Beiwertfunktionen $c_{mn}(k)$.

Über direkte Messungen von Übergangsfunktionen $W_{mn}(s)$ an Brückenprofilen ist nichts bekannt. Sie wurden bisher nur rechnerisch bestimmt, was an Hand der empirisch ermittelten Beiwertfunktionen $c_{mn}(k)$ möglich ist [28], [103]. Bezüglich der Anwendbarkeit dieses halbempirischen Verfahrens für den Flatternachweis sowie der Tauglichkeit etwaiger vereinfachter Ansätze (z. B. unter alleiniger Berücksichtigung der Übergangsfunktion $W_{\alpha\alpha}(s)$) gelten wegen der hier aufgezeigten Analogien die Aussagen des Abschnittes 2.3.

2.5 Zur nichtlinearen Aerodynamik

2.5.1 Allgemeines

Alle bisher besprochenen theoretischen und halbempirischen Verfahren beruhen auf einer linearen Verknüpfung von Verschiebungen und Luftkräften. Da die absoluten Schwingungsamplituden bei linearem homogenem Ansatz grundsätzlich unbestimmt bleiben, war die Angabe aerodynamisch bedingter Grenzamplituden ausgeschlossen. Eine Linearisierung wäre unzulässig, wenn die aerodynamischen Verschiebungs–Kraft–Relationen (Kennlinien) im relevanten Verschiebungsbereich große Krümmungen aufweisen oder nicht eindeutig sind. Derartige Irregularitäten werden im allgemeinen auf Abreißvorgänge zurückgeführt [28].

Mindestens die erste der eben genannten einschränkenden Bedingungen ist oft dann erfüllt, wenn die absolute Größe der Schwingungsamplituden interessiert und somit endlich große Verschiebungen in Betracht gezogen werden müssen. Dies ist der Fall bei Hochbaukonstruktionen wie Masten oder Schornsteinen, wenn die potentielle aeroelastische Instabilität in Kauf genommen werden soll. Bei den hierfür üblichen Querschnitten wurden weitgehend entkoppelte Schwingungen in nur einem Freiheitsgrad und bei kleiner reduzierter Frequenz beobachtet [35]. Diese Art von selbsterregten Schwingungen nennt man auch *Galloping*. Ihre lineare oder auch nichtlineare Berechnung ist relativ einfach, da sie wegen kleiner reduzierter Frequenz auf der Grundlage *stationärer* Luftkraftbeiwerte ($C_A(\alpha)$ etc.) erfolgen kann.*

Bei Brücken aber wird aeroelastische Instabilität infolge selbsterregter Schwingungen aus mancherlei Gründen nicht akzeptiert. Erfahrungsgemäß sind die auftretenden Schwingungsamplituden groß, ihre zuverlässige Voraussage ist schwierig. Da eine nachträgliche Sanierung nur durch Veränderung des Haupttragsystems zu bewirken ist und deshalb im Falle einer Brücke praktisch unmöglich sein kann, wäre *instabil* fast gleichbedeutend mit *katastrophal*. Für die Bestimmung der deshalb vor allem interessierenden kritischen Windgeschwindigkeit (Stabilitätsgrenze) jedoch ist die Annahme kleiner Amplituden und die Anwendung lineare Theorie meistens gerechtfertigt.

Ausnahmen hiervon sind für gewisse Profile (und Anströmwinkel) prinzipiell denkbar: Die nichtlineare, quasi-stationäre Berechnung der Gallopingschwingung von Rechteckprofilen zeigt im Falle besonders „bösartiger" aerodynamischer Kennlinien, daß nicht nur der Amplitudenverlauf, sondern auch die Stabilitätsgrenze linearer Rechnung nicht mehr zugänglich ist [100]. Es handelt sich um sogenannte *harte Selbsterregung*. Charakteristisch hierfür ist, daß die Schwingung erst durch einen genügend starken Anstoß — bewirkt etwa durch Böen — in Gang gebracht wird. Nach Selbergs Flatterversuchen [119] ist harte Selbsterregung bei H–Profilen und (für bestimmte Anströmwinkel) bei der ebenen Platte möglich. Teilmodellversuche für den aeroelastischen Stabilitätsnachweis der neuen Tjörn-Brücke (Schrägkabel-

---

*Nach [35] ist der quasi-stationäre Nachweis statthaft für $k < 0,05$ (vgl. auch [100]).

2.5. ZUR NICHTLINEAREN AERODYNAMIK

brücke mit geschlossenem Kastenträger) zeigten mit wachsender struktureller Dämpfung eine zunehmende Tendenz zu harter Selbsterregung von Torsionsschwingungen; diese Tendenz verschwand völlig für Dämpfungsdekremente $\delta_\alpha \leq 2\,\%$ [65]. Der analytische (bzw. experimentelle) Aufwand beim nichtlinearen Stabilitätsnachweis von Brücken dürfte wesentlich größer sein als der Gallopingnachweis etwa eines Mastes, da hier die Annahme quasi–stationärer Strömung wegen der viel größeren Profilbreite in Strömungsrichtung meist nicht gerechtfertigt ist. Wie die Untersuchungen zum Galloping von Rechteckprofilen [100] vermuten lassen, wird die Turbulenz der Anströmung auch bei harter Selbsterregung von starkem Einfluß sein.

Bei den im allgemeinen kantigen Brückenprofilen spielen Abreißvorgänge immer eine gewisse Rolle. Durch Beschränkung des Terminus „Abreißflattern" (engl.: 'stall flutter') auf den beschriebenen Anregungsmechanismus harter Selbsterregung könnte dieser jedoch innerhalb des Problemkreises Brückenschwingungen gegenüber dem bisher behandelten, mit linearer Aerodynamik beschreibbaren Flattern verbal abgegrenzt werden. Die bisherige Nomenklatur ist uneinheitlich und irreführend (vgl. z. B. [105] und [110]). Im Flugzeugbau scheint die Begriffsbildung weiter fortgeschritten zu sein. Dort bezeichnet man mit „Abreißflattern" die autonome Schwingung harter oder auch weicher Selbsterregung stark angestellter Tragflügel. Diese treten meist als entkoppelte Torsionsschwingung begrenzter Amplitude auf und beruhen auf einem bewegungsgesteuerten Strömungsabriß auf der Saugseite des (nichtkantigen) Profils [28]. Hier spielen Strömungsvorgänge in der Grenzschicht eine wesentliche Rolle. Dieses stark nichtlineare Phänomen wird deshalb zumindest bei nichtplattenähnlichen Brückenquerschnitten keine direkte Entsprechung finden.

Die Messung und Analyse der stationären Kennlinien $C_A(\alpha)$, $C_W(\alpha)$, $C_M(\alpha)$ mag einen ersten Anhaltspunkt bezüglich einer potentiellen Gefährdung durch harte Selbsterregung liefern. Diese ist unwahrscheinlich, wenn die Kennlinien in einem hinreichend großen Bereich um den zu untersuchenden Anströmwinkel keinen Vorzeichenwechsel in ihren Steigungen aufweisen (wie es z. B. für das Profil B2 in [62] gewährleistet ist).

2.5.2 Aerodynamische Hysteresis

Die in einer linearen aeroelastischen Theorie harmonischer Schwingungen stets elliptische aerodynamische Hysteresis entsteht durch eine konstante Phasenverschiebung zwischen den Verschiebungen und den ihnen linear und damit eindeutig zugeordneten Luftkräften. Das Durchfahren einer eindeutigen, jedoch nichtlinearen Kennlinie unter Ansatz einer konstanten oder veränderlichen Phasenverschiebung führt zu einer nichtelliptischen Hysteresis, die so weit entarten kann, daß eine sich selbst schneidende Kurve entsteht und sich der Durchlaufsinn damit teilweise umkehrt. Die von der Kurve eingeschlossene Fläche entspricht der aerodynamischen Energiebilanz einer Schwingungsperiode, die je nach Durchlaufsinn positiv, negativ oder auch ausgeglichen sein kann. Mit derartigen qualitativen Überlegungen kann man sich den Anregungsmechanismus etwa einer harten Selbsterregung deutlich machen.

Stationäre aerodynamische Kennlinien zeigen große Krümmungen im Bereich plötzlicher Strömungsabrisse. Letztere können bei einem Tragflügel dazu führen, daß für bestimmte Anstellwinkel schon unter stationären Bedingungen zwei verschiedene Auftriebs- oder Momentenbeiwerte gemessen werden — je nachdem aus welcher Richtung der jeweilige Winkel angesteuert wird [28]. Die Hysteresis und damit die Energiebilanz und die aeroelastische Stabilität werden durch derartige Effekte zusätzlich in schwer zu erfassender Weise beeinflußt.

Eine direkte Messung der aerodynamischen Hysteresis, etwa mittels der Methode der gesteuerten harmonischen Schwingungen (s. Abschnitt 2.3.2, Methode a), wäre die adäquate Grundlage zur Entwicklung eines halbempirischen Nachweisverfahrens — sofern dies tatsächlich erforderlich sein sollte. Über derartige Messungen an Brückenprofilen ist nichts bekannt.

2.5.3 Bisher vorgeschlagene Nachweisverfahren

Verschiedene dynamische Methoden zur nichtlinearen Flatterberechnmung von Brücken hat Böhm [14] vorgeführt. Seine Untersuchungen dienten vor allem der Ermittlung der Grenzamplituden bei überkritischen Windgeschwindigkeiten. Wegen der „Gutartigkeit" der zugrundegelegten aerodynamischen Kennlinien stimmt die Stabilitätsgrenze mit der nach linearer Rechnung überein.

Die verwendeten aerodynamischen Terme stammten von Steinman [128]. Dieser hatte in stationären Windkanalversuchen an in Strömungsrichtung gekrümmten Modellen nichtlineare Kennlinien gemessen, die durch Analogiebetrachtungen auch die Erfassung instationärer Vorgänge am ungekrümmten Profil ermöglichen sollten — eine bemerkenswerte Methode, die sich allerdings nie durchgesetzt hat. Neben dem großen praktischen Aufwand — Herstellung parabelförmig gekrümmter Modelle verschiedenen Stichs — waren der Grund hierfür wohl auch Zweifel an der Gültigkeit der postulierten Analogien (vgl. Kritik von Scanlan & Sabzevari [108]). Außerdem sind derartige Behelfsverfahren nicht mehr erforderlich, da die Messung und Dokumentation instationärer Strömungsvorgänge ein versuchstechnisch inzwischen gelöstes Problem ist.

Ein Nachweisverfahren zum Abreißflattern plattenähnlicher Brückenquerschnitte gibt Rosemeier [98] an. Es basiert auf der Aufstellung der aerodynamischen Energiebilanz und setzt — ganz im Sinne der in Abschnitt 2.5.1 vorgeschlagenen Nomenklatur — harte Selbsterregung voraus. Die dem Verfahren zugrundegelegte Hysteresis beruht allerdings auf extrem vereinfachenden Annahmen, die nicht empirisch begründet werden und deshalb als rein hypothetisch anzusehen sind. Über eine experimentelle Verifizierung an beobachteten Flatterschwingungen ist nichts bekannt. Die Arbeit [98] suggeriert, daß entkoppelte Torsionsschwingungen grundsätzlich in Verbindung mit harter Selbsterregung auftreten. Gemäß den in Abschnitt 2.3 gewonnenen Erkenntnissen ist diese Auffassung falsch.

Das Verfahren von Sakata [105] benutzt gemessene instationäre Luftkraftbeiwerte im Sinne von Abschnitt 2.3, die allerdings amplitudenabhängig angesetzt und bestimmt werden. Die Theorie sagt für ein Vollmodell der Severn–Brücke bei einer Anströmung unter $\tau = 10°$ harte Selbsterregung voraus. Dieses Ergebnis fand im Flatterversuch keine Bestätigung. Auf ähnlichem Wege gelang aber Miyata et al. [86] die zutreffende Berechnung der stationären Grenzamplituden von Teilmodellschwingungen im überkritischen Geschwindigkeitsbereich.

Die Berechnung des Abreißflatterns von Tragflügeln scheint durch ein raffiniertes halbempirisches Verfahren möglich geworden zu sein, das einen harmonisch oszillierenden Ablösepunkt in Ansatz bringt (Verfahren von Sisto & Perumal; vgl. [28]). Eine Übertragung auf plattenähnliche Brückenquerschnitte wäre eventuell zulässig. Allerdings ist der hier angesprochene Erregermechanismus für Brücken von geringer Bedeutung. Beim Abreißflattern von Tragflügeln sind nämlich beträchtliche Anstellwinkel erforderlich, die durch die atmosphärische Windströmung selten realisiert werden dürften. Das bei nichtplattenähnlichen Querschnitten beobachtete entkoppelte Torsionsflattern sollte man nicht mit dem Abreißflattern von Tragflügeln assoziieren, da die dort maßgeblichen Grenzschichtvorgänge hier meist keine Rolle spielen. Das Verfahren von Sisto & Perumal wäre in diesen Fällen nicht übertragbar.

Es sei abschließend nochmals darauf hingewiesen, daß die Ermittlung der kritischen Windgeschwindigkeit erst dann nichtlineare Verfahren erforderlich macht, wenn unter realistischen Bedingungen (Profil, Anströmwinkel, Stärke des schwingungseinleitenden Anstoßes) harte Selbsterregung möglich wird. Hierauf deutet wenig hin, eine systematische Klärung dieser Frage steht allerdings noch aus.

2.6 Das dynamisch–aeroelastische Antwortproblem

2.6.1 Überblick

Die bisherigen Erörterungen beschränkten sich im wesentlichen auf selbsterregte Schwingungen. Dabei wurde angenommen, daß sich sämtliche Kräfte als Funktionen der Verschiebungen und deren Ableitungen nach der Zeit darstellen lassen. Unter Ansatz linearer Verschiebungs–Kraft–Relationen führte dies auf homogene lineare Gleichungssysteme (Eigenwertprobleme). Fremderregte Schwingungen können entstehen durch zeitveränderliche Kräfte, die — von den Weggrößen unabhängig — dem System eingeprägt werden. Diese sogenannte Störerregung [64] führt auf inhomogene Gleichungssysteme (Antwortprobleme).

Windbedingte Störerregung kann z. B. durch atmosphärische Turbulenzen (Böen) erfolgen. Diese sind nur in einem statistischen Sinne korrekt zu erfassen. Die früher benutzten deterministischen Verfahren (wie z. B. das Verfahren von Schlaich [115]) werden angesichts der heutigen rechentechnischen Möglichkeiten zunehmend von stochastischen Nachweismethoden verdrängt [123]. Die von Davenport [22] auf Bauwerksschwingungen übertragene Spektralmethode geht von einem gemessenen oder angenommenen Böenspektrum aus. Unter Berücksichtigung aerodynamischer und mechanischer Admittanzfunktionen wird das Antwortspektrum ermittelt, auf dem die weiteren Nachweise basieren.

Eine Erregung durch Nachlaufturbulenzen hinter vorgelagerten Hindernissen (engl.: 'buffeting'*) kann ebenfalls mit der Spektralmethode behandelt werden, wenn das örtlich entsprechend verfälschte Böenspektrum bekannt ist [100].

Strömungsablösungen am umströmten Körper können periodisch oder auch zufällig verteilt erfolgen und stellen eine weitere Möglichkeit von Störerregung dar (Wirbelerregung). Die Ablösungen und die hiermit verbundenen Erregerkräfte sind weitgehend unabhängig von der Bewegung des Systems. (Bei größeren Verschiebungen können allerdings Rückkopplungseffekte auftreten [35], [100].)

Den genannten Erregermechanismen ist gemeinsam, daß sie zu Schwingungen eher kleiner Amplitude führen. Störerregte Schwingungen infolge Wind können zwar die Gebrauchsfähigkeit einer Brücke oder die Dauerfestigkeit einzelner ihrer Teile beeinträchtigen, werden im allgemeinen aber nicht die katastrophalen Folgen des Flatterns zeitigen.

Eine erste Begründung hierfür ergibt sich aus der mathematischen Behandlung. Anders als beim Eigenwertproblem selbsterregter Flatterschwingungen ist der Verschiebungsvektor bei Störerregung als lineare Transformation des Erregerkraftvektors absolut bestimmbar; die Verschiebungen sind proportional zu den eingeprägten Erregerkräften und bleiben schon im Rahmen linearer Rechnung begrenzt. Größere Amplituden können nur auftreten, wenn die Erregerfrequenz gleich einer Eigenfrequenz ist (Resonanz). Doch auch dann bleiben die Schwingungsamplituden klein:

Zum einen existiert infolge der strukturellen Dämpfung auch eine theoretische Obergrenze. Zum anderen aber sind die athmosphärischen Bedingungen zeitlich veränderlich. Die Resonanzbedingung wird nicht über einen so langen Zeitraum erfüllt, wie es für den Einschwingvorgang erforderlich wäre. Bei Wirbelerregung kommt hinzu, daß der Resonanzfall bezüglich der leicht anzuregenden Grundfrequenzen schon bei niedriger Windgeschwindigkeit eintritt. Die anregenden Kräfte, quadratische Funktionen der Geschwindigkeit, sind noch hinreichend schwach [62].

Reine Störerregung läßt sich in linearer Rechnung erfassen (solange keine strukturelle Nichtlinearität auftritt). Die hier zu lösenden Antwortprobleme erfordern allerdings prinzipiell andere Algorithmen als die bisher behandelten Eigenwertprobleme. Lösungen im Zeitbereich (etwa mittels Duhamel–Integral) sind prädestiniert für nichtperiodische, aber im Zeitverlauf determinierte anregende Kräfte. Dem periodischen oder zufälligen Charakter windbedingter Störerregung sind Lösungen im Frequenzbereich eher angemessen (Spektralmethode). Hierauf sei die weitere Diskussion beschränkt.

Die bisherige Lösungsbedingung darf nun gerade nicht erfüllt sein: Die charakteristische Determinante des Gleichungssystems darf nicht verschwinden. (Dieser

---

*Der Begriff stammt aus dem Flugzeugbau, wo er insbesondere Schwingungen des Leitwerks, induziert durch die an den Tragflügeln abgelösten Wirbel, charakterisiert [35]. Im Bauwesen wird auch die böenerregte Schwingung oft mit 'buffeting' bezeichnet.

2.6. DAS DYNAMISCH–AEROELASTISCHE ANTWORTPROBLEM

Sonderfall entspräche der Resonanzerregung des ungedämpften Systems.) Die notwendigerweise nichtsinguläre Systemmatrix dient der Berechnung der mechanischen Admittanzfunktionsmatrix, mit deren Hilfe sich für beliebige eingeprägte Kräfte die Systemantwort (des eingeschwungenen Zustandes) angeben läßt.

Im folgenden Abschnitt wird die mechanische Admittanzfunktionsmatrix für das ebene System entsprechend Abbildung 2.1 abgeleitet (wobei der umströmte Querschnitt eine ebene Platte oder auch ein nichtplattenähnliches Brückenprofil ist). Als typisches Auftriebssystem induziert es durch seine eigene Bewegung Luftkräfte, die — auch im Falle eines Brückenprofils — die Systemantwort stark beeinflussen können [8], [28], [35]. Diese selbstinduzierten Luftkräfte werden berücksichtigt, die mechanische Admittanz wird als aeroelastisch bedingt aufgefaßt. Neuartig ist hierbei, daß die Berechnung — so wie beim Nachweis selbsterregter Schwingungen (Flattern) — vom instationären Strömungsfeld ausgeht.

Während die Notwendigkeit dieses Vorgehens beim Flatternachweis heute allgemein anerkannt ist (vgl. [35] und die ausführliche Diskussion in [96]), stützen sich die Verfahren zur Lösung des Antwortproblems bis in jüngste Zeit fast durchweg auf quasi–stationären Ansatz der selbstinduzierten Luftkräfte (vgl. z. B. [12] und [68]). Eine korrekte Erfassung dieser Kräfte ist bei Brücken so nicht gewährleistet, da die in Strömungsrichtung meist große Profilbreite starke Instationarität des Strömungsfeldes mit sich bringt. Diese Auffassung wird durch experimentelle Befunde und Vergleichsrechnungen bestätigt [8].

Mittels der angegebenen mechanischen Admittanzfunktionsmatrix wird weiterhin die Systemantwort auf eine harmonische vertikale Böenerregung berechnet (aerodynamisch–mechanische Admittanz). Die Ermittlung der böenbedingten Störkräfte geht ebenfalls vom instationären Strömungsfeld aus — eine im Flugzeugbau übliche, im Brückenbau aber noch unbekannte, doch sinnvolle Betrachtungsweise. Die Anwendung der Spektralmethode ist hiermit vorbereitet. Ihre Grundzüge werden im übernächsten Abschnitt dargelegt.

2.6.2 Aeroelastische Admittanz und Sinus–Böe

Die Herleitung der mechanischen bzw. aeroelastischen Admittanzfunktionsmatrix unter Berücksichtigung selbstinduzierter Luftkräfte geht von der homogenen Bewegungsgleichung (2.1) aus. Umgestellt und ergänzt um den Erregerkraftvektor $\boldsymbol{f}(t)$ lautet sie

$$M\ddot{\boldsymbol{x}} + K^d \boldsymbol{x} - \boldsymbol{f}_L = \boldsymbol{f}(t) \tag{2.118}$$

$$\text{mit} \quad \boldsymbol{f}_L := \begin{pmatrix} -A/b \\ M_L \end{pmatrix} = \omega^2 L(k) \boldsymbol{x}$$

und $\quad f(t) := \begin{pmatrix} -A^F(t)/b \\ M_L^F(t) \end{pmatrix}$.

Wegen Übernahme des Luftkraftvektors nach Gl. (2.5) (mit reellen ω und k) ist die Untersuchung auf harmonische Schwingungen eingeschränkt. Der Erregerkraftvektor ist folglich anzusetzen zu

$$f(t) = \tilde{f} e^{i\omega t} \; ; \quad \omega \in \mathcal{R} \; ; \tag{2.119}$$

die partikuläre Lösung (des eingeschwungenen Zustandes) lautet

$$x = \tilde{x} e^{i\omega t} \; . \tag{2.120}$$

Lösungen des homogenen Gleichungssystems werden hier nicht betrachtet. Der Einschwingvorgang wird nicht untersucht. Auch sei die Windgeschwindigkeit unterkritisch bezüglich aeroelastischer Instabilität. Einsetzen der Kraft- und Verschiebungsansätze in Gleichung (2.118) führt auf

$$[K^d - \omega^2(M + L(k))]\tilde{x} = \tilde{f} \; , \tag{2.121}$$

was das inhomogene Pendant zum Eigenwertproblem (2.12) darstellt. Die Systemmatrix [...] ist abhängig von der Erreger- und Schwingungsfrequenz ω und der reduzierten Frequenz k (definiert nach Gl. (2.9)) bzw. von ω und v. Auflösen von Gleichung (2.121) nach $\tilde{x}$ ergibt

$$\tilde{x} = H\tilde{f} \tag{2.122}$$

mit $\quad H = H(\omega, k) := [K^d - \omega^2(M + L(k))]^{-1}$.

Hierbei ist H die gesuchte aeroelastische Admittanzfunktionsmatrix.* Sie existiert genau dann, wenn

$$\left| K^d - \omega^2(M + L(k)) \right| \neq 0 \; . \tag{2.123}$$

Die statische Auslenkung $\tilde{x}^s$ infolge einer konstanten Belastung $\tilde{f}$ läßt sich berechnen zu

$$\tilde{x}^s = K^{-1}\tilde{f} \tag{2.124}$$

---

*Die im Appendix von [8] angegebene 'frequency response function' müßte der Matrix nach Gleichung (2.122) entsprechen. Der Ausdruck scheint aber durch Druckfehler vollkommen entstellt zu sein, auf einen Vergleich wird deshalb verzichtet.

2.6. DAS DYNAMISCH-AEROELASTISCHE ANTWORTPROBLEM

mit $\quad \boldsymbol{K} = \begin{pmatrix} k_h & 0 \\ 0 & k_\alpha \end{pmatrix}$.

Schreibt man

$$\tilde{\boldsymbol{x}} =: \hat{\boldsymbol{H}}\tilde{\boldsymbol{x}}^s = \hat{\boldsymbol{H}}\boldsymbol{K}^{-1}\tilde{\boldsymbol{f}} = \boldsymbol{H}\tilde{\boldsymbol{f}} \ , \tag{2.125}$$

so erhält man mit

$$\hat{\boldsymbol{H}}\boldsymbol{K}^{-1} = \boldsymbol{H} \quad \Leftrightarrow \quad \hat{\boldsymbol{H}} = \boldsymbol{H}\boldsymbol{K} \tag{2.126}$$

die dimensionslose, auf $\tilde{\boldsymbol{x}}^s$ bezogene Admittanzfunktionsmatrix $\hat{\boldsymbol{H}}$, die einer dynamischen Vergrößerungsfunktion entspricht. Die Rechenvorschriften entsprechend Gleichungen (2.122) und (2.126) werden formal ausgeführt:

$$\hat{\boldsymbol{H}} = \left[\boldsymbol{K}^d - \omega^2(\boldsymbol{M} + \boldsymbol{L}(k))\right]^{-1} \boldsymbol{K}$$

$$= \begin{pmatrix} k_h(1+ig_h) - \omega^2(m + \pi\rho b^2 c_{hh}) & -\omega^2 \pi\rho b^2 c_{h\alpha} \\ -\omega^2 \pi\rho b^4 c_{\alpha h} & k_\alpha(1+ig_\alpha) - \omega^2(I + \pi\rho b^4 c_{\alpha\alpha}) \end{pmatrix}^{-1} \begin{pmatrix} k_h & 0 \\ 0 & k_\alpha \end{pmatrix} .$$

Mit den in Gleichungen (2.19) definierten Parametern und den Abkürzungen

$$\left.\begin{aligned}
\zeta_h &:= \mu(1 + ig_h)/\tilde{\omega}^2 - (\mu + c_{hh}) \\
\zeta_\alpha &:= \mu(\varepsilon r)^2(1 + ig_\alpha)/\tilde{\omega}^2 - (\mu r^2 + c_{\alpha\alpha}) \\
\text{sowie} \quad \tilde{\omega} &:= \frac{\omega}{\omega_h}
\end{aligned}\right\} \tag{2.127}$$

erhält man für $\hat{\boldsymbol{H}} = \hat{\boldsymbol{H}}(\omega, k)$ nach einiger Rechnung den Ausdruck

$$\hat{\boldsymbol{H}} = \frac{\mu/\tilde{\omega}^2}{\zeta_h \zeta_\alpha - c_{h\alpha} c_{\alpha h}} \begin{pmatrix} \zeta_\alpha & (\varepsilon r)^2 c_{h\alpha} \\ c_{\alpha h} & (\varepsilon r)^2 \zeta_h \end{pmatrix} . \tag{2.128}$$

Die zur Ungleichung (2.123) äquivalente Forderung lautet dabei

$$\zeta_h \zeta_\alpha - c_{h\alpha} c_{\alpha h} \neq 0 \ . \tag{2.129}$$

Ist sie verletzt, so ergibt sich im Falle von $\tilde{f} \neq 0$ eine rechnerisch unendlich große, im Falle von $\tilde{f} = 0$ dagegen eine unbestimmte Schwingungsamplitude $\tilde{x}$. Letzterer Fall entspricht der grenzstabilen Flatterschwingung.

Die vorgestellte Theorie bezieht sich auf allgemeine Querschnitte. Für die Luftkraftkoeffizienten c_{mn} sind je nach Profil die potentialtheoretischen Werte nach Abschnitt 2.2 oder gemessene Beiwertfunktionen entsprechend Abschnitt 2.3 einzusetzen. Soll die Dämpfung nicht mittels Dämpfungsverlustwinkel, sondern unter Annahme viskoser Dämpfung berücksichtigt werden, so ist dies leicht möglich. Entsprechend den Überlegungen des Abschnittes 2.2.2.2 sind in den Ausdrücken (2.127) die Substitutionen

$$g_h = 2\tilde{\omega}\xi_h$$
$$g_\alpha = 2\tilde{\omega}\xi_\alpha/\varepsilon \tag{2.130}$$

vorzunehmen, wobei ξ_h und ξ_α viskose Dämpfungsgrade sind. Beschränkt man die Bewegungsmöglichkeit des Systems auf einen Freiheitsgrad, z. B. auf die Vertikalverschiebung h, und definiert entsprechend Gleichung (2.125)

$$\hat{H}_{hh} = \hat{H}_{hh}(\omega, k) := \frac{\tilde{h}/b}{\tilde{h}^s/b} \;, \tag{2.131}$$

so kann diese Admittanzfunktion durch den Grenzübergang $\varepsilon \to \infty$ mit $\tilde{\alpha} \equiv 0$ aus Gleichung (2.128) hergeleitet werden. Man erhält

$$\hat{H}_{hh} = \frac{\mu}{\zeta_h \tilde{\omega}^2} = \frac{\mu}{\mu(1 + ig_h) - \tilde{\omega}^2(\mu + c_{hh})} \tag{2.132a}$$

bzw. — unter Ansatz viskoser Dämpfung —

$$\hat{H}_{hh} = \frac{\mu}{\mu(1 + 2i\tilde{\omega}\xi_h) - \tilde{\omega}^2(\mu + c_{hh})} \;, \tag{2.132b}$$

was mit dem Ergebnis von Försching [35, Gl. (7.90)] übereinstimmt (Probe).

Mit Hilfe der bezogenen Admittanzfunktionsmatrix $\hat{H}$ nach Gleichung (2.128) soll nun die Systemantwort auf eine spezielle harmonische Erregung berechnet werden. Der gleichmäßigen horizontalen Luftströmung sei ein harmonisches vertikales Böenfeld

$$w^B(z, t) = \tilde{w}^B e^{i\omega(t + \frac{z}{v})} \tag{2.113}$$

überlagert. Diese sogenannte Sinus–Böe wurde in Abschnitt 2.4.2 behandelt. Für die *ebene Platte* ergibt sich der Erregerkraftvektor am starr angenommenen System in potentialtheoretischer Rechnung zu

$$\boldsymbol{f}(t) = \boldsymbol{f}^B = \tilde{\boldsymbol{f}}^B e^{i\omega t} \tag{2.133}$$

2.6. DAS DYNAMISCH-AEROELASTISCHE ANTWORTPROBLEM

mit $\quad \tilde{f}^B := \pi \rho v \left(C_B e^{ik} \right) \begin{pmatrix} -2 \\ b^2 \end{pmatrix} \tilde{w}^B$

und $\quad \left(C_B e^{ik} \right) = C(J_0 - iJ_1) + iJ_1$.

Die komplexe Funktion $C_B = C_B(k)$ wird näherungsweise durch Gleichungen (2.117) dargestellt. Bei kleinen Schwingungsamplituden wird Gleichung (2.133) auch für die schwingende Platte gelten, da deren Geschwindigkeit dann klein gegenüber der vertikalen Böengeschwindigkeit ist (Arbeitshypothese). Es sei deshalb vorausgesetzt, daß die so berechneten Störkräfte den selbstinduzierten Luftkräften superponierbar sind. Die unter realistischen Bedingungen ebenfalls vorhandenen Horizontalböen bleiben ausgeklammert. Ihr Beitrag zur Schwingungserregung in den hier betrachteten Freiheitsgraden ist bei typischen Auftriebssystemen relativ klein [35] (könnte aber bei nichtplattenähnlichen Brückenprofilen eventuell von Bedeutung sein; vgl. [23]). Kräfte und Schwingungen in Querrichtung sollen hier nicht betrachtet werden. Die Systemantwort wird nach Gleichung (2.125) berechnet zu

$$\tilde{x}^B = \hat{H} K^{-1} \tilde{f}^B ,$$

woraus folgt

$$\tilde{x}^B = \frac{v}{(b\omega)^2} \cdot \frac{\left(C_B e^{ik} \right) \tilde{w}^B}{\zeta_h \zeta_\alpha - c_{h\alpha} c_{\alpha h}} \begin{pmatrix} -2\zeta_\alpha + c_{h\alpha} \\ -2c_{\alpha h} + \zeta_h \end{pmatrix} . \quad (2.134)$$

Bezogen auf den maximalen resultierenden Anströmwinkel wird hieraus

$$\tilde{x}^B_{\text{bez}} := \frac{\tilde{x}^B}{\tilde{w}^B/v} = \frac{1}{k^2} \cdot \frac{\left(C_B e^{ik} \right)}{\zeta_h \zeta_\alpha - c_{h\alpha} c_{\alpha h}} \begin{pmatrix} -2\zeta_\alpha + c_{h\alpha} \\ -2c_{\alpha h} + \zeta_h \end{pmatrix} . \quad (2.135)$$

Außer von der reduzierten Böenfrequenz $k := \omega b/v$ ist dieser Ausdruck auch von ω und damit indirekt von v abhängig. Er gilt für die ebene Platte. Für nichtplattenähnliche Querschnitte ist es auf den ersten Blick naheliegend, diese Gleichungen unter Benutzung einer empirisch bestimmten Funktion C_B sowie empirisch bestimmter Luftkraftbeiwerte c_{mn} zu übernehmen. Dieser Ansatz entspräche bezüglich Voraussetzungen und Tragweite dem in Abschnitt 2.3 diskutierten Verfahren. Nach den Diskussionen der Abschnitte 2.3.7 und 2.4.3 würde jedoch in diesem halbempirischen Verfahren eine einzige Funktion C_B nicht ausreichen. Da der Angriffspunkt der resultierenden Luftkraft im allgemeinen nicht mehr im vorderen Viertelspunkt des Profils liegt, ist der Amplitudenvektor der Gleichung (2.133) zu verallgemeinern auf

$$\tilde{\boldsymbol{f}}^B := \pi \rho v \, e^{ik} \begin{pmatrix} -2C_B^A \\ b^2 C_B^M \end{pmatrix} \tilde{w}^B \ . \tag{2.136}$$

Für die Systemantwort folgt hiermit

$$\tilde{\boldsymbol{x}}_{\text{bez}}^B = \frac{1}{k^2} \cdot \frac{e^{ik}}{\zeta_h \zeta_\alpha - c_{h\alpha} c_{\alpha h}} \left[-2C_B^A \begin{pmatrix} \zeta_\alpha \\ c_{\alpha h} \end{pmatrix} + C_B^M \begin{pmatrix} c_{h\alpha} \\ \zeta_h \end{pmatrix} \right] \ . \tag{2.137}$$

Die komplexen empirischen Beiwerte C_B^A, C_B^M sowie c_{hh}, $c_{h\alpha}$, $c_{\alpha h}$, $c_{\alpha\alpha}$ sind als Funktionen der reduzierten Frequenz k experimentell zu bestimmen.

Wie bereits angesprochen liegt dem hier durchgeführten Konzept — Verknüpfung der aeroelastischen Admittanzfunktionsmatrix $\boldsymbol{H}$ mit dem Vektor der Böenerregung $\tilde{\boldsymbol{f}}^B$ — die Vorstellung zugrunde, daß die selbstinduzierten Luftkräfte aus der Horizontalströmung und die störinduzierten Luftkräfte aus der Vertikalströmung in getrennten Termen erfaßt und superponiert werden können. Einen Hinweis auf eventuelle Unzulässigkeit dieser Arbeitshypothese liefern Beobachtungen im Windkanal, nach denen sich die Stabilitätsgrenze in turbulenter Anströmung verschiebt. Es wäre zu untersuchen, ob sich dieses Phänomen mit der Theorie hinreichend in Einklang bringen läßt, wenn die rechnerisch benutzten Beiwertfunktionen c_{mn} in der gleichen turbulenten Anströmung ermittelt werden.

Als Bindeglied zum folgenden Abschnitt wird aus Gleichung (2.135) durch den Grenzübergang $\varepsilon \to \infty$ die speziellere Lösung für das nur vertikal verschiebliche System hergeleitet. Für

$$\hat{H}_{hh}^B = \hat{H}_{hh}^B(\omega, k) := \frac{\tilde{h}^B/b}{\tilde{w}^B/v} \tag{2.138}$$

findet man

$$\hat{H}_{hh}^B = -\frac{2}{k^2} \cdot \frac{(C_B e^{ik})}{\zeta_h} = -\frac{2(C_B e^{ik})\left(\frac{v}{\omega_h b}\right)^2}{\mu(1+ig_h) - \tilde{\omega}^2(\mu + c_{hh})} \ . \tag{2.139}$$

Dieser Ausdruck stimmt mit [35, Gl. (7.93)] überein (Probe). Da Drehschwingungen ausgeschlossen wurden, gilt er für allgemeine Querschnitte, d. h. mit einer potentialtheoretisch (Gln. (2.115), (2.117)) oder empirisch bestimmten Funktion $C_B(k)$.

Die normierten Ausdrücke (2.135), (2.137) und (2.139) repräsentieren den Einfluß der bewegungsgesteuerten Systemkräfte (einschließlich der selbstinduzierten Luftkräfte), aber auch die instationär aufgefaßte und beschriebene Wirkung einer vertikalen Sinus-Böe. Man kann sie als bezogene aerodynamisch-mechanische Admittanzfunktionen ansehen.

2.6.3 Zufallsverteilte Böenerregung und Spektralmethode

Die Systemantwort auf eine zufallsverteilte Erregung wird stochastisch berechnet [20]. Zur Behandlung von stationär–zufälligen Vertikalböen $w^B(t)$ mit Hilfe der Spektralmethode werden diese vom Zeitbereich in den Frequenzbereich transformiert. Im Rahmen der stochastischen Analyse ist die spektrale Leistungsdichte

$$S_{w^B}(\omega) := \lim_{T\to\infty} \frac{\left|\int_{-T/2}^{+T/2} (w^B(t)/v)\, e^{-i\omega t}\, dt\right|^2}{2\pi T} \tag{2.140}$$

von besonderem Interesse. Für diese Funktion wurden empirische Formeln entwickelt, deren Freiwerte in Abhängigkeit von örtlichen Bedingungen festzulegen sind (vgl. [35], [51], [124]). Beschränkt man sich auf die Vertikalverschiebung als einzigen Freiheitsgrad, so kann deren spektrale Leistungsdichte mit Hilfe der „Input–Output–Relation"

$$S_h(\omega, v) = \left|\hat{H}^B_{hh}(\omega, v)\right|^2 S_{w^B}(\omega) \tag{2.141}$$

unter Benutzung der Admittanzfunktion nach Gleichung (2.139) berechnet werden. Die in Gl. (2.139) vorhandene Abhängigkeit von k muß durch Wahl einer festen Geschwindigkeit v aufgehoben werden. Der quadratische Mittelwert der Vertikalverschiebung

$$\overline{(h^B/b)^2} := \lim_{T\to\infty} \frac{1}{T} \int_{-T/2}^{+T/2} (h^B/b)^2\, dt \tag{2.142}$$

läßt sich dann ermitteln zu

$$\overline{(h^B/b)^2} = \int_{-\infty}^{+\infty} S_h(\omega, v)\, d\omega \ . \tag{2.143}$$

Die Berechnung der weiteren stochastischen Ergebnisgrößen (Überschreitungswahrscheinlichkeit, Rückkehrperiode etc.) geht von diesem Wert aus, wobei noch eine bestimmte Wahrscheinlichkeitsdichteverteilung (z. B. Gaußsche Normalverteilung) zugrundezulegen ist.

Die Reduzierung eines realen linienförmigen Systems auf ein ebenes Ersatzsystem müßte von der Annahme vollständiger Korrelation der Böengeschwindigkeit in Längsrichtung ausgehen. Diese Voraussetzung wird bei weitgespannten Brücken nicht erfüllt sein, die Berechnung wäre entsprechend konservativ. Die Bestimmung der aerodynamischen Admittanz linienförmiger Systeme aber wird beträchtlich aufwendiger.

Ein dies leistendes und besonders auf Brücken zugeschnittenes Verfahren gibt Davenport [23] an. Es stützt sich auf den am Teilmodell gemessenen stationären Luftkraftbeiwert $C_A(\alpha)$. Die selbstinduzierten Luftkräfte gehen in quasi–stationärer Form als aerodynamische Dämpfung in die Rechnung ein, was im allgemeinen auf stark konservative Ergebnisse führen dürfte (vgl. [151]). Der Einfluß der Horizontalböen auf die Vertikalschwingungen wird berücksichtigt.

Das Verfahren wurde von Holmes [51] bei der Untersuchung einer Schrägkabelbrücke (West Gate Bridge) angewendet, dem rechnerischen Ergebnis wurden Messungen an einem Vollmodell gegenübergestellt. Die Methode ist inzwischen weiter verfeinert worden. Die Arbeiten [124] von Soo & Scanlan und [12] von Bjørge et al. seien stellvertretend für neuere Entwicklungen genannt.

Kapitel 3

Die Aeroelastik des Biege–Torsions–Balkens

3.1 Allgemeines und Überblick

Es werden die theoretischen Grundlagen für die aeroelastische Untersuchung linienförmiger Biege–Torsions–Systeme erarbeitet. Auch der allgemeinere Fall nichtaffiner (Vakuum–)Eigenformen für Biege- und Torsionsschwingungen, der sich nicht mehr auf den bisher behandelten ebenen Fall zurückführen läßt, soll damit der Analyse zugänglich gemacht werden. Die hier dargelegten Untersuchungen haben praktische Relevanz vor allem für Systeme mit plattenähnlichem Querschnitt, da diese zu gekoppelten Flatterschwingungen neigen (vgl. Kapitel 2).* Die vorgestellten Algorithmen sind Alternativen zu Vollmodellversuchen im Windkanal.

Die klassischen Methoden des Flugzeugbaus gehen von den für das differentielle Balkenelement angeschriebenen Bewegungsgleichungen aus. Das hiermit exakt formulierte Randwertproblem muß im allgemeinen numerisch gelöst werden. Die ebenfalls mögliche Behandlung als Anfangswertaufgabe führt auf die Formulierung und numerische Auswertung von Übertragungsmatrizen. Eine dritte, ebenfalls von den Differentialgleichungen ausgehende Methode wäre die Aufstellung und Auswertung dynamischer Steifigkeitsmatrizen.

Diese Verfahren werden in ihren Grundzügen entwickelt und für Sonderfälle vollständig durchgeführt. Ihre Eignung für die hier zu untersuchenden Systeme und Fragestellungen soll dabei beurteilt werden. Die komplizierte Topologie insbesondere von Schrägkabelbrücken, die relative Gleichförmigkeit ihrer Systemparameter und die angestrebte rechnerische Ökonomie lassen bezüglich aeroelastischer Untersuchungen schließlich ein anderes Vorgehen — Finite-Element-Methode und Prinzip der virtuellen Verschiebungen — als günstiger erscheinen.

---

*Für reines Torsionsflattern, wie es bei Systemen mit nichtplattenähnlichem Querschnitt auftreten kann, ist die Affinität der Eigenformen ohne Belang. Sein Nachweis kann mit dem vereinfachten Algorithmus von Abschnitt 2.3.6 oder — noch einfacher — durch einen Flatterversuch am Teilmodell erfolgen. Ein genauerer Nachweis mit den Methoden dieses Kapitels wäre nur bei extrem großer Veränderlichkeit der Systemparameter in Längsrichtung erforderlich.

Es werden zwei Elemente verschiedener Komplexität formuliert und die entsprechenden Element–Matrizen hergeleitet. Zur Erprobung und zur Beurteilung der Genauigkeit werden die Elemente zu einfachen Systemen assembliert und die so ermöglichten dynamischen und aeroelastischen Berechnungen mit den hierfür angebbaren exakten Lösungen verglichen.

Die hier entwickelten linearen Theorien sind räumliche Verallgemeinerungen der in den Abschnitten 2.2 und 2.3 beschriebenen Aeroelastik ebener Systeme mit berechneten oder auch gemessenen selbstinduzierten Luftkräften; zentrale Bedeutung hat das aeroelastische Eigenwertproblem und — spezieller — der grenzstabile Fall selbsterregter harmonischer Schwingung. Anders als im ebenen Fall bleibt hier die Strukturdämpfung bei der Zusammenstellung der angreifenden Kräfte zunächst unberücksichtigt. Eleganter ist es, diesen Dämpfungsanteil erst bei Formulierung der diskretisierten Eigenwertaufgabe formal (z. B. als modale Dämpfung) in die Berechnung einzubeziehen.

Die für Schrägkabelbrücken relevante geometrische Steifigkeit — hervorgerufen durch zeitlich konstante Axialkräfte — geht in die Untersuchungen ein. Torsionsverwölbung, Querschubverformung und Biegeträgheit dagegen werden angesichts der hier interessierenden langgestreckten Systeme mit (oft) geschlossenem Profil vernachlässigt. Auch die Normalkraftverformung bleibt als sekundärer Effekt unberücksichtigt. Die Untersuchungen beschränken sich wieder auf im Querschnitt symmetrische Systeme; die Symmetrieebene ist gleich der senkrechten Fläche durch die Längsachse. Die Kopplung zwischen Biegung und Torsion ist somit rein aerodynamisch bedingt. (Eine spätere Verallgemeinerung auf nichtsymmetrische Querschnitte ist ohne prinzipielle Schwierigkeiten möglich.) Die Balkenachse liege zu jedem Zeitpunkt in der senkrechten Symmetrieebene (einachsige Biegung).

Mit Anwendung der aerodynamischen Streifentheorie wird eine im wesentlichen ebene Strömung vorausgesetzt. Die Anströmung sei mehr oder weniger horizontal.

3.2 Methode des differentiellen Gleichgewichts

3.2.1 Differentialgleichungen der Bewegung

Die partiellen Differentialgleichungen eines Biege–Torsions–Balkens mit den gerade vorgegebenen Besonderheiten lauten

$$\begin{aligned} m\ddot{h} + (EJ\,h'')'' - (Nh')' &= -A \\ I\ddot{\alpha} - (GJ_d\,\alpha')' &= M_L \end{aligned} \quad (3.1)$$

wobei die abkürzende Schreibweise

$$(\dot{\ }) := \frac{d}{dt}(\ ) \quad , \quad (\ )' := \frac{d}{dx}(\ ) \quad (3.2)$$

3.2. METHODE DES DIFFERENTIELLEN GLEICHGEWICHTS

verwendet wird. Diese Beziehungen ergeben sich durch Zusammensetzen von Gleichungen, die in [20] und [35] für verschiedene Teilprobleme angegeben werden. Sie entsprechen den gewöhnlichen Differentialgleichungen (2.1) des ebenen Systems. Die in Abschnitt 2.2.2.1 eingeführten Größen wurden übernommen. Neu erscheint hier die Laufvariable x (senkrecht zur Zeichenebene von Abbildung 2.1). E steht für den Elastizitätsmodul, J für das Flächenträgheitsmoment des Querschnitts im Flächenschwerpunkt und N für eine axiale Zugkraft; G ist der Gleitmodul und J_d ist der Drillungswiderstand des Querschnitts. In linearisierter Rechnung ist die Axialkraft des Balkens ein zeitlich konstanter Systemparameter.

Mit dem Separationsansatz (2.2) für harmonische Schwingungen und den im Rahmen der Streifentheorie direkt übernehmbaren Ansätzen (2.5) und (2.6) für die selbstinduzierten Luftkräfte erhält man das homogene, gewöhnliche und lineare Differentialgleichungssystem sechster Ordnung

$$(EJ\,h'')'' - (Nh')' - \omega^2\left[m\mathbf{h} + \pi\rho b^2(c_{hh}\mathbf{h} + c_{h\alpha}\alpha)\right] = 0$$
$$\tfrac{1}{b^2}(GJ_d\,\alpha')' \;+\; \omega^2\left[\tfrac{I}{b^2}\alpha + \pi\rho b^2(c_{\alpha h}\mathbf{h} + c_{\alpha\alpha}\alpha)\right] = 0\;,$$
(3.3)

wobei die Weggrößen nun für die zeitunabhängigen Amplituden stehen und h durch die dimensionslose Größe

$$\mathbf{h} := h/b \qquad (3.4)$$

ersetzt wurde. Die komplexen Luftkraftkoeffizienten c_{mn} können nach Kapitel 2 theoretisch oder empirisch bestimmt werden. Sie sind Funktionen der reduzierten Frequenz k.

Die Gleichungen (3.3) sind das analytische Gegenstück zum algebraischen Gleichungssystem (2.12). Zusammen mit homogenen Randbedingungen definieren sie eine Eigenwertaufgabe, deren Lösung (für vorgegebenes k) auf im allgemeinen komplexe Eigenwerte ω^2 und zugeordnete Eigenfunktionen $\mathbf{h}(x)$ und $\alpha(x)$ führt. Für den grenzstabilen Fall ist wieder reelles ω zu fordern; dies ist die Nebenbedingung für die richtige Wahl von k.

3.2.2 Vollständige Lösung des Randwertproblems

Eine geschlossene Lösung der Differentialgleichungen (3.3) wird insbesondere bei beliebig veränderlichen Systemparametern nicht möglich sein. Die im Flugzeugbau entwickelten numerischen Lösungsmethoden für die dort vorkommenden ähnlichen Gleichungen benutzen generalisierte Koordinaten und globale Ansatzfunktionen (Vergleichsfunktionen). Mit Hilfe des Galerkin-Verfahrens gewinnt man aus dem geltenden Differentialgleichungssystem ein algebraisches Gleichungssystem in generalisierten Koordinaten, das mit Standardverfahren gelöst werden kann [35]. Die ebenfalls in der Literatur propagierte Anwendung der Lagrange'schen Gleichungen [11] und das Verfahren von Raleigh–Ritz gehen nicht von den Differentialgleichungen aus, sondern von zuvor aufzustellenden Energiefunktionalen. Bei gleicher Wahl der Ansatzfunktionen erhält man dasselbe diskrete Gleichungssystem wie mit dem Galerkin–Verfahren. Stets ist die (gegebenenfalls numerische) Auswertung einer Reihe von Integralen erforderlich, die außer den Ansatzfunktionen auch Systemparameter enthalten. Ansatzfunktionen und Integrationen erstrecken sich über das ganze System, strukturelle Segmentierung wird vermieden. Diese Methoden sind auch bei der aeroelastische Untersuchung von Hängebrücken bereits benutzt worden [13], [95].

Für Systeme einfacher Topologie aber stark veränderlicher Systemparameter, wie etwa ein eingespannter Deltaflügel, mögen diese Methoden sehr wirkungsvoll sein. Anders verhält es sich bei Schrägkabelbrücken. Sind die Seile nicht gerade sehr fein verteilt, so wird die Kontinuität der Balkenverformung durch große, konzentriert angreifende Kräfte stark gestört. Die Verformungen lassen sich insbesondere im Hinblick auf die zu bildenden Ableitungen durch globale Ansatzfunktionen nicht mehr effektiv beschreiben. Erforderlich erscheint hier eine Unterteilung des Balkens in Abschnitte ungestörter Kontinuität. Angesichts der relativ schwachen Veränderlichkeit von Querschnittswerten und Axialkraft kann man die Segmentierung dann auch benutzen zur Darstellung veränderlicher Systemparameter mittels weniger Abschnitte jeweils konstanter Systemparameter. Auf diese Art modellierte Systeme lassen sich einfacher, eventuell sogar in geschlossener Form berechnen.

Die Vorgabe abschnittsweise konstanter Querschnittswerte und Axialkraft liegt allen weiteren Untersuchungen zugrunde. Eine vollständige Lösung der aus den Gleichungen (3.3) zu entwickelnden gekoppelten Randwertprobleme ist nun zwar möglich, erscheint aber wegen der in jedem Abschnitt auftauchenden sechs unbekannten Integrationskonstanten dennoch nicht angeraten zu sein. Die Berechnung der Integrationskonstanten kann umgangen werden durch Rückgriff auf gewisse Parametermatrizen, die das aeroelastische Verhalten eines Abschnittes allein von den Rändern her beschreiben und mit deren Hilfe sich die Gleichungen des Gesamtsystems leicht konstruieren lassen. Dieser Möglichkeit wird in den nächsten beiden Unterabschnitten nachgegangen.

Zunächst sei hier aber noch die Lösung des Differentialgleichungssystems (3.3) für einen interessanten Sonderfall angegeben. Die Systemparameter seien über die Länge konstant und die Axialkraft gleich null. Für die Vakuum–Eigenformen gelte die Beziehung

$$\overset{\circ}{\alpha}_j = a_j \overset{\circ}{h}_j \ , \tag{3.5}$$

d. h. die Modi der Torsions- und Biegeschwingungen seien affin zueinander. Diese Besonderheit kann auch in praktischen Fällen exakt oder annähernd gegeben sein. Mit $c_{mn} \equiv 0$ (Vakuum) folgt aus Gleichungen (3.3) und (3.5) zunächst

3.2. METHODE DES DIFFERENTIELLEN GLEICHGEWICHTS

$$EJ \, \overset{\circ}{h}{}_j^{(4)} - \overset{\circ}{\omega}{}_{hj}^2 \, m \, \overset{\circ}{h}_j = 0$$
$$GJ_d \, \overset{\circ}{h}{}_j'' + \overset{\circ}{\omega}{}_{\alpha j}^2 \, I \, \overset{\circ}{h}_j = 0 \, . \qquad (3.6)$$

Macht man für die aeroelastischen Eigenformen die vollständigen Ansätze

$$h = \sum_{j=1}^{\infty} p_j \, \overset{\circ}{h}_j \,, \qquad \alpha = \sum_{j=1}^{\infty} q_j \, \overset{\circ}{h}_j \,, \qquad (3.7)$$

so erhält man nach Einsetzen in (3.3) und unter Rückgriff auf (3.6) das Gleichungssystem

$$\sum_{j=1}^{\infty} \left\{ p_j \left[\overset{\circ}{\omega}{}_{hj}^2 m - \omega^2 (m + \pi \rho b^2 c_{hh}) \right] - q_j \omega^2 \pi \rho b^2 c_{h\alpha} \right\} \overset{\circ}{h}_j = 0$$
$$\sum_{j=1}^{\infty} \left\{ -p_j \omega^2 \pi \rho b^4 c_{\alpha h} + q_j \left[\overset{\circ}{\omega}{}_{\alpha j}^2 I - \omega^2 (I + \pi \rho b^4 c_{\alpha\alpha}) \right] \right\} \overset{\circ}{h}_j = 0 \, . \qquad (3.8)$$

Da die $\overset{\circ}{h}_j$ voneinander linear unabhängig sind, muß jedes Reihenglied jeweils für sich verschwinden. Für jedes vorgegebene j führt die zugeordnete Matrizen-Eigenwertaufgabe

$$\left\{ \begin{pmatrix} \overset{\circ}{\omega}{}_{hj}^2 m & 0 \\ 0 & \overset{\circ}{\omega}{}_{\alpha j}^2 I \end{pmatrix} - \omega_j^2 \left[\begin{pmatrix} m & 0 \\ 0 & I \end{pmatrix} + \pi \rho b^2 \begin{pmatrix} c_{hh} & c_{h\alpha} \\ b^2 c_{\alpha h} & b^2 c_{\alpha\alpha} \end{pmatrix} \right] \right\} \begin{pmatrix} p_j \\ q_j \end{pmatrix} = \mathbf{0} \qquad (3.9)$$

deshalb auf nichttriviale Lösungen p_j, q_j bzw.

$$h_j = p_j \, \overset{\circ}{h}_j \,, \qquad \alpha_j = q_j \, \overset{\circ}{h}_j \qquad (3.10)$$

(vom Sonderfall gleicher Eigenwerte sei hier abgesehen). Die Eigenwertaufgabe (3.9) stimmt formal mit der für das ebene Problem angegebenen Gleichung (2.12) überein. Ihre Lösung nach Kapitel 2 führt bei vorgegebenem k auf zwei Eigenwerte ω_j^2 und zugehörige Eigenvektoren $(p_j, q_j)^\mathsf{T}$. Die Lösungsfunktionen h_j und α_j bestehen aus jeweils nur einem Glied der Reihen (3.7) und sind affin zu den Vakuum-Eigenformen. Sie bilden in ihrer Gesamtheit ein vollständiges Funktionssystem, andere (d. h. nichtaffine) Lösungen gibt es deshalb nicht.

Man verifiziert leicht, daß die Definitionen (2.19) der Parameter des ebenen Systems für die Lösung der entkoppelten Eigenwertprobleme (3.9) übernommen werden können. Die Frequenzparameter sind dabei lediglich zu indizieren. Mit den Gleichungen (2.3) wurden Dämpfungsmaße definiert, die ebenfalls indiziert in Gleichung (3.9) nachträglich eingesetzt werden können; sie entsprechen hier modalen Dämpfungen (vgl. Abschnitt 3.3.5). Maßgebend für den Flatternachweis werden oft die (Vakuum-)Modi mit den niedrigsten Eigenfrequenzen ($j=1$) sein. Die schon in Kapitel 2 durchgeführte Abbildung des kontinuierlichen Systems der Tacoma–Brücke auf ein ebenes Ersatzsystem (Generalisierung) ist hiermit theoretisch begründet.

Auf die oben formulierten Bedingungen (konstante Systemparameter etc.) kann teilweise verzichtet werden. So lassen sich die Gleichungen (3.8) unter Benutzung entsprechend verallgemeinerter Gleichungen (3.6) ohne jede Einschränkung herleiten. Erst die weitere Argumentation verlangt Unveränderlichkeit der verbleibenden Querschnittswerte m, I, b sowie der Luftkraftkoeffizienten und damit der Windgeschwindigkeit.

3.2.3 Behandlung als Anfangswertaufgabe

Unter der Voraussetzung konstanter Systemparameter kann das Gleichungssystem (3.3) auf die Form

$$\begin{aligned} h^{(4)} - \nu h'' - a_{hh} h - a_{h\alpha} \alpha &= 0 \\ \alpha'' \quad - \quad a_{\alpha h} h - a_{\alpha\alpha} \alpha &= 0 \end{aligned} \qquad (3.11)$$

gebracht werden, wobei gilt

$$\nu := \frac{N}{EJ} \qquad (3.12a)$$

und

$$\left. \begin{aligned} a_{hh} &:= \omega^2 \frac{1}{EJ}(m + \pi\rho b^2 c_{hh}) \\ a_{h\alpha} &:= \omega^2 \frac{1}{EJ}\pi\rho b^2 c_{h\alpha} \\ a_{\alpha h} &:= -\omega^2 \frac{1}{GJ_d}\pi\rho b^4 c_{\alpha h} \\ a_{\alpha\alpha} &:= -\omega^2 \frac{1}{GJ_d}(I + \pi\rho b^4 c_{\alpha\alpha}) \ . \end{aligned} \right\} \qquad (3.12b)$$

3.2. METHODE DES DIFFERENTIELLEN GLEICHGEWICHTS

Der verallgemeinerte Verschiebungsvektor wird definiert zu

$$\boldsymbol{z} := (h, h', h'', h''', \alpha, \alpha')^\top \ . \tag{3.13}$$

Die Gleichungen (3.11) können dann auf das sechsdimensionale lineare Differentialgleichungssystem erster Ordnung

$$\boldsymbol{z}' = \boldsymbol{B}\,\boldsymbol{z} \tag{3.14}$$

mit der von x unabhängigen Matrix

$$\boldsymbol{B} := \begin{pmatrix} 0 & 1 & 0 & 0 & 0 & 0 \\ 0 & 0 & 1 & 0 & 0 & 0 \\ 0 & 0 & 0 & 1 & 0 & 0 \\ a_{hh} & 0 & \nu & 0 & a_{h\alpha} & 0 \\ 0 & 0 & 0 & 0 & 0 & 1 \\ a_{\alpha h} & 0 & 0 & 0 & a_{\alpha\alpha} & 0 \end{pmatrix} \tag{3.15}$$

überführt werden. Dessen an die Anfangsbedingung

$$\boldsymbol{z}_0 := \boldsymbol{z}\big|_{x=0} \tag{3.16}$$

angepaßte Lösung lautet

$$\boldsymbol{z} = \boldsymbol{U}_x\,\boldsymbol{z}_0 \tag{3.17}$$

mit

$$\boldsymbol{U}_x = e^{\boldsymbol{B}x} := \sum_{n=0}^{\infty} \frac{1}{n!}(\boldsymbol{B}\,x)^n = \boldsymbol{E} + \boldsymbol{B}\,x + \frac{1}{2}\boldsymbol{B}^2 x^2 + \ldots \tag{3.18}$$

($\boldsymbol{E} \rightsquigarrow$ sechsreihige Einheitsmatrix)

(formales Vorgehen entsprechend [156]), wie man durch Einsetzen bestätigt. Die Spalten der Matrix $\boldsymbol{U}_x$ sind ein spezielles Fundamentalsystem von Lösungen, $\boldsymbol{U}_x$ ist eine Übertragungsmatrix. Wählt man x gleich der Segmentlänge l, so überträgt die zugehörige Matrix $\boldsymbol{U}_l$ die Anfangsbedingungen $\boldsymbol{z}_0$ auf den verallgemeinerten Verschiebungsvektor am Segmentende $\boldsymbol{z}_l$.

Die in Gl. (3.18) definierte Matrix $\boldsymbol{U}_x$ bzw. $\boldsymbol{U}_l$ ist mit Kenntnis der Eigenwerte der Matrix $\boldsymbol{B}$ (für fest gewählte ω und k) in geschlossener Form angebbar [157].

Praktikabler sind Näherungsverfahren wie etwa die direkte Anwendung der Reihenformel (3.18) mit Abbruch nach wenigen Gliedern [156]. Führt man dies formelmäßig durch, so erhält man Parametermatrizen in geschlossener Darstellung. Die in [133] angegebene und benutzte aeroelastische Übertragungsmatrix mag auf diesem Wege gefunden worden sein.

Bei der Übertragung der Anfangsbedingungen (Balkenanfang) auf den verallgemeinerten Verschiebungsvektor am anderen Systemrand (Balkenende) gehen die Übertragungsmatrizen aller Balkensegmente und die Zwischenbedingungen in die Rechnung ein. Unter Benutzung der Randbedingungen erhält man das Gesamtgleichungssystem.

Die Methode wurde — ohne Berücksichtigung der Axialkraft — bereits zur aeroelastischen Berechnung einer Schrägkabelbrücke angewendet, wobei die Modellierung der Seile durch entkoppelte Einzelfedern erfolgte und nur der Versteifungsträger betrachtet wurde [133, Beispiel 4]. Das untersuchte System war somit reihenartig, seine Topologie einfach zusammenhängend. Für die Untersuchung der hier ins Auge gefaßten komplexeren, mehrfach zusammenhängenden Systeme aus Balken, Seilen und Pylonen ist die Methode der Übertragungsmatrizen rechenpraktisch weniger gut geeignet [20] und wird deshalb nicht weiter verfolgt.

Übrigens führt eine Nachrechnung von [133, Beispiel 4] mittels der hier später dargelegten und sorgfältig erprobten FE–Methode auf beträchtliche numerische Diskrepanzen (bis zu 16 % in den Vakuum–Eigenfrequenzen, bis zu 10 % in den kritischen Windgeschwindigkeiten). Dies beruht möglicherweise auf einer grundsätzlichen Schwäche dieses Lösungsverfahrens: Die Herleitung einer geschlossen formulierten Übertragungsmatrix erfordert Vernachlässigung gewisser Anteile — etwa durch Abbruch einer Reihenentwicklung nach wenigen Gliedern. Angesichts der mathematischen Kompliziertheit des hier betrachteten Problems ist der Einfluß der dabei in Kauf genommenen Fehler zunächst schwer absehbar und kann die Konvergenz des Verfahrens beeinträchtigen. Eine allgemein bekannte Schwäche des Verfahrens der Übertragungsmatrizen ist außerdem seine numerische Instablität bei Rechnung über viele Felder [16].

3.2.4 Lösung mit dynamischen Steifigkeitsmatrizen

Im Rahmen statischer Berechnung leisten Steifigkeitsmatrizen die Transformation der Randverschiebungen eines Systemabschnittes oder -elementes in zugeordnete Randkräfte. Unter Beschränkung auf Schwingungen entsprechend dem Separationsansatz (2.2) ist dieses Konzept auf die Dynamik übertragbar; man spricht von dynamischen Steifigkeitsmatrizen [20]. Diese sind — wie die gerade besprochenen dynamischen Übertragungsmatrizen — abhängig von der Frequenz ω. Die Berücksichtigung der selbstinduzierten Luftkräfte führt in beiden Fällen auf die zusätzliche Abhängigkeit von der reduzierten Frequenz k. Es handelt sich um zweiparametrige Parametermatrizen. Übertragungs- und Steifigkeitsmatrizen sind eng miteinander verwandt; sie lassen sich durch Matrizenoperationen ineinander überführen (hier nicht weiter verfolgt, vgl. aber [29, § 9.3.3]).

3.2. METHODE DES DIFFERENTIELLEN GLEICHGEWICHTS

Ein Vorteil der Steifigkeitsmatrizen ist es, daß sich aus ihnen durch einfaches Addieren in den Knotenpunkten leicht die Gesamtgleichungen auch komplexer Systeme konstruieren lassen (direkte Steifigkeitsmethode).

Die Herleitung der dynamischen Steifigkeitsmatrix des aeroelastischen Biege–Torsions–Balkens konstanten Querschnitts unter konstanter Axialbelastung wird nun in ihren Grundzügen entwickelt. Aus dem Gleichungssystem (3.11) gewinnt man durch Differenzieren und Einsetzen zunächst die lineare Differentialgleichung sechster Ordnung

$$h^{(6)} - (a_{\alpha\alpha} + \nu)h^{(4)} - (a_{hh} - \nu a_{\alpha\alpha})h'' + (a_{hh}a_{\alpha\alpha} - a_{h\alpha}a_{\alpha h})h = 0 \ . \quad (3.19)$$

Der Exponentialansatz

$$h = e^{sx} \quad (3.20)$$

führt auf die Bestimmungsgleichung dritten Grades

$$(s^2)^3 - (a_{\alpha\alpha} + \nu)(s^2)^2 - (a_{hh} - \nu a_{\alpha\alpha})(s^2) + (a_{hh}a_{\alpha\alpha} - a_{h\alpha}a_{\alpha h}) = 0 \ , \quad (3.21)$$

aus deren drei Wurzeln $(s^2)_{1,2,3}$ man sechs Lösungen für s erhält (die übrigens gleich den Eigenwerten der in Gl. (3.15) definierten Matrix B sind). Es gelten also die Zusammenhänge

$$\omega, k \ \Rightarrow \ a_{hh}, a_{h\alpha}, a_{\alpha h}, a_{\alpha\alpha} \ \Rightarrow \ (s^2)_{1,2,3} \ \Rightarrow \ \begin{cases} s_1, & s_4 = -s_1 \\ s_2, & s_5 = -s_2 \\ s_3, & s_6 = -s_3 \ . \end{cases} \quad (3.22)$$

Die vollständigen Lösungen lauten

$$\left. \begin{aligned} h &= \sum_{j=1}^{3} \left(C_{aj} e^{s_j x} + C_{bj} e^{-s_j x} \right) \\ \alpha &= \sum_{j=1}^{3} t_j \left(C_{aj} e^{s_j x} + C_{bj} e^{-s_j x} \right) \end{aligned} \right\} \quad (3.23)$$

mit

$$t_j := \frac{1}{a_{h\alpha}} \left(r_j s_j^2 - a_{hh} \right) \ ; \quad r_j := s_j^2 - \nu \ . \quad (3.24)$$

Im Gegensatz zum Ausdruck (3.13) enthält der zu

$$v := \begin{pmatrix} h_0 \\ h_0' \\ \alpha_0 \\ \hline h_l \\ h_l' \\ \alpha_l \end{pmatrix} \qquad (3.25)$$

definierte verallgemeinerte Verschiebungsvektor keine höheren Ableitungen, bezieht sich aber statt auf einen (beliebigen) Schnitt nun auf die beiden Elementränder (vgl. Abbildung 3.1). Im Blickpunkt steht wieder das Randwertproblem, wobei aber die Berechnung der vollständigen Lösungen und damit der Integrationskonstanten umgangen werden soll. Faßt man letztere zusammen zu

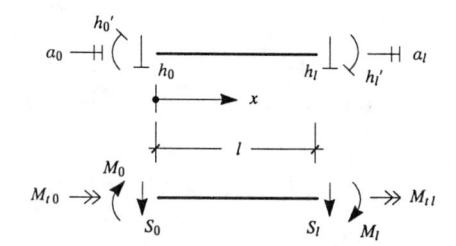

Abb. 3.1: Kraft- und Weggrößen am Balkenelement

$$c := \begin{pmatrix} C_{a1} \\ C_{a2} \\ C_{a3} \\ \hline C_{b1} \\ C_{b2} \\ C_{b3} \end{pmatrix}, \qquad (3.26)$$

so können die Verschiebungen dargestellt werden als

$$v = Vc . \qquad (3.27)$$

3.2. METHODE DES DIFFERENTIELLEN GLEICHGEWICHTS

Die Transformationmatrix lautet

$$V := \left(\begin{array}{ccc|ccc} 1 & 1 & 1 & 1 & 1 & 1 \\ s_1 & s_2 & s_3 & -s_1 & -s_2 & -s_3 \\ t_1 & t_2 & t_3 & t_1 & t_2 & t_3 \\ \hline u_1 & u_2 & u_3 & \bar{u}_1 & \bar{u}_2 & \bar{u}_3 \\ s_1 u_1 & s_2 u_2 & s_3 u_3 & -s_1 \bar{u}_1 & -s_2 \bar{u}_2 & -s_3 \bar{u}_3 \\ t_1 u_1 & t_2 u_2 & t_3 u_3 & t_1 \bar{u}_1 & t_2 \bar{u}_2 & t_3 \bar{u}_3 \end{array} \right) \tag{3.28}$$

mit

$$u_j := e^{s_j l}, \qquad \bar{u}_j := e^{-s_j l}. \tag{3.29}$$

Der Vektor der Randkräfte wird gemäß

$$\boldsymbol{f} := \begin{pmatrix} \frac{1}{b} S_0 \\ \frac{1}{b} M_0 \\ M_{t0} \\ \frac{1}{b} S_l \\ \frac{1}{b} M_l \\ M_{tl} \end{pmatrix} = EJ \begin{pmatrix} h_0''' - \nu h_0' \\ -h_0'' \\ -\kappa \alpha_0' \\ -h_l''' + \nu h_l' \\ h_l'' \\ \kappa \alpha_l' \end{pmatrix} \tag{3.30}$$

mit

$$\kappa := \frac{GJ_d}{EJ} \tag{3.31}$$

und den Bezeichnungen nach Abbildung 3.1 als Funktion der Randverschiebungsgrößen dargestellt. Er steht deshalb mittels

$$\boldsymbol{f} = \boldsymbol{F}\boldsymbol{c}. \tag{3.32}$$

ebenfalls mit den Integrationskonstanten in Beziehung. Die Transformationsmatrix lautet

$$F := EJ \begin{pmatrix} r_1 s_1 & r_2 s_2 & r_3 s_3 & -r_1 s_1 & -r_2 s_2 & -r_3 s_3 \\ -s_1^2 & -s_2^2 & -s_3^2 & -s_1^2 & -s_2^2 & -s_3^2 \\ -\kappa t_1 s_1 & -\kappa t_2 s_2 & -\kappa t_3 s_3 & \kappa t_1 s_1 & \kappa t_2 s_2 & \kappa t_3 s_3 \\ \hline -r_1 s_1 u_1 & -r_2 s_2 u_2 & -r_3 s_3 u_3 & r_1 s_1 \bar{u}_1 & r_2 s_2 \bar{u}_2 & r_3 s_3 \bar{u}_3 \\ s_1^2 u_1 & s_2^2 u_2 & s_3^2 u_3 & s_1^2 \bar{u}_1 & s_2^2 \bar{u}_2 & s_3^2 \bar{u}_3 \\ \kappa t_1 s_1 u_1 & \kappa t_2 s_2 u_2 & \kappa t_3 s_3 u_3 & -\kappa t_1 s_1 \bar{u}_1 & -\kappa t_2 s_2 \bar{u}_2 & -\kappa t_3 s_3 \bar{u}_3 \end{pmatrix} . \quad (3.33)$$

Aus Gleichung (3.27) folgt

$$c = V^{-1} v . \quad (3.34)$$

Setzt man dies in Gleichung (3.32) ein, so sind die Integrationskonstanten eliminiert, und man erhält schließlich

$$f = Kv . \quad (3.35)$$

mit

$$K := F V^{-1} . \quad (3.36)$$

Hierbei ist K die gesuchte dynamische Steifigkeitsmatrix. Die mit ihr durchgeführten Berechnungen sind (im Rahmen der getroffenen Voraussetzungen) exakt.

Eine formelmäßige Durchführung der Rechenvorschrift (3.36) erweist sich leider als außerordentlich aufwendig. Durch die hier getroffene Wahl der Ansatzfunktion und die gewählte Formulierung der Kraft- und Verschiebungsvektoren haben die Matrizen F und V allerdings spezielle innere Strukturen, die eine formelmäßige oder auch numerische Berechnung von K erleichtern können. Hierauf soll kurz eingegangen werden.

Mit den in den Gleichungen (3.28) und (3.33) schon angedeuteten Partionierungen kann man schreiben

$$\left. \begin{array}{l} V = \begin{pmatrix} V_{aa} & V_{ab} \\ V_{ba} & V_{bb} \end{pmatrix} = \begin{pmatrix} V_{aa} & E_2 V_{aa} \\ V_{aa} U & E_2 V_{aa} \bar{U} \end{pmatrix} \\[1em] F = \begin{pmatrix} F_{aa} & F_{ab} \\ F_{ba} & F_{bb} \end{pmatrix} = \begin{pmatrix} F_{aa} & -E_2 F_{aa} \\ -F_{aa} U & E_2 F_{aa} \bar{U} \end{pmatrix} \end{array} \right\} \quad (3.37)$$

3.2. METHODE DES DIFFERENTIELLEN GLEICHGEWICHTS

mit

$$\left.\begin{aligned}
\boldsymbol{V_{aa}} &:= \begin{pmatrix} 1 & 1 & 1 \\ s_1 & s_2 & s_3 \\ t_1 & t_2 & t_3 \end{pmatrix} , \quad \boldsymbol{F_{aa}} := EJ \begin{pmatrix} r_1 s_1 & r_2 s_2 & r_3 s_3 \\ -s_1^2 & -s_2^2 & -s_3^2 \\ -\kappa\, t_1 s_1 & -\kappa\, t_2 s_2 & -\kappa\, t_3 s_3 \end{pmatrix} \\
\boldsymbol{U} &:= \begin{pmatrix} u_1 & 0 & 0 \\ 0 & u_2 & 0 \\ 0 & 0 & u_3 \end{pmatrix} , \quad \bar{\boldsymbol{U}} := \begin{pmatrix} \bar{u}_1 & 0 & 0 \\ 0 & \bar{u}_2 & 0 \\ 0 & 0 & \bar{u}_3 \end{pmatrix} \\
\text{sowie} \quad \boldsymbol{E_2} &:= \begin{pmatrix} 1 & 0 & 0 \\ 0 & -1 & 0 \\ 0 & 0 & 1 \end{pmatrix} .
\end{aligned}\right\} \quad (3.38)$$

Es gelten die Beziehungen

$$\boldsymbol{U}^{-1} = \bar{\boldsymbol{U}} \; ; \qquad \boldsymbol{E_2}^{-1} = \boldsymbol{E_2} \; . \tag{3.39}$$

Die Matrix $\boldsymbol{V}$ läßt sich zerlegen in

$$\boldsymbol{V} = \begin{pmatrix} \boldsymbol{0} & \boldsymbol{E_2} \\ \boldsymbol{E} & \boldsymbol{0} \end{pmatrix} \widehat{\boldsymbol{V}} \begin{pmatrix} \boldsymbol{U} & \boldsymbol{0} \\ \boldsymbol{0} & \boldsymbol{E} \end{pmatrix} \tag{3.40}$$

mit der blockweise symmetrischen Matrix

$$\widehat{\boldsymbol{V}} := \begin{pmatrix} \boldsymbol{V_{aa}} & \boldsymbol{E_2} \boldsymbol{V_{aa}} \bar{\boldsymbol{U}} \\ \boldsymbol{E_2} \boldsymbol{V_{aa}} \bar{\boldsymbol{U}} & \boldsymbol{V_{aa}} \end{pmatrix} \tag{3.41}$$

und der dreireihigen Einheitsmatrix $\boldsymbol{E}$. Aus Gleichung (3.40) folgt

$$\boldsymbol{V}^{-1} = \begin{pmatrix} \bar{\boldsymbol{U}} & \boldsymbol{0} \\ \boldsymbol{0} & \boldsymbol{E} \end{pmatrix} \widehat{\boldsymbol{V}}^{-1} \begin{pmatrix} \boldsymbol{0} & \boldsymbol{E} \\ \boldsymbol{E_2} & \boldsymbol{0} \end{pmatrix} . \tag{3.42}$$

Die Inversion der Blockmatrix $\widehat{V}$ nach [157] führt auf die ebenfalls blockweise symmetrische Matrix

$$\widehat{V}^{-1} = \begin{pmatrix} N_{aa} & N_{ab} \\ N_{ba} & N_{bb} \end{pmatrix} \tag{3.43}$$

mit

$$N_{aa} = N_{bb} := \left(V_{aa} - E_2 V_{aa} \bar{U} V_{aa}^{-1} E_2 V_{aa} \bar{U}\right)^{-1} = \left(V_{aa} - V_{bb} V_{aa}^{-1} V_{bb}\right)^{-1}$$
$$N_{ab} = N_{ba} := \left(E_2 V_{aa} \bar{U} - V_{aa} U V_{aa}^{-1} E_2 V_{aa}\right)^{-1} = \left(V_{bb} - V_{ba} V_{aa}^{-1} V_{ab}\right)^{-1}, \tag{3.44}$$

und für die dynamische Steifigkeitsmatrix findet man schließlich

$$K := \begin{pmatrix} F_{aa} \bar{U} & -E_2 F_{aa} \\ -F_{aa} & E_2 F_{aa} \bar{U} \end{pmatrix} \begin{pmatrix} N_{ab} E_2 & N_{aa} \\ N_{aa} E_2 & N_{ab} \end{pmatrix}. \tag{3.45}$$

Der gerade aufgezeigte Algorithmus bringt eine beträchtliche Rechenerleichterung, da alle rechenintensiven Operationen (einschließlich Inversion) mit dreireihigen statt sechsreihigen Matrizen durchgeführt werden.

Von einer weiteren formelmäßigen Durchführung wird hier aber abgesehen, da die entstehenden Terme nun schnell unhandlich werden und sich im weiteren Verlauf der Rechnung auch nicht mehr wesentlich vereinfachen lassen. Dies zeigte ein entsprechender Versuch mit Hilfe eines algebraischen Computerprogramms. Gegen eine geschlossene Darstellung spricht auch der Umstand, daß die hier eingehenden Wurzeln s_i mit Gleichung (3.21) nur implizit gegeben sind. Eine programmgesteuerte numerische Berechnung von K für vorgegebene Parameter ω, k wäre dagegen relativ einfach möglich. Da dies aber für sämtliche Elemente und wegen der erforderlichen Iterationen für eine Vielzahl von Parametersätzen zu erfolgen hätte, scheint der Aufwand immer noch recht hoch zu sein. Dies ist der Preis für eine exakte Lösung.

Es sei darauf aufmerksam gemacht, daß die Berücksichtigung der geometrischen Steifigkeit — hervorgerufen durch konstante Axialkräfte — weder hier noch bei der Berechnung der Übertragungsmatrix einen nennenswerten Mehraufwand erforderte. Die rechnerischen Schwierigkeiten entstehen erst aus der Berücksichtigung bewegungsinduzierter Luftkräfte.

Unter Verzicht auf die bisher angestrebte Allgemeingültigkeit ist das Problem auch analytisch wieder sinnvoll lösbar: Läßt man die Luftkräfte außer Betracht, so entfallen die Kopplungsglieder im Differentialgleichungssystem (3.3) bzw. (3.11),

3.2. METHODE DES DIFFERENTIELLEN GLEICHGEWICHTS

das somit in zwei Einzelgleichungen für Biegung und Torsion zerfällt. Es sei hier nur die Biegeschwingung betrachtet. Die zugehörige Differentialgleichung läßt sich in der Form

$$l^4 h^{(4)} + 2\Pi\Omega l^2 h'' - \Omega^2 h = 0 \tag{3.46}$$

schreiben, wobei die Abkürzungen

$$\Omega := \omega\sqrt{\frac{ml^4}{EJ}} \tag{3.47}$$

für die dimensionslose Frequenz und

$$\Pi := -\frac{\nu l^2}{2\Omega} = -\frac{N}{2m\omega}\sqrt{\frac{m}{EJ}} \tag{3.48}$$

für die bezogene Druckkraft eingeführt werden. Der Exponentialansatz (3.20) führt auf die quadratische Bestimmungsgleichung

$$\left(s^2\right)^2 + \frac{2\Pi\Omega}{l^2}\left(s^2\right) - \frac{\Omega^2}{l^4} = 0 \quad , \tag{3.49}$$

deren Lösungen sich explizit zu

$$\begin{aligned} s_1 &= i\varphi \;, & s_2 &= \psi \\ s_3 &= -i\varphi \;, & s_4 &= -\psi \end{aligned} \tag{3.50}$$

mit

$$\begin{aligned} \varphi &:= \Phi/l \;; & \Phi &:= \sqrt{\Omega(\Lambda + \Pi)} \\ \psi &:= \Psi/l \;; & \Psi &:= \sqrt{\Omega(\Lambda - \Pi)} \end{aligned} \tag{3.51}$$

und

$$\Lambda := \sqrt{1 + \Pi^2} \tag{3.52}$$

angeben lassen. Eine nun vorteilhafte Darstellung der allgemeinen Lösung lautet (vgl. [20])

$$h = C_1 \sin\varphi x + C_2 \cos\varphi x + C_3 \sinh\psi x + C_4 \cosh\psi x \;. \tag{3.53}$$

Die neudefinierten Verschiebungs- und Kraftvektoren

$$\boldsymbol{v} := \begin{pmatrix} h_0 \\ h_0' \\ h_l \\ h_l' \end{pmatrix} \qquad (3.54)$$

$$\boldsymbol{f} := \begin{pmatrix} S_0 \\ M_0 \\ S_l \\ M_l \end{pmatrix} = EJ \begin{pmatrix} h_0''' - \nu h_0' \\ -h_0'' \\ -h_l''' + \nu h_l' \\ h_l'' \end{pmatrix} \qquad (3.55)$$

werden gemäß Gleichungen (3.27) und (3.32) mit dem Vektor der Integrationskonstanten

$$\boldsymbol{c} := \begin{pmatrix} C_1 \\ C_2 \\ C_3 \\ C_4 \end{pmatrix} \qquad (3.56)$$

in Beziehung gesetzt. Die zugehörigen Transformationsmatrizen lauten

$$\boldsymbol{V} := \begin{pmatrix} 0 & 1 & 0 & 1 \\ \varphi & 0 & \psi & 0 \\ s & c & S & C \\ \varphi c & -\varphi s & \psi C & \psi S \end{pmatrix} \qquad (3.57)$$

$$\boldsymbol{F} := EJ \begin{pmatrix} -\varphi \psi^2 & 0 & \varphi^2 \psi & 0 \\ 0 & \varphi^2 & 0 & -\psi^2 \\ \varphi \psi^2 c & -\varphi \psi^2 s & -\varphi^2 \psi C & -\varphi^2 \psi S \\ -\varphi^2 s & -\varphi^2 c & \psi^2 S & \psi^2 C \end{pmatrix}, \qquad (3.58)$$

3.2. METHODE DES DIFFERENTIELLEN GLEICHGEWICHTS

wobei abkürzend

$$s := \sin \Phi , \qquad S := \sinh \Psi$$
$$c := \cos \Phi , \qquad C := \cosh \Psi \tag{3.59}$$

gilt. Ein Vergleich mit [20, § 20-6] ergibt Übereinstimmung bezüglich V, jedoch Diskrepanz bezüglich F. Die Abweichung ist darauf zurückzuführen, daß die Autoren die hier in Gleichung (3.55) mit ν behafteten, aus der Axialkraft resultierenden Anteile nicht berücksichtigen, obwohl dies nach ihrer Gleichung [20, (17-9)] erforderlich ist. Die Auswertung der Matrizen nach [20, § 20-6] führt auf eine nichtsymmetrische Steifigkeitsmatrix, was wegen der Annahme richtungstreuer und konstanter Normalkraft (konservatives Problem) nicht korrekt ist.

Für Definition und Berechnung der dynamischen Steifigkeitsmatrix K können die Gleichungen (3.35) und (3.36) direkt übernommen werden. Eine Auswertung dieser Gleichungen erfolgte für die Matrizenelemente

$$K_{33} := \frac{S_l(h_l)}{h_l} , \qquad K_{34} := \frac{S_l(h_l')}{h_l'}$$
$$K_{43} := \frac{M_l(h_l)}{h_l} , \qquad K_{44} := \frac{M_l(h_l')}{h_l'} . \tag{3.60}$$

Man findet nach längerer Rechnung

$$K_{33} = \frac{EJ}{l^3} \frac{\Phi sC + \Psi cS}{(1-cC) - \Pi sS} \Lambda\Omega \tag{3.61}$$

$$K_{34} = K_{43} = -\frac{EJ}{l^2} \frac{sS + \Pi(1-cC)}{(1-cC) - \Pi sS} \Omega \tag{3.62}$$

$$K_{44} = \frac{EJ}{l} \frac{\Psi sC - \Phi cS}{(1-cC) - \Pi sS} \Lambda . \tag{3.63}$$

Die hier möglichen und formal vereinfachenden Substitutionen

$$\left.\begin{aligned}
\Phi sC + \Psi cS &= \Re(\bar{z}\sin z) \\
\Psi sC - \Phi cS &= -\Im(\bar{z}\sin z) \\
sS + \Pi(1-cC) &= \Im[\lambda(1-\cos z)] \\
(1-cC) - \Pi sS &= \Re[\lambda(1-\cos z)]
\end{aligned}\right\} \tag{3.64}$$

142   KAPITEL 3. DIE AEROELASTIK DES BIEGE–TORSIONS–BALKENS

mit

$$z := \Phi + i\Psi \qquad \Rightarrow \quad 2\Lambda\Omega = |z|^2$$
$$\lambda := 1 + i\Pi\ ; \quad \Pi \in \mathcal{R} \quad \Rightarrow \quad \Lambda = |\lambda| \qquad (3.65)$$

deuten darauf hin, daß sich die ganze Herleitung durch konsequente Anwendung komplexer Arithmetik noch vereinfachen ließe (hier nicht weiter verfolgt). Die Beziehung (3.62) z. B. kann nun auch in der kürzeren Form

$$K_{34} = K_{43} = -\frac{EJ}{l^2}\Omega \tan\{\arg[\lambda(1-\cos z)]\} \qquad (3.62a)$$

geschrieben werden.

Für $\Pi = 0$ erhält man aus den Gleichungen (3.61) bis (3.63) die dynamischen Steifigkeitsfunktionen des Biegebalkens ohne Axialbelastung, wie sie z. B. von Clough & Penzien [20] angegeben werden (Probe).

Der Grenzübergang $\Omega \to 0$ führt auf die statischen Steifigkeitsfunktionen

$$K_{33}^s = -\frac{N}{l}\frac{\gamma/2}{\tan(\gamma/2) - \gamma/2} \qquad (3.66)$$

$$K_{34}^s = K_{43}^s = \frac{1}{2}N\frac{\tan(\gamma/2)}{\tan(\gamma/2) - \gamma/2} \qquad (3.67)$$

$$K_{44}^s = \frac{1}{2}Nl\frac{1/\tan\gamma - 1/\gamma}{\tan(\gamma/2) - \gamma/2}\ , \qquad (3.68)$$

mit

$$\gamma := \sqrt{-\nu l^2} = \sqrt{\frac{-Nl^2}{EJ}}\ . \qquad (3.69)$$

Im Falle einer Druckbelastung ($N < 0$) können sie in rein reeller Rechnung ausgewertet werden. Unter der Annahme kleiner Axialbelastung (d. h. $|\gamma| \ll 1$) lassen sich diese Funktionen in die entsprechenden Elemente der FE–Steifigkeitsmatrix (3.81) überführen (Probe). Die Ausdrücke (3.67) und (3.68) entsprechen den in [29] angegebenen Korrekturfunktionen nach Theorie II. Ordnung (Weggrößenverfahren der Statik) und lassen sich mit diesen zur Deckung bringen.

3.3 Finite Elemente & Prinzip der virtuellen Verschiebungen

3.3.1 Allgemeines

Ein gutes Rechenverfahren sollte nicht nur genau, sondern auch anpassungsfähig und schnell sein. Die bisher aufgezeigten Lösungswege erfüllen jeweils höchstens zwei dieser drei Forderungen. Wie sich zeigt, führt die nun angewendete Finite-Element-Methode (FEM) bezüglich der hier zu untersuchenden Systeme auf einen optimalen Algorithmus. Die zwecks Genauigkeit geforderte Segmentierung des Gesamtsystems und die Zulässigkeit abschnittsweise konstanter Systemparameter kommen der FEM grundsätzlich entgegen. Durch einfaches Addieren in den Knotenpunkten lassen sich die Matrizen der Element-Randkräfte leicht zu den Bewegungsgleichungen auch komplexer Systeme zusammenfassen (direkte Steifigkeitsmethode).

Das gilt zwar ebenfalls für die schon diskutierte Lösung mit dynamischen Steifigkeitsmatrizen, die im weiteren Sinne ja auch eine FEM ist; der dort auftretende Nachteil soll hier aber vermieden werden. An die Stelle der für jeden Parametersatz ω, k neu zu berechnenden Parametermatrix treten zwei konstante Matrizen (Steifigkeit, Masse) und eine veränderliche Matrix (Luftkraft), die in einfacher Weise nur noch von der reduzierten Frequenz k abhängt und in geschlossener Form dargestellt werden kann. Für vorgegebenes k kann die aeroelastische Berechnung selbsterregter Balkensysteme damit auf eine lineare Matrizen-Eigenwertaufgabe (im Sinne von [157]) zurückgeführt werden. Die Eigenwerte ω^2 führen auf die Kreisfrequenzen ω.

Diese Vereinfachung wird möglich durch die Einführung einer begrenzten Anzahl von lokalen (d. h. für das Element definierten) Ansatzfunktionen, deren Linearkombinationen sich den exakten Eigenformen annähern können. Die zugehörigen generalisierten Koordinaten entsprechen den Verschiebungen in den Element-Randpunkten. Der mit diesem Vorgehen verbundene Genauigkeitsverlust ist bei geschickter Formulierung und Assemblierung der Elemente gering. Von Vorteil ist dabei, daß sich praktisch relevante Berechnungen auf die ersten Eigenwerte beschränken können.

Für die Herleitung der Elementmatrizen (und damit indirekt der generalisierten Bewegungsgleichungen) kommen verschiedene Möglichkeiten in Frage. Dem Prinzip der virtuellen Verschiebungen (PVV) — das in Verbindung mit dem Prinzip von d'Alembert den bisher betrachteten differentiellen Gleichgewichtsbedingungen völlig äquivalent ist — soll wegen seiner Durchsichtigkeit und Einfachheit hier der Vorzug gegeben werden.

Im Rahmen einer exakten Lösung müßte es für beliebige, d. h. unendlich viele virtuelle Verschiebungen erfüllt sein. Dies kann nicht mehr gewährleistet werden. Immerhin wird dem PVV aber für eine begrenzte Anzahl virtueller Ansatzfunktionen (die vereinfachend gleich den Ansatzfunktionen für die wahre Verschiebung gewählt werden) Genüge getan. Auch die Gleichgewichtsbedingungen sind damit nicht mehr punktweise exakt, wohl aber im Sinne eines integralen Mittels erfüllt [5].*

---

*Die Konvergenz des Verfahrens, d. h. die Möglichkeit einer beliebig guten Annäherung an das

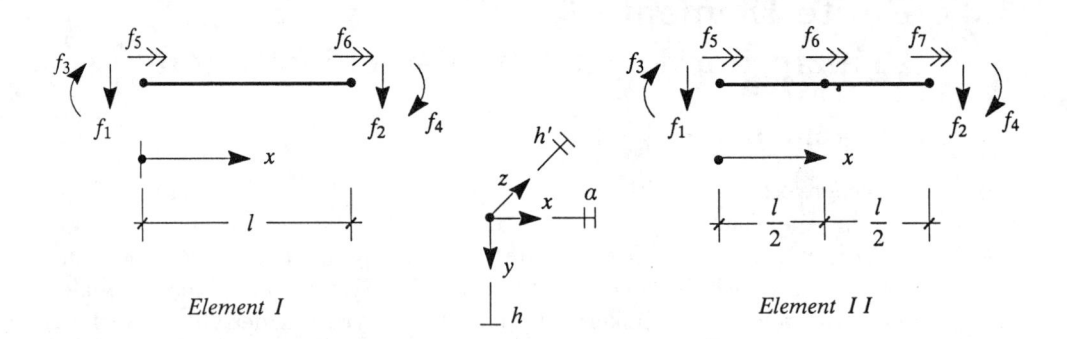

144   KAPITEL 3.   DIE AEROELASTIK DES BIEGE–TORSIONS–BALKENS

Abb. 3.2: Kraftgrößen am Balkenelement

Zur flexiblen Anpassung an die zu untersuchenden Strukturen werden zwei verschiedene Elemente entwickelt. Eine Leitidee war hierbei, die Modellgenauigkeit bezüglich Biegung und Torsion möglichst ausgeglichen zu halten und so das Verhältnis zwischen numerischem Aufwand und Gesamtgenauigkeit zu optimieren. Die beiden Elemente unterscheiden sich lediglich bezüglich der Torsion. Das aufwendigere hat hierfür drei statt zwei Ansätze und führt im allgemeinen zu einer im obigen Sinne ausgeglicheneren Modellierung. Das einfachere Element dagegen ist vorzuziehen, wenn aus strukturellen Gründen — z. B. durch die Seilangriffspunkte — eine so starke Segmentierung vorgegeben ist, daß schon die einfacheren Torsionsansätze ausreichende Genauigkeit gewährleisten.

Beiden Elementen liegt die Annahme konstanter Querschnittswerte und Axialkraft zugrunde. Die in Abb. 2.1 definierten Parameter werden (bis auf k_h^d und k_α^d) übernommen; die Laufvariable x steht dort senkrecht zur Zeichenebene. Außerdem gelten die Definitionen von Abschnitt 3.2.1. Es werden die in Abbildung 3.2 angegebenen Kraftgrößen f_i und gleichsinnige Weggrößen δ_i benutzt. Die Kraft- und Wegvektoren werden definiert zu

$$\boldsymbol{\delta}^I := \begin{pmatrix} \delta_1 \\ \delta_2 \\ \delta_3 \\ \delta_4 \\ \delta_5 \\ \delta_6 \end{pmatrix} = \begin{pmatrix} h_0 \\ h_l \\ h'_0 \\ h'_l \\ \alpha_0 \\ \alpha_l \end{pmatrix} \quad ; \quad \boldsymbol{f}^I := \begin{pmatrix} f_1 \\ f_2 \\ f_3 \\ f_4 \\ f_5 \\ f_6 \end{pmatrix} \qquad (3.70\text{a})$$

---

exakte Ergebnis durch Steigerung der Feinheit der Modellierung, ist hiermit heuristisch begründet. Die numerischen Rechnungen ließen keinen Zweifel an der Konvergenz aufkommen. Angesichts der Nichtkonservativität der Luftkräfte allerdings wäre ein exakter Beweis wünschenswert.

für Element I und

$$\boldsymbol{\delta}^{II} := \begin{pmatrix} \delta_1 \\ \delta_2 \\ \delta_3 \\ \delta_4 \\ \delta_5 \\ \delta_6 \\ \delta_7 \end{pmatrix} = \begin{pmatrix} h_0 \\ h_l \\ h'_0 \\ h'_l \\ \alpha_0 \\ \alpha_{l/2} \\ \alpha_l \end{pmatrix} \quad ; \quad \boldsymbol{f}^{II} := \begin{pmatrix} f_1 \\ f_2 \\ f_3 \\ f_4 \\ f_5 \\ f_6 \\ f_7 \end{pmatrix} \quad (3.70b)$$

für Element II. Die Ansatzfunktionen ψ_i sind Polynome, die zwischen den Randverschiebungen interpolieren: Sie nehmen für jeweils eine Randverschiebung den Wert eins, für alle anderen den Wert null an. Hieraus ergibt sich ihre Zuordnung zu den δ_i. Der Knotenpunkt in Feldmitte von Element II wird bezüglich Torsion ebenfalls als Randpunkt angesehen.

Als Ansätze für die Vertikalverschiebung (Biegung) werden für beide Elemente die üblichen Hermite–Polynome

$$\left. \begin{aligned} \psi_1 &= 1 - 3\xi^2 + 2\xi^3 \\ \psi_2 &= 3\xi^2 - 2\xi^3 \\ \psi_3 &= (\xi - 2\xi^2 + \xi^3)\, l \\ \psi_4 &= (-\xi^2 + \xi^3)\, l \end{aligned} \right\} \quad (3.71)$$

mit

$$\xi := x/l \quad (3.72)$$

verwendet [20]. Als Verdrehungsansätze (Torsion) für Element I kommen nur die linearen Funktionen

$$\begin{aligned} \psi_5^I &= 1 - \xi \\ \psi_6^I &= \xi \end{aligned} \quad (3.73)$$

in Frage. Die Einführung eines weiteren Rand- bzw. Knotenpunktes bezüglich Torsion in Feldmitte für das verfeinerte Element II ergab sich aus zwei Überlegungen: Eine Verwendung der Ableitungen α'_0, α'_l — entsprechend dem Vorgehen bezüglich Biegung — involviert die Torsionsmomente an den Rändern; das hiermit entstehende hybride Element ist weniger leicht ins Gesamtsystem einzufügen. In dem hier geltenden Differentialgleichungssystem (3.11) erscheint h bis zur vierten, α aber nur bis zur zweiten Ableitung; die Verdrehung ist deshalb anspruchsloser bezüglich der Güte von Ansätzen und wird sich schon mit quadratischen Interpolationsfunktionen — gestützt auf drei Punkte — ausreichend genau beschreiben lassen. Die Verdrehungsansätze (Torsion) für Element II lauten dann

$$\left. \begin{array}{rcl} \psi_5^{II} & = & 1 - 3\xi + 2\xi^2 \\[4pt] \psi_6^{II} & = & 4\xi - 4\xi^2 \\[4pt] \psi_7^{II} & = & -\xi + 2\xi^2 \ . \end{array} \right\} \qquad (3.74)$$

Alle berechneten Elementmatrizen sind untereinander konsistent, d. h. mit jeweils denselben Ansätzen ermittelt. Die hier entwickelten Elemente eignen sich gleichermaßen für die Modellierung von Versteifungsträger und Pylonen.

3.3.2 Element–Steifigkeitsmatrizen

Die Element–Steifigkeitsmatrizen $\boldsymbol{k}$ stellen gemäß

$$\boldsymbol{f}_S = \boldsymbol{k}\,\boldsymbol{\delta} \qquad (3.75)$$

eine lineare Beziehung zwischen den Randverschiebungen und den aus der Elementsteifigkeit herrührenden Randkräften her. Eine Partionierung entsprechend den Definitionen (3.70a, b) führt auf

$$\boldsymbol{k} = \begin{pmatrix} \boldsymbol{k}^{hh} & \boldsymbol{k}^{h\alpha} \\ \boldsymbol{k}^{\alpha h} & \boldsymbol{k}^{\alpha\alpha} \end{pmatrix} . \qquad (3.76)$$

Für die Elemente der Matrix $\boldsymbol{k}$ gilt

$$k_{ij} := \frac{f_{S\,ij}}{\delta_j} \ ; \qquad (3.77)$$

3.3. FINITE ELEMENTE & PRINZIP DER VIRT. VERSCHIEBUNGEN

dabei ist f_{Sij} die Randkraft am Orte i infolge der Verschiebung $\delta_j \psi_j$. Bei einer zusätzlichen, virtuellen Verschiebung $\delta\delta_i\psi_i$ beträgt die von der (äußeren) Randkraft f_{Sij} geleistete virtuelle Arbeit

$$\delta W_A = \delta\delta_i f_{Sij} \ . \tag{3.78}$$

Die virtuelle Arbeit der (inneren) elastischen Reaktionskräfte beträgt dabei

$$\left. \begin{aligned} \delta W_I^{hh} &= -\delta\delta_i \delta_j \int_0^l EJ\psi_i''\psi_j'' \, dx - \delta\delta_i \delta_j \int_0^l N\psi_i'\psi_j' \, dx \\ &\text{im Falle von Biegung [20] und} \\ \delta W_I^{\alpha\alpha} &= -\delta\delta_i \delta_j \int_0^l GJ_d \, \psi_i'\psi_j' \, dx \end{aligned} \right\} \tag{3.79}$$

bei Torsion. Gemischte Glieder werden unter den getroffenen Voraussetzungen verschwinden (Biegung und Torsion elastisch entkoppelt). Aus der Forderung verschwindender virtueller Gesamtarbeit folgt

$$\left. \begin{aligned} k_{ij}^{hh} &= \int_0^l EJ\psi_i''\psi_j'' \, dx + \int_0^l N\psi_i'\psi_j' \, dx \\ k_{ij}^{\alpha\alpha} &= \int_0^l GJ_d \, \psi_i'\psi_j' \, dx \\ \text{sowie} \\ k_{ij}^{h\alpha} &= k_{ij}^{\alpha h} = 0 \ . \end{aligned} \right\} \tag{3.80}$$

Diese Ausdrücke sind für konstante Systemparameter auszuwerten. Für beide Elemente ergibt sich (vgl. [20])

$$\boldsymbol{k}^{hh} = \frac{2EJ}{l^3} \begin{pmatrix} 6 & -6 & 3l & 3l \\ -6 & 6 & -3l & -3l \\ 3l & -3l & 2l^2 & l^2 \\ 3l & -3l & l^2 & 2l^2 \end{pmatrix} + \frac{N}{30l} \begin{pmatrix} 36 & -36 & 3l & 3l \\ -36 & 36 & -3l & -3l \\ 3l & -3l & 4l^2 & -l^2 \\ 3l & -3l & -l^2 & 4l^2 \end{pmatrix} \ . \tag{3.81}$$

Für Element I findet man

$$\boldsymbol{k}_I^{\alpha\alpha} = \frac{GJ_d}{l} \begin{pmatrix} 1 & -1 \\ -1 & 1 \end{pmatrix} \tag{3.82}$$

und die Ansatzfunktionen für Element II führen auf

$$\boldsymbol{k}_{II}^{\alpha\alpha} = \frac{GJ_d}{3l} \begin{pmatrix} 7 & -8 & 1 \\ -8 & 16 & -8 \\ 1 & -8 & 7 \end{pmatrix} . \tag{3.83}$$

Für beide Elemente gilt ferner

$$\boldsymbol{k}^{h\alpha} = \boldsymbol{k}^{\alpha h} = \boldsymbol{0} . \tag{3.84}$$

Die angegebenen Submatrizen werden gemäß Gleichung (3.76) zu vollständigen Element-Steifigkeitsmatrizen zusammengesetzt. Für beide Elemente sind dies wegen Gleichung (3.84) Blockdiagonalmatrizen.

3.3.3 Element–Massenmatrizen

Die lineare Transformation

$$\boldsymbol{f}_I = \boldsymbol{m}\, \ddot{\boldsymbol{\delta}} \tag{3.85}$$

der Randbeschleunigungen in die aus der Massenträgheit des Elements resultierenden Randkräfte wird geleistet durch die Element–Massenmatrix

$$\boldsymbol{m} = \begin{pmatrix} \boldsymbol{m}^{hh} & \boldsymbol{m}^{h\alpha} \\ \boldsymbol{m}^{\alpha h} & \boldsymbol{m}^{\alpha\alpha} \end{pmatrix} \tag{3.86}$$

(Partionierung wie vorher) mit den Elementen

$$m_{ij} := \frac{f_{Iij}}{\ddot{\delta}_j} . \tag{3.87}$$

Dabei ist f_{Iij} die Randkraft am Orte i infolge der Beschleunigung $\ddot{\delta}_j \psi_j$. Unter Anwendung des Prinzips von d'Alembert führt das PVV in ähnlicher Weise wie zuvor nun auf die Ausdrücke

$$\left. \begin{aligned} m_{ij}^{hh} &= \int_0^l m \psi_i \psi_j \, dx \\ m_{ij}^{\alpha\alpha} &= \int_0^l I \psi_i \psi_j \, dx \\ m_{ij}^{h\alpha} &= m_{ij}^{\alpha h} = 0 . \end{aligned} \right\} \tag{3.88}$$

3.3. FINITE ELEMENTE & PRINZIP DER VIRT. VERSCHIEBUNGEN

Auch eine Trägheitskopplung zwischen Biegung und Torsion ist also unter den getroffenen Voraussetzungen ausgeschlossen. Die Auswertung der Integrale erfolgt für konstante Systemparameter. Für beide Elemente ergibt sich (vgl. [20])

$$\boldsymbol{m}^{hh} = \frac{ml}{420} \begin{pmatrix} 156 & 54 & 22l & -13l \\ 54 & 156 & 13l & -22l \\ 22l & 13l & 4l^2 & -3l^2 \\ -13l & -22l & -3l^2 & 4l^2 \end{pmatrix} . \tag{3.89}$$

Für Element I erhält man weiter

$$\boldsymbol{m}_I^{\alpha\alpha} = \frac{Il}{6} \begin{pmatrix} 2 & 1 \\ 1 & 2 \end{pmatrix} , \tag{3.90}$$

und für Element II findet man

$$\boldsymbol{m}_{II}^{\alpha\alpha} = \frac{Il}{30} \begin{pmatrix} 4 & 2 & -1 \\ 2 & 16 & 2 \\ -1 & 2 & 4 \end{pmatrix} . \tag{3.91}$$

Für beide Elemente gilt

$$\boldsymbol{m}^{h\alpha} = \boldsymbol{m}^{\alpha h} = \boldsymbol{0} ; \tag{3.92}$$

die gemäß Gl. (3.86) zusammengesetzten vollständigen Element–Massenmatrizen haben wiederum Blockdiagonalstruktur.

3.3.4 Element–Luftkraftmatrizen

Den bewegungsinduzierten Luftkräften entsprechen Randkräfte, die sich ebenfalls als lineare Transformation der Randverschiebungen darstellen lassen sollten. Nach den Erkenntnissen des Kapitels 2 ist eine derartige Formulierung zumindest für den ebenen Fall tatsächlich möglich.

Das Konzept der aerodynamischen Streifentheorie ermöglicht die Übertragung dieser Erkenntnisse auf linienförmig räumliche Elemente und Systeme. Hierbei wird angenommen, daß das Strömungsgeschehen in jedem Schnitt senkrecht zur Strukturachse unbeeinflußt von den Nachbarschnitten bleibt, räumliche Querströmungseffekte also vernachlässigbar klein sind (ebene Strömung). Die Streifentheorie liefert erfahrungsgemäß selbst für stark gepfeilte und relativ gedrungene Tragflügel gute

Ergebnisse [35]. Für eine Brücke mit ihrem zumeist langgestreckten, unveränderlichen Profil ist von der aerodynamischen Kontur her die Übernahme dieses Ansatzes deshalb voll gerechtfertigt. Eine nennenswerte Dreidimensionalität der Strömung kann sich hier nur aus der Struktur des natürlichen Windes ergeben. Letzteres ist aber für das Flatterverhalten wohl ebenfalls von untergeordneter Bedeutung und bleibe in dieser Arbeit unberücksichtigt.

Im Interesse einer eleganten rechnerischen Durchführung wird die Untersuchung gemäß

$$\boldsymbol{\delta}(t) = \tilde{\boldsymbol{\delta}} e^{i\omega t} \; ; \qquad \omega \in \mathcal{R} \tag{3.93}$$

auf harmonische Schwingungen konstanter Amplitude eingeschränkt. Verallgemeinerung auf $\omega \in \mathcal{C}$ oder sogar auf beliebige Bewegungen ist nach den Abschnitten 2.2.5.4 und 2.4 zwar möglich, hier aber nicht von Interesse. Es wird angesetzt

$$\boldsymbol{f}_L = -\omega^2 \boldsymbol{a}\, \boldsymbol{\delta} \; . \tag{3.94}$$

Die Element–Luftkraftmatrix

$$\boldsymbol{a} = \begin{pmatrix} \boldsymbol{a}^{hh} & \boldsymbol{a}^{h\alpha} \\ \boldsymbol{a}^{\alpha h} & \boldsymbol{a}^{\alpha\alpha} \end{pmatrix} \tag{3.95}$$

besteht dann aus den Koeffizienten

$$a_{ij} := -\frac{1}{\omega^2} \frac{f_{Lij}}{\delta_j} \; . \tag{3.96}$$

Dabei ist f_{Lij} die aus Strömungskräften resultierende, in den bisher angegebenen Elementmatrizen noch nicht berücksichtigte Randkraft am Orte i infolge der Verschiebung $\delta_j \psi_j$. Da die Luftkräfte nicht nur von der Verschiebung (und der Beschleunigung), sondern auch von der Geschwindigkeit abhängen, sind die a_{ij} komplexe Größen. Ohne Beschränkung der Allgemeinheit wird gesetzt

$$\delta\delta_i \in \mathcal{R} \; , \qquad \tilde{\delta}_j \in \mathcal{R} \; . \tag{3.97}$$

Die bei der virtuellen Verschiebung $\delta\delta_i \psi_i$ von der (äußeren) Randkraft f_{Lij} geleistete virtuelle Arbeit ist

$$\delta W_A = \delta\delta_i\, \Re(f_{Lij}(t))$$
$$\text{mit} \quad f_{Lij}(t) = \tilde{f}_{Lij} e^{i\omega t} \; . \tag{3.98}$$

3.3. FINITE ELEMENTE & PRINZIP DER VIRT. VERSCHIEBUNGEN

Die virtuelle Arbeit der am Element angreifenden (nun ebenfalls äußeren) Strömungskräfte beträgt

$$\delta W_L = \delta\delta_i \int_0^l \psi_i \, \Re(L_j(t)) \, dx \tag{3.99}$$

$$\text{mit} \quad L_j(t) = \tilde{L}_j e^{i\omega t} \, ,$$

wobei für L_j je nach betrachteter Randkraft $-A_j$ oder M_{Lj} nach Kapitel 2 einzusetzen ist (vgl. Abbildung 2.1). Diese Luftkräfte sind räumlich veränderlich mit der örtlichen Verschiebung $\delta_j \psi_j$ (Streifentheorie) und werden nun entsprechend indiziert. Sind sowohl die betrachtete Randkraft als auch die Verschiebung verknüpft mit einem der Biegeansätze (d. h. $i, j = 1, \ldots, 4$), so wäre gemäß Gleichungen (2.5), (2.6) einzusetzen

$$L_j = -A_j^h = \omega^2 \pi \rho b^2 c_{hh} h_j \tag{3.100}$$

$$\text{mit} \quad h_j = \delta_j \psi_j \, ,$$

und aus der Forderung verschwindender virtueller Gesamtarbeit folgt für diesen Fall

$$\Re(\tilde{f}_{Lij} e^{i\omega t}) = -\omega^2 \tilde{\delta}_j \pi \int_0^l \rho b^2 \, \Re(c_{hh} e^{i\omega t}) \, \psi_i \psi_j \, dx \, . \tag{3.101}$$

Wertet man diese Gleichung einmal für $t = 0$ und dann für $t = \pi/2\omega$ aus, so können sowohl Real- als auch Imaginärteil von $\tilde{f}_{Lij}$ berechnet werden. Zusammensetzen dieser Terme zur komplexen Größe führt schließlich auf

$$a_{ij}^{hh} = -\frac{1}{\omega^2} \frac{\tilde{f}_{Lij}}{\tilde{\delta}_j} = \pi \int_0^l \rho b^2 c_{hh} \psi_i \psi_j \, dx \, . \tag{3.102a}$$

Die Herleitung der anderen Koeffizienten der Element–Luftkraftmatrix erfolgt analog. Man findet

$$\left. \begin{aligned} a_{ij}^{h\alpha} &= \pi \int_0^l \rho b^3 c_{h\alpha} \psi_i \psi_j \, dx \\ a_{ij}^{\alpha h} &= \pi \int_0^l \rho b^3 c_{\alpha h} \psi_i \psi_j \, dx \\ a_{ij}^{\alpha\alpha} &= \pi \int_0^l \rho b^4 c_{\alpha\alpha} \psi_i \psi_j \, dx \, . \end{aligned} \right\} \tag{3.102b}$$

Die so berechnete Matrix ist im allgemeinen voll besetzt, Biegung und Torsion sind durch Strömungskräfte miteinander gekoppelt. Mit den nach Kapitel 2 theoretisch oder empirisch zu bestimmenden Luftkraftkoeffizienten c_{mn} ist $\boldsymbol{a}$ komplex, nichthermitisch und abhängig von der reduzierten Frequenz k. Windgeschwindigkeit und Querschnittskontur und somit auch k und die c_{mn} seien über die ganze Elementlänge unveränderlich. Die Auswertung der Integrale führt dann für beide Elemente auf

$$\boldsymbol{a}^{hh} = \pi\rho b^2 c_{hh} \frac{l}{420} \begin{pmatrix} 156 & 54 & 22l & -13l \\ 54 & 156 & 13l & -22l \\ 22l & 13l & 4l^2 & -3l^2 \\ -13l & -22l & -3l^2 & 4l^2 \end{pmatrix}. \tag{3.103}$$

Für Element I erhält man weiter

$$\boldsymbol{a}_I^{h\alpha} = \pi\rho b^3 c_{h\alpha} \frac{l}{60} \begin{pmatrix} 21 & 9 \\ 9 & 21 \\ 3l & 2l \\ -2l & -3l \end{pmatrix} \tag{3.104a}$$

$$\boldsymbol{a}_I^{\alpha h} = \pi\rho b^3 c_{\alpha h} \frac{l}{60} \begin{pmatrix} 21 & 9 & 3l & -2l \\ 9 & 21 & 2l & -3l \end{pmatrix} \tag{3.104b}$$

$$\boldsymbol{a}_I^{\alpha\alpha} = \pi\rho b^4 c_{\alpha\alpha} \frac{l}{6} \begin{pmatrix} 2 & 1 \\ 1 & 2 \end{pmatrix} \tag{3.104c}$$

und für Element II schließlich

$$\boldsymbol{a}_{II}^{h\alpha} = \pi\rho b^3 c_{h\alpha} \frac{l}{60} \begin{pmatrix} 11 & 20 & -1 \\ -1 & 20 & 11 \\ l & 4l & 0 \\ 0 & -4l & -l \end{pmatrix} \tag{3.105a}$$

$$\boldsymbol{a}_{II}^{\alpha h} = \pi\rho b^3 c_{\alpha h} \frac{l}{60} \begin{pmatrix} 11 & -1 & l & 0 \\ 20 & 20 & 4l & -4l \\ -1 & 11 & 0 & -l \end{pmatrix} \tag{3.105b}$$

3.3. FINITE ELEMENTE & PRINZIP DER VIRT. VERSCHIEBUNGEN

$$a_{II}^{\alpha\alpha} = \pi \rho b^4 c_{\alpha\alpha} \frac{l}{30} \begin{pmatrix} 4 & 2 & -1 \\ 2 & 16 & 2 \\ -1 & 2 & 4 \end{pmatrix} . \tag{3.105c}$$

Diese Submatrizen werden gemäß Gleichung (3.95) zu den vollständigen Element-Luftkraftmatrizen zusammengesetzt. Deren Diagonalblöcke a^{hh} und $a^{\alpha\alpha}$ stimmen bis auf skalare Faktoren mit den entsprechenden Diagonalblöcken der Element-Massenmatrizen überein (da auszuwertende Integrale ähnlich).

In der Arbeit [18] werden Luftkraftmatrizen für ein Finites Element entsprechend dem hier beschriebenen Element I angegeben. Dabei wird die unvorteilhafte reelle Schreibweise nach Scanlan verwendet, in der die reellen Anteile von c_{hh} und $c_{\alpha h}$ keine Entsprechung finden (vgl. Diskussion in Abschnitt 2.2.5.3). Hiervon abgesehen lassen sich die in [18] angegebenen Element-Luftkraftmatrizen in die hier gefundenen Ausdrücke (3.103) und (3.104) überführen.

3.3.5 Bewegungsgleichungen (einschließlich Dämpfungsansatz) und Lösung

Der Verschiebungszustand der mit Finiten Elementen modellierten Gesamtstruktur wird durch eine endliche Anzahl generalisierter Koordinaten, den Knotenverschiebungen (inkl. Knotenverdrehungen) oder Freiheitsgraden, beschrieben. Bezüglich jeden Freiheitsgrades werden die Kraftbeiträge der beteiligten Elemente addiert und gemäß dem Prinzip von d'Alembert ins Gleichgewicht gesetzt. Faßt man die resultierenden Knotenkräfte — getrennt nach Ursachen — zu globalen Kraftvektoren zusammen, so folgt mit den bisher betrachteten Anteilen

$$F_S + F_I + F_L = 0 . \tag{3.106}$$

Diese Vektoren lassen sich mittels der linearen Transformationen

$$\left. \begin{array}{l} F_S = K \Delta \\[4pt] F_I = M \ddot{\Delta} \\[4pt] F_L = -\omega^2 A(k) \Delta \end{array} \right\} \tag{3.107}$$

in Abhängigkeit vom globalen Verschiebungsvektor Δ darstellen. Die hiermit eingeführten globalen Steifigkeits-, Massen- und Luftkraftmatrizen ergeben sich aus den hergeleiteten Elementmatrizen durch deren Transformation auf globale Koordinaten und Addition jeweils zugehöriger Matrizenelemente. Im Falle von Seil-Balken-Systemen enthalten sie außerdem das Seilverhalten repräsentierende Anteile. Axialverschiebungen — sofern vorhanden — sind ebenfalls in die Globalmatrizen einzuarbeiten. In Anbetracht der bei Brücken relativ kleinen Normalkraftverformung kann dies durch den Ansatz axialer Starrkörperverschiebung erfolgen.

In den Bewegungsgleichungen (3.106) sind die strukturellen Dämpfungskräfte noch nicht berücksichtigt. Läßt man Coulomb'sche Reibungsdämpfung außer Betracht und setzt für die Summe aus innerer Materialdämpfung und viskoser Dämpfung

$$F_D = C_m \Delta + C_v \dot{\Delta} \tag{3.108}$$

an [5, § 26.5.2], so bleibt das um diesen Anteil erweiterte Gleichungssystem

$$F_S + F_D + F_I + F_L = 0 \tag{3.109}$$

linear bezüglich der Verschiebungen.

Unter der Annahme modaler Dämpfung kann die Matrix der viskosen Dämpfung rein formal aus der Forderung

$$\overset{\circ}{\Delta}_j^T C_v \overset{\circ}{\Delta}_k = \begin{cases} 2\xi_j \overset{\circ}{\omega}_j M_j \; ; & j = k \\ 0 \; ; & j \neq k \end{cases} \tag{3.110}$$

zu

$$C_v = M \left(\sum_{j=1}^{n} \frac{2\xi_j \overset{\circ}{\omega}_j}{M_j} \overset{\circ}{\Delta}_j \overset{\circ}{\Delta}_j^T \right) M \tag{3.111}$$

berechnet werden [20]. Hierbei ergeben sich die $\overset{\circ}{\omega}_j$ und $\overset{\circ}{\Delta}_j$ aus der Lösung der Eigenwertaufgabe

$$F_S + F_I = \left(K - \overset{\circ}{\omega}_j^2 M \right) \overset{\circ}{\Delta}_j = 0 \; , \tag{3.112}$$

die den freien Schwingungen des ungedämpftes Systems im Vakuum zugeordnet ist. Die generalisierten Massen M_j sind definiert zu

$$M_j := \overset{\circ}{\Delta}_j^T M \overset{\circ}{\Delta}_j \; . \tag{3.113}$$

Bei n Freiheitsgraden enthält der Ausdruck (3.111) n freie Parameter ξ_j (modale viskose Dämpfungsgrade), die durch Messung bestimmt werden können.

Erfahrungsgemäß ist die strukturelle viskose Dämpfung sehr klein [5], [35] und wird im allgemeinen ebenfalls außer Betracht bleiben. Enthält das System jedoch

3.3. FINITE ELEMENTE & PRINZIP DER VIRT. VERSCHIEBUNGEN

planmäßig viskose Dämpfungsglieder (z. B. Stoßdämpfer), so ist die dann notwendige Darstellung der Matrix C_v für die in diesem Falle nicht mehr modale Dämpfung leicht möglich.

Für die Matrix der inneren Materialdämpfung kann bei schwacher Dämpfung (etwa $g \leq 0,05$)

$$C_m = ig K \qquad (3.114)$$

angesetzt werden [5]. Hierbei ist g der globale Dämpfungsverlustwinkel (genauer: dessen Tangens). Diese Gleichung setzt streng genommen harmonische Schwingung konstanter Amplitude voraus. Die durch sie beschriebenen Dämpfungskräfte werden als proportional zu den elastischen Rückstellkräften und in Phase mit den Geschwindigkeiten angenommen.

Unter Beibehaltung dieser Annahmen können auch mehrere freie Dämpfungsparameter verfügbar gemacht werden. Dies kann z. B. erwünscht sein, wenn sich die Struktur aus Teilen stark unterschiedlichen Dämpfungsverhaltens zusammensetzt (etwa bei Verwendung verschiedener Materialien oder Tragwerkselemente). Spaltet man die Steifigkeitsmatrix gemäß

$$K = \sum_r K_r \qquad (3.115)$$

in die Beiträge einzelner Elemente oder Elementgruppen auf, so ergibt sich die Matrix der inneren Materialdämpfung zu

$$C_m = i \sum_r g_r K_r \qquad (3.116)$$

mit den partiellen Dämpfungsverlustwinkeln g_r. Durch eine geeignete Aufspaltung der Steifigkeitsmatrix kann dafür gesorgt werden, daß dem geometrische Steifigkeitsanteil — entsprechend Gleichung (3.81) induziert durch Axialkräfte N — nicht ebenfalls Dämpfung zugewiesen wird. Im Gegensatz zu (3.114) wird der Ausdruck (3.116) im allgemeinen keiner modalen Dämpfung entsprechen.

Auch die Modellierung unterschiedlicher Dämpfung der Biege- und Torsionsschwingungen ist leicht möglich. Bei Partionierung gemäß

$$K = \begin{pmatrix} K^{hh} & 0 \\ 0 & K^{\alpha\alpha} \end{pmatrix} \quad \text{bzw.} \quad K_r = \begin{pmatrix} K_r^{hh} & 0 \\ 0 & K_r^{\alpha\alpha} \end{pmatrix} \qquad (3.117)$$

(die unter der Voraussetzung elastischer Entkopplung immer möglich ist) kann man schreiben

$$C_m = i \begin{pmatrix} g_h K^{hh} & 0 \\ 0 & g_\alpha K^{\alpha\alpha} \end{pmatrix} \qquad (3.118)$$

bzw.

$$C_m = i \sum_r \begin{pmatrix} g_{rh} K_r^{hh} & 0 \\ 0 & g_{r\alpha} K_r^{\alpha\alpha} \end{pmatrix} . \qquad (3.119)$$

Nur die erste dieser beiden Dämpfungsmatrizen geht bei Kongruenztransformation mit dem System der Eigenvektoren $\overset{\circ}{\Delta}_j$ auf Diagonalform über und entspricht somit einer modalen Dämpfung.

Bei Benutzung der in Kapitel 4 angegebenen dynamischen Steifigkeitsmatrizen (äußerlich) viskos gedämpfter Seile sollten die seilbezogenen Dämpfungsverlustwinkel in den Gleichungen (3.116) und (3.119) gleich null gesetzt werden, sofern die Dämpfung in den dynamischen Steifigkeiten der Seile bereits berücksichtigt wurde. In diesem Fall wird für das Gesamtsystem keine modale Dämpfung zu erreichen sein. Die Einarbeitung der Seilelemente in das Gesamtsystem ist in Kapitel 4 und dort insbesondere in Abschnitt 4.7 beschrieben.

Ist ein modaler Ansatz für die innere Materialdämpfung möglich (z. B. bei reinen Balkensystemen), so ergibt er sich aus der Forderung

$$\overset{\circ}{\Delta}_j^\mathsf{T} C_m \overset{\circ}{\Delta}_k = \begin{cases} i g_j K_j ; & j = k \\ 0 ; & j \neq k \end{cases} \qquad (3.120)$$

rein formal zu

$$C_m = i M \left(\sum_{j=1}^n \frac{g_j \overset{\circ}{\omega}_j^2}{M_j} \overset{\circ}{\Delta}_j \overset{\circ}{\Delta}_j^\mathsf{T} \right) M . \qquad (3.121)$$

Dabei sind die

$$K_j := \overset{\circ}{\Delta}_j^\mathsf{T} K \overset{\circ}{\Delta}_j = M_j \overset{\circ}{\omega}_j^2 \qquad (3.122)$$

generalisierte Steifigkeiten und die g_j modale Dämpfungsverlustwinkel. (Vgl. hierzu auch [20] und [35, § 6.4.2].) Eine Anwendung der Gleichung (3.121) auf den ebenen Fall führt mit

$$C_m = i \begin{pmatrix} g_h k_h & 0 \\ 0 & g_\alpha k_\alpha \end{pmatrix} \qquad (3.123)$$

3.3. FINITE ELEMENTE & PRINZIP DER VIRT. VERSCHIEBUNGEN

auf Übereinstimmung mit den hierfür formulierten Gleichungen (2.3) bzw. (2.20). Dieser Ausdruck folgt auch direkt aus Gleichung (3.118). Für den Sonderfall

$$g_j = g \quad ; \quad \text{für alle } j \tag{3.124}$$

führt Gleichung (3.121) wegen der möglichen Spektralzerlegung

$$K = \sum_{j=1}^{n} \overset{\circ}{\omega}_j^2 \frac{M \overset{\circ}{\Delta}_j \overset{\circ}{\Delta}_j^\top M}{\overset{\circ}{\Delta}_j^\top M \overset{\circ}{\Delta}_j} \tag{3.125}$$

(vgl. [157]) wieder auf die einfachere Gleichung (3.114).

Die hier aufgezeigten vereinfachenden Methoden zur Einbeziehung der strukturellen Dämpfung sind angesichts der vielschichtigen Natur dieses Phänomens und wegen dessen oft geringen Einflusses auf das Flatterverhalten gerechtfertigt.
Mit dem Ansatz

$$\boldsymbol{\Delta}(t) = \tilde{\boldsymbol{\Delta}} e^{i\omega t} \tag{3.126}$$

folgt aus Gl. (3.109) nach Einsetzen das nichtlineare Matrizen–Eigenwertproblem

$$[(K + C_m) + i\omega C_v + (i\omega)^2 (M + A(k))]\boldsymbol{\Delta} = \boldsymbol{0} \;, \tag{3.127}$$

das sich bei Vernachlässigung der viskosen Dämpfung auf das lineare Problem

$$[(K + C_m) - \omega^2 (M + A(k))]\boldsymbol{\Delta} = \boldsymbol{0} \;. \tag{3.128}$$

reduziert. Ist nun z. B. Gleichung (3.118) anwendbar, so folgt weiter

$$[(E + iG)K - \omega^2 (M + A(k))]\boldsymbol{\Delta} = \boldsymbol{0} \tag{3.129}$$

mit der Diagonalmatrix

$$G := \begin{pmatrix} g_h E_h & 0 \\ 0 & g_\alpha E_\alpha \end{pmatrix} \tag{3.130}$$

und den Einheitsmatrizen entsprechender anzupassender Reihenzahl E, E_h und E_α. Gleichung (3.129) stimmt mit dem für das ebene Problem angegebenen Ausdruck (2.12) formal überein. Setzt man hier $n = 2$, so sind beide Gleichungssysteme (bis auf den konstanten Faktor b) identisch.

Für den Sonderfall

$$g_h = g_\alpha = g \tag{3.131}$$

vereinfacht sich Gleichung (3.129) zu

$$[(1 + ig)\boldsymbol{K} - \omega^2(\boldsymbol{M} + \boldsymbol{A}(k))]\boldsymbol{\Delta} = \boldsymbol{0} \ ; \tag{3.132}$$

die Dämpfung wird hierbei entsprechend dem Globalansatz (3.114) berücksichtigt.

Die homogenen Gleichungssysteme (3.127) bis (3.129) sowie (3.132) sind komplex, nichthermitisch und — außer von ω — auch von der reduzierten Frequenz k abhängig. Je nach spezieller Problemstellung sind unterschiedliche algebraische und numerische Methoden zur Lösung dieser zweiparametrigen Eigenwertaufgaben vorzuziehen. Hierauf wird an geeigneter Stelle eingegangen werden (Abschnitte 3.3.6 und 5.4.2.2).

Lösung bei festgehaltenem k führt (bei von ω unabhängigen Systemmatrizen) auf n im allgemeinen komplexe Eigenwerte ω_j^2. Für den hier besonders interessierenden grenzstabilen Fall ist k so vorzugeben, daß mindestens ein ω_j^2 positiv reell wird (Nebenbedingung). Die zugehörige Windgeschwindigkeit folgt aus Gleichung (2.9). Maßgebend für den Flatternachweis ist die kleinste so ermittelte Windgeschwindigkeit. Sie ergibt sich in der Regel in Verbindung mit einem der ersten, d. h. absolut kleinsten Eigenwerte ω_j^2. Die Interpretation komplexer ω_j kann sinngemäß wie in Abschnitt 2.2.5.4 für das ebene System vorgeführt erfolgen.

Übrigens war die Voraussetzung konstanter Windgeschwindigkeit und unveränderlicher Kontur des Querschnitts ausschließlich zur Herleitung der angegebenen Element–Luftkraftmatrizen erforderlich und bezieht sich deshalb nur auf das Element. Über die Gesamtlänge dürfen sich diese Vorgaben — wie alle anderen Systemparameter — durchaus ändern. In diesem Falle hat jedes Element p seine eigene reduzierte Frequenz k_p. Das Verhältnis der k_p untereinander aber ist durch die räumliche Verteilung von Windgeschwindigkeit und Querschnittsbreite vorgegeben (da ω überall gleich), und sämtliche k_p sind durch einen einzigen, frei wählbaren Bezugswert k^* festgelegt. Läßt man k^* im oben beschriebene Algorithmus die Stelle von k einnehmen, so kann auch der allgemeinere Fall veränderlicher aerodynamischer Parameter ohne grundsätzliche Erschwerung behandelt werden.

3.3.6 Beispielrechnungen und Erprobung

Die Demonstrations- und Testrechnungen erfolgen für den gelenkig gelagerten Balken auf zwei Stützen mit beidseitiger Torsionseinspannung entsprechend Abbildung 3.3. Die Querschnittswerte seien konstant, und die Axialkraft sei gleich null. Zu den Voraussetzungen nach Abschnitt 3.1 tritt zusätzlich die Annahme modaler Dämpfung. Bei diesem einfachen System sind die Eigenformen der Biege- und Torsionsschwingungen im Vakuum zueinander affin, womit das aeroelastische Problem mit den Methoden des Kapitels 2 exakt gelöst werden kann.

Den analytisch exakten Werten der Eigenfrequenzen im Vakuum und der aeroelastischen Ergebnisgrößen werden die Resultate von Finite-Element-Berechnungen gegenübergestellt. Alle numerischen Rechnungen wurden mit einem programmierbaren Taschenrechner bewältigt. Die Feinheit der aeroelastischen Modellierung war hierdurch auf maximal zwei Elemente vom Typ II beschränkt.

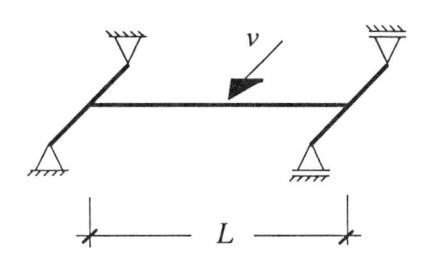

Abb. 3.3: Untersuchtes System

Lösungen für das ungedämpfte System im Vakuum

Unter den geltenden Voraussetzungen sind die Biege- und Torsionseigenschwingungen ohne die Wirkung von Luftkräften voneinander entkoppelt. Es werden zunächst die dimensionslosen Frequenzen

$$\Omega_h := \omega_h \sqrt{\frac{mL^4}{EJ}} \tag{3.133}$$

$$\Omega_\alpha := \omega_\alpha \sqrt{\frac{IL^2}{GJ_d}} \tag{3.134}$$

definiert.

Exakte Lösung: Aus den Differentialgleichungen (3.11) folgt mit $c_{mn} = 0$ und $N = 0$ sowie unter den hier geltenden Randbedingungen

$$\Omega_{hj} = (j\pi)^2 \tag{3.135}$$

$$\Omega_{\alpha j} = j\pi \tag{3.136}$$

$j = 1, 2, \ldots$.

Die zugehörigen Eigenlösungen sind beide von der Form $\sin(j\pi x/L)$ und damit zueinander affin.

Modell 1 I: Modellierung mit einem Element I

$$\Delta = \Delta_h := \begin{pmatrix} \delta_3 \\ \delta_4 \end{pmatrix}$$

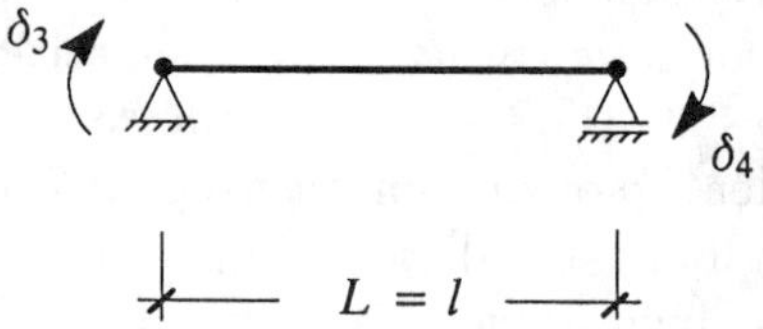

Abb. 3.4: Modell 1 I

Biegeschwingung:
Die globalen Steifigkeits- und Massenmatrizen ergeben sich aus Gleichungen (3.81) und (3.89) zu

$$K = K^{hh} = \frac{2EJ}{L}\begin{pmatrix} 2 & 1 \\ 1 & 2 \end{pmatrix}$$

$$M = M^{hh} = \frac{mL^3}{420}\begin{pmatrix} 4 & -3 \\ -3 & 4 \end{pmatrix} \ .$$

Nach Gleichung (3.132) führt dies (bei verschwindender Luftkraft- und Dämpfungsmatrix) auf das Eigenwertproblem

$$\begin{pmatrix} (2-4\lambda) & (1+3\lambda) \\ (1+3\lambda) & (2-4\lambda) \end{pmatrix}\tilde{\Delta} = 0$$

$$\text{mit} \qquad \lambda := \omega_h^2 \frac{mL^4}{840EJ} = \frac{\Omega_h^2}{840} \ .$$

Die charakteristische Gleichung lautet

$$7\lambda^2 - 22\lambda + 3 = 0 \ .$$

Deren Lösungen führen auf die dimensionslosen Eigenfrequenzen

$$\Omega_{h1} = 10,954 \quad (+11,0\,\%)$$

$$\Omega_{h2} = 50,200 \quad (+27,2\,\%) \ .$$

Die Zahlen in Klammern geben die Abweichungen gegenüber den exakten Ergebnissen nach Gleichung (3.135) an.

Torsionsschwingung:
Berechnung ist nicht möglich, da das Modell keinen Torsions–Freiheitsgrad besitzt.

3.3. FINITE ELEMENTE & PRINZIP DER VIRT. VERSCHIEBUNGEN 161

Modell 1 II: Modellierung mit einem Element II

$$\Delta = \begin{pmatrix} \Delta_h \\ \Delta_\alpha \end{pmatrix} := \begin{pmatrix} \delta_3 \\ \delta_4 \\ \delta_6 \end{pmatrix}$$

Abb. 3.5: Modell 1 II

Biegeschwingung:
Ergebnis wie für Modell 1 I.

Torsionsschwingung:
Die globalen Matrizen für die entkoppelte Torsionschwingung lauten nach Gleichungen (3.83) und (3.91)

$$K^{\alpha\alpha} = \frac{16}{3}\frac{GJ_d}{L} \quad , \quad M^{\alpha\alpha} = \frac{16}{30}IL \quad ,$$

sind also von der Ordnung eins. Nach Gleichung (3.132) folgt

$$\frac{16}{3}\frac{GJ_d}{L} - \omega_\alpha^2 \frac{16}{30}IL = 0$$

und hieraus

$$\Omega_{\alpha 1} = 3,1623 \quad (+0,66\,\%) \quad .$$

Die Abweichung gegenüber dem exakten Ergebnis nach Gleichung (3.136) ist in Klammern angegeben.

Modell 2 I: Modellierung mit zwei Elementen I

$$\Delta = \begin{pmatrix} \Delta_h \\ \Delta_\alpha \end{pmatrix} := \begin{pmatrix} \delta_2 \\ \delta_3 \\ \delta_4 \\ \delta_4' \\ \delta_6 \end{pmatrix}$$

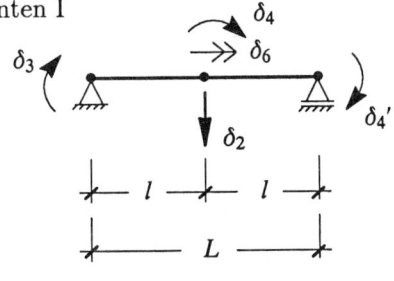

Abb. 3.6: Modell 2 I

Biegeschwingung:

Es werden vereinfachend nur symmetrische Schwingungsformen betrachtet; für diese gilt

$$\delta_4 = 0 \;, \qquad \delta'_4 = -\delta_3 \;.$$

Die entkoppelten globalen Matrizen für Biegeschwingung lauten nach entsprechender Kondensation des Gleichungssystems

$$\left. \begin{array}{l} \boldsymbol{K}^{hh}_{\text{kon}} = \dfrac{8EJ}{L^3} \begin{pmatrix} 24 & -6L \\ -3L & L^2 \end{pmatrix} \\[2ex] \boldsymbol{M}^{hh}_{\text{kon}} = \dfrac{mL}{1680} \begin{pmatrix} 624 & 26L \\ 13L & 2L^2 \end{pmatrix} \end{array} \right\} \quad \rightleftharpoons \quad \boldsymbol{\Delta}_{h,\text{kon}} := \begin{pmatrix} \delta_2 \\ \delta_3 \end{pmatrix} \;.$$

Die hiermit formulierte Eigenwertaufgabe führt auf die charakteristische Gleichung

$$910\lambda^2 - 828\lambda + 6 = 0$$

mit $\quad \lambda := \omega_h^2 \dfrac{mL^4}{13440 EJ} = \dfrac{\Omega_h^2}{13440} \;.$

Aus deren Lösung folgt

$$\Omega_{h1} = 9{,}9086 \quad (+0{,}39\,\%)$$

$$\Omega_{h3} = 110{,}14 \quad (+24{,}0\,\%) \;.$$

Torsionsschwingung:
Die globalen Submatrizen

$$\boldsymbol{K}^{\alpha\alpha} = 4\frac{GJ_d}{L} \;, \qquad \boldsymbol{M}^{\alpha\alpha} = \frac{1}{3}IL$$

sind wieder von der Ordnung eins. Sie führen auf

$$\Omega_{\alpha 1} = 3{,}4641 \quad (+10{,}3\,\%) \;.$$

3.3. FINITE ELEMENTE & PRINZIP DER VIRT. VERSCHIEBUNGEN 163

Modell 2 II: Modellierung mit zwei Elementen II

$$\Delta = \left(\frac{\Delta_h}{\Delta_\alpha}\right) := \begin{pmatrix} \delta_2 \\ \delta_3 \\ \delta_4 \\ \delta_4' \\ \hline \delta_6 \\ \delta_7 \\ \delta_6' \end{pmatrix}$$

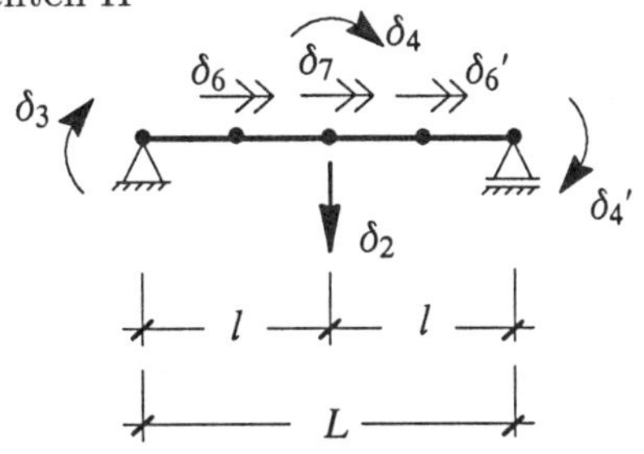

Abb. 3.7: Modell 2 II

Biegeschwingung:
Ergebnis wie für Modell 2 I.

Torsionsschwingung:
Es werden vereinfachend nur symmetrische Schwingungsformen betrachtet; für diese gilt

$$\delta_6' = \delta_6 \; .$$

Die globalen Matrizen für entkoppelte Torsionsschwingungen lauten nach entsprechender Kondensation

$$\left. \begin{array}{l} K^{\alpha\alpha}_{\text{kon}} = \dfrac{4GJ_d}{3L} \begin{pmatrix} 8 & -4 \\ -8 & 7 \end{pmatrix} \\[2ex] M^{\alpha\alpha}_{\text{kon}} = \dfrac{IL}{30} \begin{pmatrix} 8 & 1 \\ 2 & 4 \end{pmatrix} \end{array} \right\} \quad \rightleftharpoons \quad \Delta_{\alpha,\text{kon}} := \begin{pmatrix} \delta_6 \\ \delta_7 \end{pmatrix} \; .$$

Die hiermit aufgestellte charakteristische Determinante führt auf die Lösungsgleichung

$$30\lambda^2 - 104\lambda + 24 = 0$$

$$\text{mit} \quad \lambda := \omega_\alpha^2 \frac{IL^2}{40GJ_d} = \frac{\Omega_\alpha^2}{40} \; .$$

Hieraus folgt

$$\Omega_{\alpha 1} = 3,1534 \quad (+0,38\,\%)$$

$$\Omega_{\alpha 3} = 11,346 \quad (+20,4\,\%) \; .$$

Resümee: Aus einem Vergleich der jeweils erzielten Genauigkeiten lassen sich Regeln für die Modellierung ableiten. Sollen die ersten Biege- und Torsionseigenfrequenzen beide mit einer Genauigkeit von etwa einem halben Prozent bestimmt werden, so führt die Verwendung des Elementes II zu einem ausgeglicheneren Ergebnis. Element II wird deshalb für aeroelastische Berechnungen im allgemeinen effizienter einzusetzen sein. Element I dagegen kann zum Zuge kommen, wenn strukturelle Besonderheiten eine so feine Segmentierung erzwingen, daß schon einfachere Torsionsansätze ausreichende Genauigkeit gewährleisten.

Lösungen für das ungedämpfte und gedämpfte System im Wind

Die Untersuchungen werden für Systeme nach Abbildung 3.3 mit den Parametern

$$\mu := \frac{m}{\pi \rho b^2} = 50$$

$$r := \frac{1}{b}\sqrt{\frac{I}{m}} = 0,75$$

durchgeführt. Das Verhältnis der Vakuum–Eigenfrequenzen wird gemäß

$$\varepsilon_{11} := \frac{\omega_{\alpha 1}}{\omega_{h1}} = \begin{cases} 1,3 & \rightarrow \quad \text{System A} \\ 2,0 & \rightarrow \quad \text{System B} \end{cases}$$

variiert. Die modalen Dämpfungsverlustwinkel seien

$$g_h = g_\alpha = g = \begin{cases} 0 & \rightarrow \quad \text{ohne Dämpfung} \\ 0,20/\pi & \rightarrow \quad \text{mit Dämpfung .} \end{cases}$$

Unter Benutzung der theoretischen Luftkraftbeiwerte nach Theodorsen ($\rightsquigarrow$ Potentialflattern) werden die dimensionslosen aeroelastischen Ergebnisgrößen

$$\left.\begin{aligned} k &:= \frac{\omega b}{v} \\ \tilde{\omega} &:= \frac{\omega}{\omega_{h1}} \\ \zeta &:= \frac{v}{\omega_{h1} b} \end{aligned}\right\} \qquad (3.137)$$

für den grenzstabilen Fall harmonischer Schwingung, d. h. für gerade einsetzendes Flattern, berechnet (vgl. Abschnitt 2.2).

3.3. FINITE ELEMENTE & PRINZIP DER VIRT. VERSCHIEBUNGEN

exakte Lösung		ohne Dämpfung	mit Dämpfung
System A	k	0,303 916 4	0,218 271 4
	$\tilde{\omega}$	1,160 634	1,103 665
	ζ	3,818 924	5,056 389
System B	k	0,189 810 2	0,158 504 2
	$\tilde{\omega}$	1,512 143	1,399 476
	ζ	7,966 605	8,829 273

Tabelle 3.1: Aeroelastische Ergebnisgrößen (exakte Lösung)

Exakte Lösung: Der untersuchte Balken wird gemäß Abschnitt 3.2.2 auf ebene Ersatzsysteme abgebildet, was wegen Affinität der Vakuum–Eigenformen von Biege- und Torsionsschwingung zulässig und exakt ist. Eine Berechnung nach Abschnitt 2.2 führt dann mit $\varepsilon = \varepsilon_{11}$ auf die in Tabelle 3.1 zusammengefaßten Resultate. Für eine Berechnung mit höheren Eigenfrequenzen ($j \geq 2$) müßte wegen Gleichungen (3.133) bis (3.136) statt ε_{11}

$$\varepsilon = \varepsilon_{jj} := \frac{\omega_{\alpha j}}{\omega_{hj}} = \frac{1}{j}\varepsilon_{11} \tag{3.138}$$

eingesetzt werden. Mit den für ε_{11} gewählten Werten kann $\varepsilon_{jj}|_{j\geq 2}$ nicht größer als eins werden. Potentialflattern ist hierfür nach Abschnitt 2.2 ausgeschlossen (vgl. Abbildungen 2.3 und 2.4), und der vorher betrachtete Fall $j = 1$ bleibt maßgebend.

Modell 1 II: Die globale Steifigkeitsmatrix setzt sich aus den schon vorher angegebenen entkoppelten Anteilen (Submatrizen) zusammen. Man erhält

$$K = \frac{2EJ}{L} \left(\begin{array}{cc|c} 2 & 1 & 0 \\ 1 & 2 & 0 \\ \hline 0 & 0 & \frac{8}{3}\kappa \end{array} \right)$$

mit $\quad \kappa := \dfrac{GJ_d}{EJ}$.

Auch die Submatrizen der Massenmatrix wurden schon angegeben. Wegen der Ähnlichkeit im Aufbau wird die Massenmatrix direkt mit der nach Gleichungen (3.103) und (3.105) zu konstruierenden Luftkraftmatrix zusammengefaßt. Man erhält

$$(M + A) = \frac{mL^3}{420} \left(\begin{array}{cc|c} 4c_1 & -3c_1 & 28c_3\beta \\ -3c_1 & 4c_1 & -28c_3\beta \\ \hline 28c_4\beta & -28c_4\beta & 224c_2\beta^2 \end{array} \right)$$

mit $\quad c_1 := 1 + c_{hh}/\mu \quad , \quad c_3 := c_{h\alpha}/\mu$

$\qquad c_4 := c_{\alpha h}/\mu \quad , \quad c_2 := r^2 + c_{\alpha\alpha}/\mu$

und $\qquad \beta := b/L$.

Nach Gleichung (3.132) ist nun die Eigenwertaufgabe

$$\left[\left(\begin{array}{cc|c} 4 & 2 & 0 \\ 2 & 4 & 0 \\ \hline 0 & 0 & \frac{16}{3}\kappa \end{array} \right) - \lambda \left(\begin{array}{cc|c} 4c_1 & -3c_1 & 28c_3\beta \\ -3c_1 & 4c_1 & -28c_3\beta \\ \hline 28c_4\beta & -28c_4\beta & 224c_2\beta^2 \end{array} \right) \right] \left(\begin{array}{c} \delta_3 \\ \delta_4 \\ \delta_6 \end{array} \right) = 0$$

mit $\quad \lambda := \dfrac{\omega^2}{1 + ig} \dfrac{mL^4}{420EJ}$

zu lösen. Zur Vereinfachung sollen hier nur symmetrische Lösungen betrachtet werden; für diese gilt

$\delta_4 = -\delta_3$.

Dementsprechend werden die ersten beiden Spalten des Gleichungssystems zusammengefaßt (d. h. voneinander subtrahiert) und die dann linear abhängige erste Zeile gestrichen. Das Problem wird somit wieder auf die Ordnung zwei kondensiert. Nach elementaren Umformungen ergibt sich die charakteristische Gleichung zu

$$\begin{vmatrix} (-2 + 7c_1\lambda) & 28c_3\lambda \\ -56c_4\lambda & \left(\frac{16}{3}\frac{\kappa}{\beta^2} - 224c_2\lambda\right) \end{vmatrix} =$$

$$= -1568(c_1c_2 - c_3c_4)\lambda^2 + \left(\tfrac{112}{3}\tfrac{\kappa}{\beta^2}c_1 + 448c_2\right)\lambda - \tfrac{32}{3}\tfrac{\kappa}{\beta^2} = 0 \ .$$

3.3. FINITE ELEMENTE & PRINZIP DER VIRT. VERSCHIEBUNGEN

Modell 1 II		ohne Dämpfung	mit Dämpfung
System A	k	0,3790 (+24,7 %)	—
	$\tilde{\omega}$	1,2204 (+5,15 %)	—
	ζ	3,2201 (−15,7 %)	—
System B	k	0,2037 (+7,32 %)	0,1690 (+6,62 %)
	$\tilde{\omega}$	1,5724 (+3,98 %)	1,4652 (+4,70 %)
	ζ	7,7192 (−3,11 %)	8,6698 (−1,81 %)

Tabelle 3.2: Aeroelastische Ergebnisgrößen (Modell 1 II)

Zum Vergleich mit der exakten Lösung sind hier noch die aus Gleichungen (3.133) bis (3.136) folgenden Beziehungen

$$\frac{\kappa}{\beta^2} = (\pi\varepsilon_{11}r)^2 \;,\qquad \tilde{\omega}^2 = \tfrac{420}{\pi^4}(1+ig)\lambda$$

einzusetzen. Das charakteristische Polynom besitzt für jedes vorgegebene k zwei komplexe Wurzeln $\tilde{\omega}^2$. Für den grenzstabilen Fall ($\tilde{\omega} \in \mathcal{R}$) findet man die in Tabelle 3.2 zusammengefaßten Resultate.

Die in Klammern angegebenen Abweichungen gegenüber den exakten Lösungen sind besonders für System A groß; für das gedämpfte System A läßt sich — im Widerspruch zur exakten Berechnung — Instabilität gar nicht mehr nachweisen. Die schlechte Beschreibung der Biegeschwingung (vgl. Berechnung für System im Vakuum) macht sich bei einem nahe bei eins liegenden ε_{11} — wie zu erwarten — stark bemerkbar; so beträgt das für System A effektiv modellierte Frequenzverhältnis ja nicht mehr $\varepsilon_{11} = 1,3$, sondern etwa $\varepsilon_{11} = 1,3 \cdot (1+0,66\%)/(1+11,0\%) = 1,18 < 1,19$ und liegt damit im gedämpften Falle außerhalb des kritischen Bereiches (vgl. Abbildung 2.4).

Modell 2 II: Die nun geltenden globalen Systemmatrizen sind von der Ordnung sieben. Wie vorher wird die Untersuchung mittels der Vorgaben

$$\delta_4 = 0 \;,\qquad \delta_4' = -\delta_3 \;,\qquad \delta_6' = \delta_6$$

auf symmetrische Schwingungen eingeschränkt. Die Ordnung der Matrizen und damit des Eigenwertproblems (3.132) läßt sich so in der vorher beschriebenen Weise auf vier reduzieren (Kondensation). Bezüglich des kondensierten Verschiebungsvektors

$$\boldsymbol{\Delta}_{\text{kon}} = \begin{pmatrix} \boldsymbol{\Delta}_{h,\text{kon}} \\ \boldsymbol{\Delta}_{\alpha,\text{kon}} \end{pmatrix} := \begin{pmatrix} \delta_2 \\ \delta_3 \\ \delta_6 \\ \delta_7 \end{pmatrix}$$

und mit den vorher definierten Abkürzungen lauten die Systemmatrizen

$$\boldsymbol{K}_{\text{kon}} = \frac{8EJ}{L^3} \left(\begin{array}{c|c} \begin{pmatrix} 24 & -6L \\ -3L & L^2 \end{pmatrix} & \boldsymbol{0} \\ \hline \boldsymbol{0} & \frac{\kappa L^2}{6} \begin{pmatrix} 8 & -4 \\ -8 & 7 \end{pmatrix} \end{array} \right)$$

$$(\boldsymbol{M} + \boldsymbol{A})_{\text{kon}} = \frac{mL}{1680} \left(\begin{array}{c|c} c_1 \begin{pmatrix} 624 & 26L \\ 13L & 2L^2 \end{pmatrix} & 28bc_3 \begin{pmatrix} 20 & 11 \\ L & 0 \end{pmatrix} \\ \hline 28bc_4 \begin{pmatrix} 10 & L \\ 11 & 0 \end{pmatrix} & 56b^2 c_2 \begin{pmatrix} 8 & 1 \\ 2 & 4 \end{pmatrix} \end{array} \right).$$

Einsetzen in Gleichung (3.132) und Berechnung der charakteristischen Determinante führt für

$$\lambda := \frac{\omega^2}{1 + ig} \frac{mL^4}{6720 EJ}$$

auf die Lösungsgleichung

$$a_4 \lambda^4 + a_3 \lambda^3 + a_2 \lambda^2 + a_1 \lambda + a_0 = 0$$

mit den wieder komplexen Koeffizienten

$$a_0 = 4\bar{\kappa}^2$$

$$a_1 = -276\bar{\kappa}^2 c_1 - 728\bar{\kappa} c_2$$

$$a_2 = \tfrac{455}{3}\bar{\kappa}^2 c_1^2 + 50\,232\bar{\kappa} c_1 c_2 - 46\,256\bar{\kappa} c_3 c_4 + 8\,820 c_2^2$$

$$a_3 = -\tfrac{82\,810}{3}\bar{\kappa} c_1^2 c_2 + 27\,342\bar{\kappa} c_1 c_3 c_4 - 608\,580 c_1 c_2^2 + 607\,796 c_2 c_3 c_4$$

$$a_4 = 334\,425 c_1^2 c_2^2 - 624\,946 c_1 c_2 c_3 c_4 + 290\,521 c_3^2 c_4^2$$

3.3. FINITE ELEMENTE & PRINZIP DER VIRT. VERSCHIEBUNGEN

Modell 2 II		ohne Dämpfung	mit Dämpfung
System A	k	0,303 955 8 (+0,01 %)	0,218 212 4 (−0,03 %)
	$\tilde{\omega}$	1,165 036 (+0,38 %)	1,107 838 (+0,38 %)
	ζ	3,832 913 (+0,37 %)	5,076 879 (+0,41 %)
System B	k	0,189 785 6 (−0,01 %)	0,158 485 8 (−0,01 %)
	$\tilde{\omega}$	1,517 740 (+0,37 %)	1,404 679 (+0,37 %)
	ζ	7,997 129 (+0,38 %)	8,863 124 (+0,38 %)

Tabelle 3.3: Aeroelastische Ergebnisgrößen (Modell 2 II)

und der Abkürzung

$$\bar{\kappa} := \frac{\kappa}{4\beta^2} = \left(\frac{L}{2b}\right)^2 \frac{GJ_d}{EJ} .$$

Zum Vergleich mit der exakten Lösung sind nach Gleichungen (3.133) bis (3.136) nun die Beziehungen

$$\bar{\kappa} = \tfrac{1}{4}(\pi\varepsilon_{11}r)^2 \, , \qquad \tilde{\omega}^2 = \tfrac{6720}{\pi^4}(1+ig)\lambda$$

zu berücksichtigen. Das charakteristische Polynom besitzt bei vorgegebenem k vier komplexe Wurzeln $\tilde{\omega}^2$. Ihre programmgesteuerte Berechnung erfolgte mittels komplexer Newton–Iteration [156]. Im grenzstabilen Fall ist mindestens ein $\tilde{\omega}$ reell. Entsprechende Variierung von k führte auf die in Tabelle 3.3 zusammengefaßten Ergebnisse.

Die Abweichungen gegenüber den exakten Lösungen sind klein. Für $\tilde{\omega}$ stimmen sie mit den zuvor festgestellten Abweichungen der Vakuum–Eigenfrequenzen fast überein. Die noch einmal um eine Größenordnung bessere Genauigkeit für k ist auf die ausgewogene Modellierung der Biege- und Torsionsschwingungen zurückzuführen; bei nahezu gleicher Abweichung in den Vakuum–Eigenfrequenzen wird nämlich das Frequenzverhältnis fast exakt modelliert.

Resümee: Die für ausreichende Genauigkeit erforderliche Anzahl von Elementen war erfreulich gering. Das hier verwendete Element II hat sich somit auch bezüglich aeroelastischer Berechnung als leistungsfähig erwiesen.

Kapitel 4

Die Dynamik des randpunkterregten Seiles

4.1 Einleitung

Für die statische Berechnung mechanischer Systeme muß das Last–Verformungs–Verhalten seiner Elemente im allgemeinen bekannt sein. Dessen Darstellung in konzentrierter Form erfolgt üblicherweise mittels Steifigkeitsmatrizen. Unter Beschränkung auf den eingeschwungenen Zustand kann dieses Konzept auf die Untersuchung dynamischer Vorgänge übertragen werden, was auf dynamische Impedanz- oder Steifigkeitsmatrizen führt [20]. Deren Elemente sind analytische Funktionen der Schwingungsfrequenz.

Es wird die dynamische Steifigkeitsmatrix eines dehnbaren, biegeschlaffen und (infolge Gravitation) durchhängenden Einzelseiles hergeleitet, die zur dynamischen Berechnung zusammengesetzter Systeme wie Schrägkabelbrücken oder abgespannte Masten herangezogen werden kann. Das Seil wird als Kontinuum aufgefaßt. Es werden nur kleine Verschiebungen zugelassen (lineare Theorie) und nur Bewegungen und Kräfte innerhalb der (senkrechten) Seilebene betrachtet. Viskose Dämpfung, etwa infolge von äußeren Strömungskräften, soll berücksichtigt werden.

Soweit bekannt ist, beschränken sich bisherige Lösungen des formulierten Problems im wesentlichen auf ein Element der hier zu berechnenden 4*4–Matrix: Die horizontale Steifigkeit am oberen Ende eines unten fest verankerten, schräg gespannten Seiles. Die diesbezüglichen Arbeiten von Davenport & Steels [24] und Irvine [57] geben Näherungsformeln an, die nach den hier gewonnenen Erkenntnissen für stark gespannte, schräge Seile (Schrägkabelbrücken) aber nicht mehr ausreichend genau sind. Nur die Arbeit [24] berücksichtigt auch Dämpfung, wobei allerdings eine numerische Auswertung unendlicher Reihen erforderlich wird. Veletsos & Darbre [141] entwickelten eine genauere, geschlossene Lösung für das gedämpfte Seil, die nach einer erforderlichen Berichtigung in das entsprechende Element der hier hergeleiteten Matrix überführt werden kann.

Die in diesem Kapitel vorgelegte Untersuchung folgt teilweise dem von Irvine & Caughey [54] und Irvine [56], [57] beschrittenen Weg, wobei hier aber die Zielrichtung eine andere ist (Steifigkeitsmatrix) und größere Allgemeingültigkeit angestrebt wird

KAPITEL 4. DIE DYNAMIK DES RANDPUNKTERREGTEN SEILES

(Dämpfung). Die Herleitung erfolgt im lokalen Koordinatensystem und gilt zunächst nur für das waagerecht gespannte Seil. Nach Ableitung der Grundgleichungen ist hierzu das Lösen linearer Integro–Differentialgleichungssysteme erforderlich. Unter noch zu diskutierenden Einschränkungen wird das Ergebnis dann auf das schräg gespannte Seil verallgemeinert und eine Transformation auf globale Koordinaten vorgenommen. Zusätzlich zur Steifigkeitsmatrix wird die dynamische Seilverschiebung (senkrecht zur Sehne) als Funktion der Randverschiebungen in geschlossener Form dargestellt. Beispielrechnungen und deren Diskussion sowie ein detaillierter Vergleich mit den Ergebnissen anderer Autoren runden den analytischen Teil der Untersuchungen ab. Der anschließende Schlußabschnitt zielt auf eine erleichterte numerische Lösung insbesondere des dynamischen Eigenwertproblems zusammengesetzter Systeme. Die zuvor abgeleiteten analytischen Steifigkeitsfunktionen werden hierzu auf lineare Matrizenpolynome abgebildet, was einem nachträglichen Übergang von Kontinua auf diskrete Schwingungssysteme entspricht.

Voraussetzungen und Gültigkeitsgrenzen der analytischen Theorie sollten genauer als in früheren Veröffentlichungen herausgearbeitet werden. Eine ausführliche Ableitung der Grundgleichungen und die gründliche Besprechung einiger Zwischenschritte war deshalb erforderlich. Bemerkenswert und neuartig in der analytischen Durchführung ist die Benutzung trigonometrischer Lösungsfunktionen mit komplexen Argumenten, mit deren Hilfe die Berechnung für das gedämpfte Seil nun verblüffend elegant gelingt. Außer für das hier diskutierte spezielle Problem kann diese Methode auch auf andere Arten gedämpfter Schwingungen angewendet werden, sofern diese sich durch lineare Differentialgleichungen beschreiben lassen. In der im Schlußabschnitt vorgelegten Studie zur Linearisierung der analytischen Steifigkeitsfunktionen werden Grundlagen eines neuen und praktisch relevanten Kalküls erarbeitet. Seine Anwendungsmöglichkeiten gehen ebenfalls über den engeren Problemkreis der Seilschwingungen hinaus.

4.2 Grundgleichungen

Aus den statischen Gleichgewichtsbedingungen am Seilelement folgt mit den Beziehungen nach Abbildung 4.1

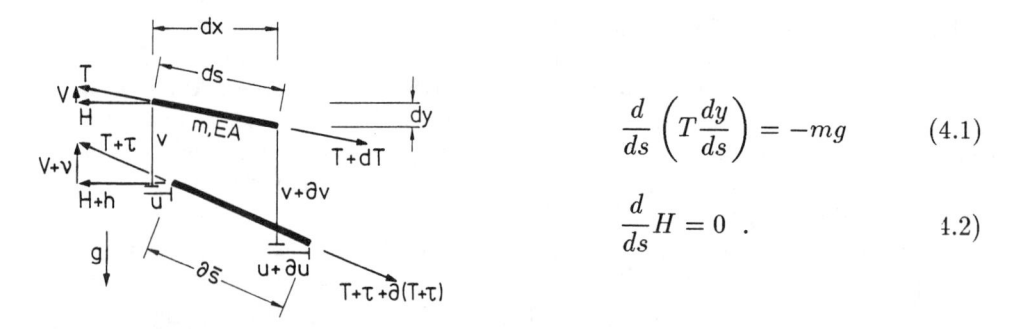

$$\frac{d}{ds}\left(T\frac{dy}{ds}\right) = -mg \qquad (4.1)$$

$$\frac{d}{ds}H = 0 \ . \qquad (4.2)$$

Abb. 4.1: Infinitesimales Seilelement

4.2. GRUNDGLEICHUNGEN

Hierbei steht T für die statische Seilkraft und

$$H = T\frac{dx}{ds} \tag{4.3}$$

für deren Horizontalkomponente; m ist die auf die Länge bezogene Seilmasse, und g ist die Gravitationsbeschleunigung (bezüglich m und g vgl. auch die abschließenden Bemerkungen von Abschnitt 4.5). Die statische Form des horizontal gespannten Seiles wird durch eine quadratische Parabel angenähert. Mit den Bezeichnungen nach Abbildung 4.2 gilt hierfür

$$y = \frac{mg\,l^2}{2H} \left[\frac{x}{l} - \left(\frac{x}{l}\right)^2 \right] \,. \tag{4.4}$$

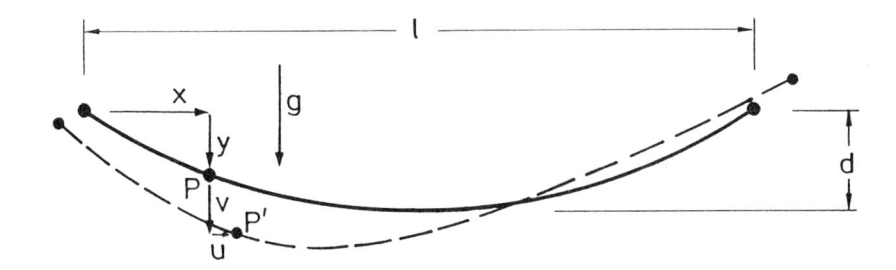

Abb. 4.2: Horizontal gespanntes Seil

Der Zusammenhang zwischen den bisher eingeführten Größen und dem statischen Durchhang in Feldmitte $d = y\big|_{x=l/2}$ lautet dann

$$H = \frac{mg\,l^2}{8d} \,. \tag{4.5}$$

Die schon von Irvine & Caughey [54] angegebenen Gleichungen zur Beschreibung des dynamischen Gleichgewichts und der Kontinuität am Seilelement seien hier ausführlich hergeleitet, um so die einzuhaltenden Voraussetzungen und geltenden Definitionen genau herauszuarbeiten.

Zur durchgreifenden Vereinfachung des Problems wird zunächst eine Aussage bezüglich des dynamischen Anteils τ der momentanen Seilkraft gemacht. Die Geschwindigkeit der Verdichtungswellen in einem elastischen Stab beträgt

$$c_\varepsilon = \sqrt{\frac{EA}{m}} \tag{4.6}$$

mit der Dehnsteifigkeit EA. Für die Geschwindigkeit der Querwellen in einem horizontal gespannten Seil gilt (bei nicht zu großem Durchhang)

$$c_v = \sqrt{\frac{H}{m}} \; . \tag{4.7}$$

Für das Verhältnis der Wellengeschwindigkeiten erhält man bei einem Stahlseil mit dem Elastizitätsmodul $E = 200\,000$ MPa und der Seilspannung $\sigma \leq 500$ MPa

$$\frac{c_\varepsilon}{c_v} = \sqrt{\frac{EA}{H}} \simeq \sqrt{\frac{E}{\sigma}} \geq 20 \gg 1 \; .^* \tag{4.8}$$

Bei diesem großen numerischen Abstand der beiden Wellengeschwindigkeiten werden sich zwei Klassen von Schwingungsmodi — verknüpft mit vorwiegend geometrischer oder vorwiegend elastischer Verformung — identifizieren lassen. Die zugehörigen Eigenfrequenzen verhalten sich etwa wie die Wellengeschwindigkeiten nach Gleichungen (4.6) und (4.7). Beschränkt man nun die Untersuchung auf Frequenzen im Bereich der ersten (geometrischen) Eigenfrequenzen, so kann die elastische Verformung als quasi–statisch angenommen werden; die Trägheitskräfte in Seilrichtung werden zu klein sein, um eine nennenswerte Veränderung der dynamischen Seilkraft τ entlang des Seiles zu bewirken. Es gilt also näherungsweise

$$\frac{\partial \tau}{\partial x} = 0 \; . \tag{4.9}$$

Diese Gleichung ersetzt die dynamische Gleichgewichtsbedingung in horizontaler Richtung.

Das dynamische Gleichgewicht der vertikalen Kräfte ist gewährleistet, wenn

$$\frac{\partial}{\partial s}\left[(T+\tau)\varphi_y\right] = m\frac{\partial^2 v}{\partial t^2} - mg \; , \tag{4.10}$$

wobei durch Multiplikation mit

$$\varphi_y := \frac{dy + \partial v}{\partial \bar{s}} \tag{4.11}$$

die Vertikalkomponente der momentanen Seilkraft dargestellt wird (vgl. Abbildung 4.1). Der Dämpfungseinfluß bleibe hier zunächst unberücksichtigt. Nach Einführung der (dynamischen) elastischen Dehnung

$$\varepsilon := \frac{\partial \bar{s}}{\partial s} - 1 \tag{4.12}$$

---

*Die hier wie auch später wieder auftauchende Größe H/EA (bzw. T_Θ/EA) ist näherungsweise gleich der eingeprägten (statischen) Vordehnung des Seiles.

4.2. GRUNDGLEICHUNGEN

gilt in linearisierter Rechnung

$$\begin{aligned}
\varphi_y &= \frac{dy + \partial v}{\partial s}\frac{1}{1+\varepsilon} \\
&= \frac{dy + \partial v}{\partial s}(1 - \varepsilon + \varepsilon^2 - \ldots) \\
&= \left(\frac{dy}{ds} + \frac{\partial v}{\partial s}\right)(1-\varepsilon)\ .
\end{aligned} \tag{4.13}$$

Eingesetzt in Gleichung (4.10) führt dies unter Berücksichtigung von Gleichung (4.1) und unter Rückgriff auf die Elastizitätsbeziehung

$$EA \cdot \varepsilon = \tau \tag{4.14}$$

(Stoffgesetz) nach Linearisierung auf die Gleichung

$$\frac{\partial}{\partial s}\left[T\frac{\partial v}{\partial s} + \tau\frac{dy}{ds}\left(1 - \frac{T}{EA}\right)\right] = m\frac{\partial^2 v}{\partial t^2}\ , \tag{4.15}$$

die sich unter Anwendung der Beziehungen (4.2), (4.3) und (4.9) vereinfacht zu

$$H\frac{\partial^2 v}{\partial x^2} + \tau\frac{d}{dx}\left(\frac{dy}{ds} - \frac{H}{EA}\frac{dy}{dx}\right) = m\frac{ds}{dx}\frac{\partial^2 v}{\partial t^2}\ . \tag{4.16}$$

Mit den Zwischenrechnungen

$$\frac{d}{dx}\frac{dy}{ds} = \frac{d}{dx}\left(\frac{dy}{dx}\frac{dx}{ds}\right) = \frac{d^2y}{dx^2}\frac{dx}{ds} + \frac{dy}{dx}\frac{d}{dx}\left(\frac{ds}{dx}\right)^{-1}$$

und

$$\frac{d}{dx}\left(\frac{ds}{dx}\right)^{-1} = \frac{d}{dx}\left[1 + \left(\frac{dy}{dx}\right)^2\right]^{-\frac{1}{2}} = -\left(\frac{dx}{ds}\right)^3\frac{dy}{dx}\frac{d^2y}{dx^2} \tag{4.17}$$

und hieraus

$$\frac{d}{dx}\frac{dy}{ds} = \frac{dx}{ds}\frac{d^2y}{dx^2}\left[1 - \left(\frac{dy}{ds}\right)^2\right] = \left(\frac{dx}{ds}\right)^3\frac{d^2y}{dx^2} \tag{4.18}$$

folgt aus Gleichung (4.16) schließlich die Beziehung

$$H\frac{\partial^2 v}{\partial x^2} + h_\tau\frac{d^2y}{dx^2}\left[\left(\frac{dx}{ds}\right)^2 - \frac{H}{EA}\frac{ds}{dx}\right] = m\frac{ds}{dx}\frac{\partial^2 v}{\partial t^2}\ , \tag{4.19}$$

wobei in Entsprechung zu Gleichung (4.3) die Größe h_τ zu

$$h_\tau := \tau \frac{dx}{ds} \qquad (4.20)$$

definiert wird. Bei ausreichend kleinem Stich (etwa $d/l \leq 1/20$) können in Gleichung (4.19) die Differentiale dx/ds und ds/dx durch 1 ersetzt werden. Läßt man außerdem den mit H/EA verknüpften Anteil fort — dieser Wert wurde in der Herleitung bereits als klein vorausgesetzt — so erhält man eine Bewegungsgleichung, die mit der von Irvine & Caughey [54] angegebenen formal übereinstimmt.

Entgegen früheren Annahmen ist es somit möglich, diese Beziehung auch ohne eine Größenbeschränkung der Horizontalverschiebung u herzuleiten. Sie kann deshalb auch der hier vorzunehmenden Untersuchung eines Seiles mit verschieblichen Randpunkten zugrunde gelegt werden.

Berücksichtigt man nun zusätzlich eine viskose Dämpfungskraft, wie sie durch das umgebende Medium auf das schwingende Seil wirken kann, so erhält man die für ausreichend flach gespannte Seile gültige Bewegungsgleichung

$$H\frac{\partial^2 v}{\partial x^2} + h_\tau \frac{d^2 y}{dx^2} = m\frac{\partial^2 v}{\partial t^2} + c\frac{\partial v}{\partial t} \ . \qquad (4.21)$$

Hier ist c die auf die Länge und die Geschwindigkeit bezogene Dämpfungskraft. Die im Falle horizontal verschieblicher Randpunkte dort gegenüber $\partial v/\partial t$ dominierende Dämpfungswirkung von $\partial u/\partial t$ wird bei kleinem Stich insgesamt von wenig Einfluß auf die Seilschwingung sein und bleibe hier unberücksichtigt.

Die Herleitung der zweiten fundamentalen Gleichung geht von der schon formulierten Kontinuitätsbedingung (4.14) aus. Mit Gleichung (4.12) und

$$\partial \bar{s} = \left[(dx + \partial u)^2 + (dy + \partial v)^2\right]^{\frac{1}{2}} \qquad (4.22)$$

folgt für die elastische Dehnung ε in linearisierter Rechnung zunächst

$$\varepsilon = \frac{dx}{ds}\frac{\partial u}{\partial s} + \frac{dy}{ds}\frac{\partial v}{\partial s} \ . \qquad (4.23)$$

Nach Einsetzen in Gleichung (4.14) erhält man unter Benutzung der Definition (4.20) die Beziehung

$$\frac{h_\tau}{EA}\left(\frac{ds}{dx}\right)^3 = \frac{dy}{dx}\frac{\partial v}{\partial x} + \frac{\partial u}{\partial x} \ , \qquad (4.24)$$

die für die elastische und geometrische Verträglichkeit am Seilelement steht. Auch diese Gleichung stimmt mit der von Irvine & Caughey [54] angegebenen Beziehung formal überein.

4.2. GRUNDGLEICHUNGEN

Statt des dynamischen Anteils h der momentanen Horizontalkraft erscheint hier aber jeweils die in Gleichung (4.20) definierte Hilfsgröße h_τ. Zwischen beiden Werten soll unterschieden werden, da sich h nach Abbildung 4.1 ergibt zu

$$h = (T + \tau)\varphi_x - T\frac{dx}{ds} \tag{4.25}$$

bzw. (entsprechend Gleichungen (4.11) und (4.13)) mit

$$\begin{aligned}\varphi_x &:= \frac{dx + \partial u}{\partial \bar{s}} \\ &= \frac{dx + \partial u}{\partial s}\frac{1}{1+\varepsilon} = \left(\frac{dx}{ds} + \frac{\partial u}{\partial s}\right)(1-\varepsilon)\end{aligned} \tag{4.26}$$

zu

$$h = h_\tau\left(1 - \frac{H}{EA}\frac{ds}{dx}\right) + H\frac{\partial u}{\partial x} \ . \tag{4.27}$$

Unter Benutzung von Gleichung (4.24) kann hier $\partial u/\partial x$ eliminiert werden. Der dann mit H/EA verknüpfte Anteil wird wieder vernachlässigt, und man erhält die Beziehung

$$h = h_\tau - H\frac{dy}{dx}\frac{\partial v}{\partial x} \ , \tag{4.28}$$

aus der die dynamische Horizontalkraft als Funktion von h_τ und $\partial v/\partial x$ ermittelt werden kann. Für den dynamischen Anteil ν der momentanen Vertikalkraft kann man schreiben

$$\nu = (T + \tau)\varphi_y - T\frac{dy}{ds} \ . \tag{4.29}$$

Mit den Gleichungen (4.13) und (4.14) folgt hieraus

$$\nu = h_\tau\frac{dy}{dx}\left(1 - \frac{H}{EA}\frac{ds}{dx}\right) + H\frac{\partial v}{\partial x} \ , \tag{4.30}$$

und unter Vernachlässigung des mit H/EA verknüpften Anteils erhält man schließlich

$$\nu = h_\tau\frac{dy}{dx} + H\frac{\partial v}{\partial x} \ . \tag{4.31}$$

4.3 Das horizontal gespannte Seil

4.3.1 Allgemeines

Untersucht wird ein Seil mit niveaugleichen Randpunkten und nicht zu großem Durchhang. Die Schwingung sei mit den Produkten

$$v(x,t) = \tilde{v}(x)e^{i\omega t} \tag{4.32a}$$

$$u(x,t) = \tilde{u}(x)e^{i\omega t}, \tag{4.32b}$$

vollständig beschreibbar, wobei gelte

$$i^2 = -1 \; ; \qquad \tilde{u}, \tilde{v}, \omega \in \mathcal{C} \; .$$

Dann wird auch

$$h_\tau(x,t) = \tilde{h}_\tau(x)e^{i\omega t} \; ; \qquad \tilde{h}_\tau \in \mathcal{C} \tag{4.32c}$$

$$\tau(t) = \tilde{\tau}e^{i\omega t} \; ; \qquad \tilde{\tau} \in \mathcal{C} \tag{4.32d}$$

sein, und analoge Produktdarstellungen gelten für die Randkräfte und Randverschiebungen. Es werden also nur harmonische Schwingungen und Schwingungen mit exponentiell veränderlicher Amplitude (modifiziert-harmonische Schwingungen) zugelassen. Mit diesem Ansatz kann sowohl die stationäre Systemantwort auf harmonische Erregung als auch die freie, gedämpfte Schwingung untersucht werden. In jedem Fall ist dynamische Steifigkeit definiert als (zeitunabhängiges) Verhältnis zwischen Randkraft und Randverschiebung des Seiles; dabei kann das Seil auch Teil eines gleichartig schwingenden Gesamtsystems sein.

Mit den Ansätzen (4.32a, b) und unter Verwendung der statischen Beziehungen (4.4) und (4.5) folgt aus der Bewegungsgleichung (4.21) die zunächst inhomogen aufgefaßte, gewöhnliche Differentialgleichung

$$H\frac{\partial^2 \tilde{v}}{\partial x^2} + \omega_c^2 m\tilde{v} = \frac{8d}{l^2}\tilde{h}_\tau \; , \tag{4.33}$$

wobei

$$\omega_c := \omega\sqrt{1-2\xi i} \qquad \text{und} \qquad \xi := \frac{c}{2m\omega} \tag{4.34}$$

gesetzt wurde. Die Einführung der Hilfsgröße ω_c ermöglicht eine wesentliche Vereinfachung der weiteren Ableitungen, die nun formal wie für ein ungedämpftes Seil durchgeführt werden können. Der hier definierte Dämpfungsparameter ξ ist nicht

4.3. DAS HORIZONTAL GESPANNTE SEIL

auf eine Eigenfrequenz, sondern auf die Erregerfrequenz bezogen. Er ist deshalb — entgegen des Anscheins — kein viskoser Dämpfungsgrad. Die Definition der dimensionslosen Größen

$$\Omega := \omega l \sqrt{\frac{m}{H}} \quad , \qquad \Omega_c := \omega_c l \sqrt{\frac{m}{H}} \tag{4.35}$$

wird sich später als sinnvoll erweisen.

Aus der Kontinuitätsbedingung (4.24) erhält man

$$\frac{\tilde{h}_\tau}{EA}\left(\frac{ds}{dx}\right)^3 = \frac{dy}{dx}\frac{\partial \tilde{v}}{\partial x} + \frac{\partial \tilde{u}}{\partial x} \; . \tag{4.36}$$

Die weitere Untersuchung erfolgt getrennt für horizontale und vertikale Randverschiebungen, wobei jeweils noch eine Zerlegung in symmetrische und antisymmetrische Anteile vorgenommen wird. Angesichts der Voraussetzung kleinen Durchhangs wird die Größe h_τ insbesondere bezüglich der im folgenden auszuführenden Integrationen als — ebenso wie τ — räumlich konstant angesehen.

4.3.2 Horizontale Randverschiebungen

Symmetrisch: Zu berechnen sind die dynamischen Steifigkeiten

$$k^s_{h,u} := \frac{h^s}{u^s} = \frac{\tilde{h}^s}{\tilde{u}^s} \tag{4.37a}$$

$$k^s_{v,u} := \frac{v^s}{u^s} = \frac{\tilde{v}^s}{\tilde{u}^s} \tag{4.37b}$$

Abb. 4.3: Horizontale Randverschiebung (symmetrisch)

mit den Bezeichnungen nach Abbildung 4.3. Die an die hier geltenden Randbedingungen angepaßte Lösung von Gleichung (4.33) lautet

$$\tilde{v} = \frac{8d}{\Omega_c^2}\frac{\tilde{h}_\tau}{H}\left(1 - \tan\frac{\Omega_c}{2}\sin\frac{\Omega_c x}{l} - \cos\frac{\Omega_c x}{l}\right) \; , \tag{4.38}$$

wie man durch Einsetzen leicht bestätigt. Die Argumente der hier auftauchenden trigonometrischen Funktionen sind komplex. Durch Integration der Gleichung (4.36) gelingt es, die dort noch auftretende Funktion $\tilde{u}(x)$ zu eliminieren. Man erhält unter Rückgriff auf die Gleichungen (4.4) und (4.5)

$$\frac{\tilde{h}_\tau L_e}{EA} = \tilde{u}^s + \frac{8d}{l^2}\int_0^l \tilde{v}\,dx \tag{4.39}$$

mit

$$L_e := \int_0^l \left(\frac{ds}{dx}\right)^3 dx \simeq l\left[1 + 8\left(\frac{d}{l}\right)^2\right] . \qquad (4.40)$$

Einsetzen von Gleichung (4.38) in die Rechenvorschrift (4.39) und Auflösen nach $\tilde{h}_\tau$ ergibt schließlich

$$\tilde{h}_\tau = \frac{EA}{L_e} \frac{1}{1 + \frac{\lambda^2}{\Omega_c^2}(\kappa - 1)} \tilde{u}^s \qquad (4.41)$$

mit dem fundamentalen Seilparameter

$$\lambda^2 := \left(\frac{mgl}{H}\right)^2 \frac{EAl}{HL_e} \qquad (4.42)$$

und der nur von Ω_c abhängigen Funktion

$$\kappa = \kappa(\Omega_c) := \frac{\tan(\Omega_c/2)}{\Omega_c/2} . \qquad (4.43)$$

Die dynamische Horizontalkraft am Rand $\tilde{h}^s$ folgt aus Gleichung (4.28):

Mit $\qquad \left.\dfrac{dy}{dx}\right|_{x=0} = \dfrac{1}{2}\epsilon \qquad (4.44)$

und $\qquad \left.H\dfrac{\partial \tilde{v}}{\partial x}\right|_{x=0} = -\dfrac{1}{2}\epsilon\kappa\tilde{h}_\tau \qquad (4.45)$

erhält man

$$\tilde{h}^s = \left(1 + \frac{1}{4}\epsilon^2\kappa\right)\tilde{h}_\tau , \qquad (4.46)$$

wobei die zu

$$\epsilon := \frac{mgl}{H} = \frac{8d}{l} \qquad (4.47)$$

definierte Größe etwa dem Verhältnis von Seilgewicht zu statischer Seilkraft entspricht. Aus den Gleichungen (4.37a), (4.41) und (4.46) folgt schließlich

$$k_{h,u}^s = \frac{EA}{L_e} \frac{1 + \frac{1}{4}\epsilon^2\kappa}{1 + \frac{\lambda^2}{\Omega_c^2}(\kappa - 1)} . \qquad (4.48)$$

4.3. DAS HORIZONTAL GESPANNTE SEIL

Für flach gespannte Stahlseile mit $\epsilon \ll 1$ wird der zweite im Zähler auftretende Summand nur im Bereich der Singularitäten, wie z. B. für

$$\Omega_c \simeq (2n-1)\pi \; ; \qquad n = 1, 2, \ldots$$

eventuell von Bedeutung sein. Vernachlässigt man ihn, so erhält man den vereinfachten Ausdruck

$$k_{h,u}^s = \frac{EA}{L_e} \frac{1}{1 + \frac{\lambda^2}{\Omega_c^2}(\kappa - 1)} \; . \tag{4.49}$$

Der Grenzübergang $\Omega_c \to 0$ in Gleichung (4.48) führt mit

$$k_{h,u}^s \bigg|_{\Omega_c \to 0} = \frac{EA}{L_e} \frac{1 + \frac{1}{4}\epsilon^2}{1 + \frac{1}{12}\lambda^2} \simeq \frac{EA}{l} \frac{1}{1 + \frac{1}{12}\lambda^2} \tag{4.50}$$

— wie zu erwarten — auf die ideelle statische Ersatzsteifigkeit, wie sie sich mit dem fiktiven E–Modul nach Ernst [31] ergibt (Probe).

Die dynamische Vertikalkraft ergibt sich aus Gleichung (4.31) zu

$$\tilde{\nu}^s = -\tilde{\nu}\bigg|_{x=0} = \frac{1}{2}\epsilon(\kappa - 1)\tilde{h}_\tau \; , \tag{4.51}$$

womit die in Gleichung (4.37b) definierte zweite Steifigkeitsfunktion folgt zu

$$k_{\nu,u}^s = \frac{EA}{L_e} \frac{\frac{1}{2}\epsilon(\kappa - 1)}{1 + \frac{\lambda^2}{\Omega_c^2}(\kappa - 1)} \; . \tag{4.52}$$

Man verifiziert leicht, daß diese Funktion — wie es sein muß — für $\Omega_c \to 0$ verschwindet und für absolut kleine, reelle Ω_c positiv ist.

Die zur Randverschiebung $\tilde{u}^s$ gehörende Vertikalverschiebung $\tilde{v}$ kann aus den Gleichungen (4.38) und (4.41) berechnet werden. Man erhält

$$\tilde{v} = \beta_u^s \cdot \tilde{u}^s$$

mit

$$\beta_u^s := \frac{1}{\epsilon} \frac{\lambda^2}{\Omega_c^2} \frac{1 - \tan\frac{\Omega_c}{2}\sin\frac{\Omega_c x}{l} - \cos\frac{\Omega_c x}{l}}{1 + \frac{\lambda^2}{\Omega_c^2}(\kappa - 1)}$$

$$\tag{4.53}$$

und hieraus für den statischen Sonderfall

$$\tilde{v}\bigg|_{\Omega_c \to 0} = -\frac{\lambda^2}{\epsilon} \frac{\frac{1}{2}\left[\frac{x}{l} - \left(\frac{x}{l}\right)^2\right]}{1 + \frac{1}{12}\lambda^2} \tilde{u}^s \; . \tag{4.54}$$

Antisymmetrisch:

Ähnlich wie zuvor seien die dynamischen Steifigkeiten definiert zu

Abb. 4.4: Horizontale Randverschiebung (antisymmetrisch)

$$k_{h,u}^a := \frac{h^a}{u^a} = \frac{\tilde{h}^a}{\tilde{u}^a} \qquad (4.55\text{a})$$

$$k_{\nu,u}^a := \frac{\nu^a}{u^a} = \frac{\tilde{\nu}^a}{\tilde{u}^a} \; . \qquad (4.55\text{b})$$

Wird die Existenz einer antisymmetrischen Lösung für $\tilde{v}(x)$ zunächst einmal vorausgesetzt, so folgt aus der Integration von Gleichung (4.36) unter den nun herrschenden Randbedingungen, daß $\tilde{h}_\tau$ hierfür verschwindet. Die dann homogene Gleichung (4.33) hat tatsächlich antisymmetrische Lösungen, wobei aber ω_c wegen der ebenfalls homogenen Randbedingungen nicht mehr frei wählbar ist. Man findet nur noch die Eigenlösungen für das festverankerte Seil, und ein Zusammenhang zwischen der eingeprägten Randverschiebung u^a und den Größen v, h^a, ν^a ist nicht mehr herstellbar! Hierzu wäre die Berücksichtigung der eingangs ignorierten horizontalen Gleichgewichtsbedingung und damit der horizontalen Trägheitskräfte erforderlich. Bei konsequenter Fortführung der bisher entwickelten Theorie erhält man mit der verbleibenden trivialen Lösung

$$\tilde{v} \equiv 0 \quad \Longleftrightarrow \quad \beta_u^a := \frac{\tilde{v}}{\tilde{u}^a} \equiv 0 \qquad (4.56)$$

und mit den Gleichungen (4.28), (4.31) die Steifigkeiten zu

$$k_{h,u}^a = 0 \qquad (4.57)$$

$$k_{\nu,u}^a = 0 \; . \qquad (4.58)$$

Legt man für eine Vergleichsrechnung der Ermittlung von $k_{h,u}^a$ nur die durch eine angenommene Starrkörperverschiebung geweckten horizontalen Trägheitskräfte zugrunde (Näherung im Falle kleiner Ω_c), so erhält man mit

$$k_{h,u}^a \Big|_{\Omega_c \simeq 0} = -\frac{1}{4} m l \, \omega_c^2 = -\frac{EA}{L_e} \frac{1}{4} \frac{\epsilon^2}{\lambda^2} \Omega_c^2 \qquad (4.59)$$

einen Beitrag, der gegenüber $k_{h,u}^s$ nach Gleichung (4.49) tatsächlich von geringem Einfluß ist. Unter den schon vorher präzisierten Einschränkungen kleinen Durchhangs und niederfrequenter Schwingung werden die Ergebnisse gemäß Gleichungen (4.56) bis (4.58) in die weitere Rechnung einbezogen. Im statischen Grenzfall gelten diese Beziehungen exakt. Unabhängig von den diskutierten Vorbehalten folgt aus der Prämisse antisymmetrischer Verformung für die Verschiebung in Feldmitte

$$\tilde{v}_m = 0 \; . \qquad (4.60)$$

4.3. DAS HORIZONTAL GESPANNTE SEIL

4.3.3 Vertikale Randverschiebungen

Symmetrisch: Es werden die dynamischen Steifigkeiten

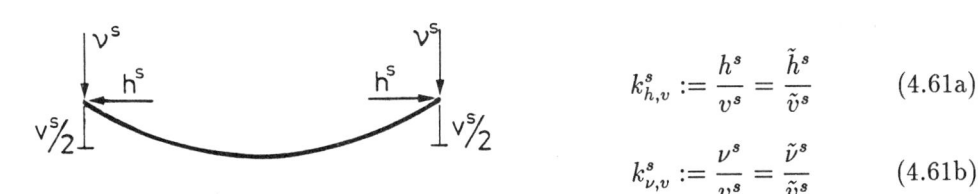

$$k_{h,v}^s := \frac{h^s}{v^s} = \frac{\tilde{h}^s}{\tilde{v}^s} \qquad (4.61a)$$

$$k_{v,v}^s := \frac{v^s}{v^s} = \frac{\tilde{v}^s}{\tilde{v}^s} \qquad (4.61b)$$

Abb. 4.5: Vertikale Randverschiebung (symmetrisch)

berechnet. Für die in Abbildung 4.5 definierten Randbedingungen lautet die Lösung von Gleichung (4.33)

$$\tilde{v} = \frac{8d}{\Omega_c^2} \frac{\tilde{h}_\tau}{H} \left(1 - \tan\frac{\Omega_c}{2} \sin\frac{\Omega_c x}{l} - \cos\frac{\Omega_c x}{l} \right) + \ldots$$
$$+ \frac{1}{2}\tilde{v}^s \left(\tan\frac{\Omega_c}{2} \sin\frac{\Omega_c x}{l} + \cos\frac{\Omega_c x}{l} \right) . \qquad (4.62)$$

Integration von Gleichung (4.36) ergibt hier

$$\frac{\tilde{h}_\tau L_e}{EA} = -\frac{1}{2}\frac{8d}{l}\tilde{v}^s + \frac{8d}{l^2}\int_0^l \tilde{v}\, dx \ . \qquad (4.63)$$

Einsetzen von (4.62) in (4.63) führt auf

$$\tilde{h}_\tau = \frac{EA}{L_e} \frac{\frac{1}{2}\epsilon(\kappa - 1)}{1 + \frac{\lambda^2}{\Omega_c^2}(\kappa - 1)} \tilde{v}^s \ . \qquad (4.64)$$

Mit $\qquad H\frac{\partial \tilde{v}}{\partial x}\bigg|_{x=0} = -\frac{1}{2}\epsilon\kappa\tilde{h}_\tau + \frac{1}{4}\frac{H}{l}\Omega_c^2\kappa\tilde{v}^s \qquad (4.65)$

und $\qquad \tilde{h}^s = \left(1 + \frac{1}{4}\epsilon^2\kappa\right)\tilde{h}_\tau - \frac{1}{8}\frac{H}{l}\epsilon\Omega_c^2\kappa\tilde{v}^s \qquad (4.66)$

(gemäß Gleichung (4.28)) folgt schließlich

$$k_{h,v}^s = \frac{EA}{L_e} \frac{\frac{1}{2}\epsilon\left[(\kappa - 1) - \frac{1}{4}\frac{\epsilon^2}{\lambda^2}\Omega_c^2\kappa\right]}{1 + \frac{\lambda^2}{\Omega_c^2}(\kappa - 1)} \ . \qquad (4.67)$$

Vernachlässigt man hier wieder den mit

$$\frac{\epsilon^2}{\lambda^2} = \frac{H}{EA}\frac{L_e}{l} \simeq \frac{H}{EA} \ll 1 \qquad (4.68)$$

verknüpften Anteil, so erhält man einen Ausdruck, der mit dem für $k^s_{\nu,u}$ nach Gleichung (4.52) übereinstimmt (Symmetrie).
Weiter folgt aus Gleichung (4.31)

$$\tilde{\nu}^s = \frac{1}{2}\epsilon(\kappa-1)\tilde{h}_\tau - \frac{1}{4}\frac{H}{l}\Omega_c^2 \kappa \tilde{v}^s \qquad (4.69)$$

und hieraus die Steifigkeitsfunktion

$$k^s_{\nu,v} = -\frac{EA}{L_e}\frac{\frac{1}{4}\frac{\epsilon^2}{\lambda^2}\Omega_c^2\left[\kappa + \frac{\lambda^2}{\Omega_c^2}(\kappa-1)\right]}{1 + \frac{\lambda^2}{\Omega_c^2}(\kappa-1)} \;. \qquad (4.70)$$

Für Ω_c nahe null vereinfacht sich dieser Ausdruck zu

$$k^s_{\nu,v}\Big|_{\Omega_c \simeq 0} = -\frac{EA}{L_e}\frac{1}{4}\frac{\epsilon^2}{\lambda^2}\Omega_c^2 = -\frac{1}{4}ml\,\omega_c^2 \;, \qquad (4.71)$$

was unmittelbar als plausibel erkannt wird (Starrkörperverschiebung; vgl. Ausdruck (4.59)).
Die Verschiebung beträgt

$$\tilde{v} = \beta_v^s \cdot \tilde{v}^s$$

mit

$$\left.\beta_v^s := \frac{1}{2}\frac{\tan\frac{\Omega_c}{2}\sin\frac{\Omega_c x}{l} + \cos\frac{\Omega_c x}{l} + \frac{\lambda^2}{\Omega_c^2}(\kappa-1)}{1 + \frac{\lambda^2}{\Omega_c^2}(\kappa-1)} = \frac{1}{2}\left(1 - \epsilon\frac{\Omega_c^2}{\lambda^2}\beta_u^s\right)\;,\right\} \qquad (4.72)$$

und für den statischen Sonderfall folgt richtig

$$\tilde{v}\Big|_{\Omega_c \to 0} = \frac{1}{2}\tilde{v}^s \;. \qquad (4.73)$$

4.3. DAS HORIZONTAL GESPANNTE SEIL

Antisymmetrisch:

Es sind die dynamischen Steifigkeiten

$$k_{h,v}^a := \frac{h^a}{v^a} = \frac{\tilde{h}^a}{\tilde{v}^a} \qquad (4.74a)$$

$$k_{\nu,v}^a := \frac{\nu^a}{v^a} = \frac{\tilde{\nu}^a}{\tilde{v}^a} \qquad (4.74b)$$

Abb. 4.6: Vertikale Randverschiebung (antisymmetrisch)

zu berechnen. Aus der Integration von Gleichung (4.36) mit einer als antisymmetrisch angenommenen Verschiebungsfunktion $\tilde{v}(x)$ folgt wieder das Verschwinden von $\tilde{h}_\tau$. Das wegen der Randbedingungen aber dennoch inhomogene Randwertproblem hat nun die Lösung

$$\left.\begin{array}{l} \tilde{v} = \beta_v^a \cdot \tilde{v}^a \\[6pt] \text{mit} \\[6pt] \beta_v^a := \dfrac{1}{2}\left(\cot\dfrac{\Omega_c}{2}\sin\dfrac{\Omega_c x}{l} - \cos\dfrac{\Omega_c x}{l}\right) \ , \end{array}\right\} \qquad (4.75)$$

die tatsächlich antisymmetrisch ist und im statischen Grenzfall — wie zu erwarten — linear wird.

Mit
$$H\frac{\partial \tilde{v}}{\partial x}\bigg|_{x=0} = \frac{H}{l}\frac{1}{\kappa}\tilde{v}^a \qquad (4.76)$$

berechnet man $\tilde{h}^a$ aus Gleichung (4.28) und hieraus weiter

$$k_{h,v}^a = \frac{EA}{L_e}\frac{1}{2}\epsilon\frac{\epsilon^2}{\lambda^2}\frac{1}{\kappa} \ . \qquad (4.77)$$

Der statische Grenzwert

$$k_{h,v}^a\bigg|_{\Omega_c \to 0} = \frac{1}{2}\epsilon\frac{EA}{L_e}\frac{\epsilon^2}{\lambda^2} = \frac{1}{2}mg \qquad (4.78)$$

ist nun allerdings nicht gleich dem richtigen Wert null. Diese (in der Gesamtrechnung kleine) Diskrepanz resultiert aus der grundlegenden Annahme eines über die Seillänge konstanten τ bzw. h_τ und dem hiermit aus Gleichung (4.36) folgenden Schluß $h_\tau = 0$. Ein Blick auf Gleichung (4.28) zeigt aber, daß die Kraft h_τ zwar klein ist, aber (wegen $h^a\big|_{\Omega_c \to 0} = 0$) nicht ganz verschwindet.

Angesichts dieser Schwierigkeit und in Übereinstimmung mit dem nach Gleichung (4.58) für $k^a_{\nu,u}$ gefundenen Ergebnis (Symmetrie) wird der Ausdruck (4.77) ersetzt durch

$$k^a_{h,v} = 0 \ . \tag{4.79}$$

Die Berechnung von ν^a nach Gleichung (4.31) führt auf

$$k^a_{\nu,v} = \frac{EA}{L_e} \frac{\epsilon^2}{\lambda^2} \frac{1}{\kappa} \ . \tag{4.80}$$

Für den Fall statischer Belastung stellt sich nun mit

$$\left. k^a_{\nu,v} \right|_{\Omega_c \to 0} = \frac{EA}{L_e} \frac{\epsilon^2}{\lambda^2} = \frac{H}{l} \tag{4.81}$$

richtig der aus der statischen Abtriebskraft resultierende Wert ein. Die vorher auftretende Schwierigkeit besteht hier nicht, da h_τ bezüglich der Ermittlung von ν^a von weniger Einfluß ist.

Die Verschiebungsfunktion β^a_v verschwindet in Feldmitte, für die Verschiebung dieses Punktes gilt

$$\tilde{v}_m = 0 \ . \tag{4.82}$$

4.3.4 Zusammenfassung

Die Elemente k_{ij} ($i, j = 1, \ldots, 4$) der lokalen dynamischen Steifigkeitsmatrix $\boldsymbol{k}$ sind definiert durch die Transformationsgleichung

Abb. 4.7: Lokale Kraft- und Verschiebungsgrößen

$$\boldsymbol{f} = \boldsymbol{k} \cdot \boldsymbol{\delta} \tag{4.83}$$

mit den lokalen Kraft- und Verschiebungsgrößen

$$\boldsymbol{f} := \begin{pmatrix} f_1 \\ f_2 \\ f_3 \\ f_4 \end{pmatrix} \ , \quad \boldsymbol{\delta} := \begin{pmatrix} \delta_1 \\ \delta_2 \\ \delta_3 \\ \delta_4 \end{pmatrix} \tag{4.84}$$

4.3. DAS HORIZONTAL GESPANNTE SEIL

nach Abbildung 4.7. Man konstruiert k durch Superposition der schon berechneten symmetrischen und antisymmetrischen Anteile. Allgemein gilt

$$k = k^s + k^a \tag{4.85}$$

mit den Blockmatrizen

$$\left.\begin{aligned} k^s &:= \begin{pmatrix} k^s_{h,u} & k^s_{h,v} \\ k^s_{\nu,u} & k^s_{\nu,v} \end{pmatrix}, \quad \text{wobei} \\ k^s_{h,u} &:= k^s_{h,u} \begin{pmatrix} 1 & -1 \\ -1 & 1 \end{pmatrix}, \quad k^s_{h,v} := k^s_{h,v} \begin{pmatrix} -1 & -1 \\ 1 & 1 \end{pmatrix} \\ k^s_{\nu,u} &:= k^s_{\nu,u} \begin{pmatrix} -1 & 1 \\ -1 & 1 \end{pmatrix}, \quad k^s_{\nu,v} := k^s_{\nu,v} \begin{pmatrix} 1 & 1 \\ 1 & 1 \end{pmatrix} \end{aligned}\right\} \tag{4.86}$$

und

$$\left.\begin{aligned} k^a &:= \begin{pmatrix} k^a_{h,u} & k^a_{h,v} \\ k^a_{\nu,u} & k^a_{\nu,v} \end{pmatrix}, \quad \text{wobei} \\ k^a_{h,u} &:= k^a_{h,u} \begin{pmatrix} 1 & 1 \\ 1 & 1 \end{pmatrix}, \quad k^a_{h,v} := k^a_{h,v} \begin{pmatrix} -1 & 1 \\ -1 & 1 \end{pmatrix} \\ k^a_{\nu,u} &:= k^a_{\nu,u} \begin{pmatrix} -1 & -1 \\ 1 & 1 \end{pmatrix}, \quad k^a_{\nu,v} := k^a_{\nu,v} \begin{pmatrix} 1 & -1 \\ -1 & 1 \end{pmatrix}. \end{aligned}\right\} \tag{4.87}$$

Wegen $k^a_{h,u} = k^a_{h,v} = k^a_{\nu,u} = 0$ erhält man hier

$$k = \begin{pmatrix} k^s_{h,u} & k^s_{h,v} \\ k^s_{\nu,u} & (k^s_{\nu,v} + k^a_{\nu,v}) \end{pmatrix}. \tag{4.88}$$

Mit $k^s_{h,v} = k^s_{\nu,u}$ und hieraus folgend $k^s_{h,v} = \left(k^s_{\nu,u}\right)^\top$ wird diese Matrix symmetrisch, bleibt im allgemeinen aber nichthermitisch.

Die Vertikalverschiebung resultiert wegen $\beta_u^a \equiv 0$ allein aus den Randverschiebungen u^s, v^s und v^a. Für die Gesamtverschiebung gilt

$$v = -\beta_u^s(\delta_1 - \delta_2) + \beta_v^s(\delta_3 + \delta_4) - \beta_v^a(\delta_3 - \delta_4) \ . \tag{4.89}$$

Es sei darauf aufmerksam gemacht, daß die in den Gleichungen (4.88) und (4.89) auftretenden Steifigkeits- und Verschiebungsterme für gewisse Ω_c Polstellen haben. Diese müssen im Falle reeller Ω_c den Eigenfrequenzen des ungedämpften, festverankerten Seiles für jeweils zugeordnete (d. h. symmetrische oder antisymmetrische) Schwingungsmodi entsprechen. Ein diesbezüglicher Vergleich mit der Arbeit [54] zeigt Übereinstimmung.

4.4 Verallgemeinerung auf das schräg gespannte Seil

Ausgehend von der in [54] entwickelten Theorie des horizontal gespannten Seiles gab Irvine [56] Lösungen für die freie Schwingung des schräg gespannten, festverankerten Seiles an. Man kann zeigen, daß dieser Modifikation eine einzige zusätzliche Annahme zugrunde liegt: Die sehnenparallele Komponente der Gewichtskraft darf unberücksichtigt bleiben. Ein Vergleich der Ergebnisse nach [56] mit denen der genaueren Theorie von Triantafyllou [137], [138] zeigt gute Übereinstimmung, sofern die Seilparameter λ^2 und ϵ sowie der Neigungswinkel Θ innerhalb gewisser Grenzen bleiben. Insbesondere sollte λ^2 zu den sogenannten 'cross–over'–Punkten $4n^2\pi^2$ ($n = 1, 2, \ldots$) einen gewissen Abstand (ca. $\pm 20\,\%$) haben, ϵ und Θ sollten nicht zu groß sein.*

Die in den vorigen Abschnitten entwickelte Theorie entspricht in ihren wesentlichen Voraussetzungen der Arbeit [54]. Vernachlässigt man auch hier die sehnenparallele Komponente der Gewichtskraft, so wird der Übergang auf das schräg gespannte Seil durch die folgenden Substitutionen vollzogen:

- g wird ersetzt durch die zur Seilsehne senkrecht wirkende Schwerkraftkomponente $g\cos\Theta$ (wobei Θ für den Winkel zwischen der Sehne und der Horizontalen steht),

---

*Trägt man die dimensionslosen Eigenfrequenzen eines horizontal gespannten Seiles über den variierten Parameter λ^2 auf, so schneiden die veränderlichen Kurven der symmetrischen Schwingungen die konstanten Kurven der antisymmetrischen Schwingungen ('cross–over'). Wie erst die genauere Theorie zeigt, verhalten sich schräg gespannte Seile im Bereich der erwarteten Überschneidungen grundsätzlich anders: Die Kurven nähern sich einander zwar an und kommen sich dabei je nach Vorgabe von ϵ und Θ beliebig nahe, doch schneiden sie sich nicht ('avoided crossing'). Während der vorübergehenden Annäherung der Frequenzkurven werden die zugehörigen Eigenformen ausgetauscht. Bis auf die relativ eng begrenzten Annäherungsbereiche liefern beide Theorien fast dieselben Resultate. Das Phänomen des 'avoided crossing' tritt übrigens auch bei aeroelastischen Berechnungen in Erscheinung (vgl. Abschnitte 2.2.5.4 und 5.4.3).

4.4. VERALLGEMEINERUNG AUF DAS SCHRÄG GESPANNTE SEIL

- statt der statischen Horizontalkraft H ist die Größe $T_\Theta = H/\cos\Theta$ einzusetzen, die gleich der statischen Seilkraft im Punkt mit dem Tangentenwinkel Θ ist und etwa der mittleren sehnenparallelen Seilkraftkomponente entspricht.

Die sonstigen freien Parameter bleiben unverändert, allerdings stehen nun l für die Sehnenlänge und d für den Durchhang senkrecht zur Sehne. Alle Koordinaten und Verschiebungen beziehen sich auf das in Sehnenrichtung liegende lokale Koordinatensystem (mit der x–Achse parallel zur Sehne). Für die abhängigen Parameter ergibt sich

$$\Omega = \omega l \sqrt{\frac{m}{T_\Theta}}, \qquad \Omega_c = \omega_c l \sqrt{\frac{m}{T_\Theta}} \tag{4.90}$$

$$\lambda^2 = \left(\frac{mgl}{T_\Theta}\right)^2 \frac{EA\,l}{T_\Theta L_e} \cos^2\Theta = \epsilon^2 \frac{EA}{T_\Theta} \frac{l}{L_e} \tag{4.91}$$

$$\epsilon = \frac{mgl}{T_\Theta}\cos\Theta = \frac{8d}{l} \tag{4.92}$$

mit

$$T_\Theta = H/\cos\Theta \tag{4.93}$$

$$L_e \simeq l\left[1 + 8\left(\frac{d}{l}\right)^2\right] = l\left(1 + \tfrac{1}{8}\epsilon^2\right). \tag{4.94}$$

Unter Anwendung dieser Ausdrücke kann die bisher entwickelte Theorie übernommen werden, sofern

$$\left.\begin{array}{l} \lambda^2 \leq 24 \\[4pt] \text{und} \\[4pt] \Theta \leq 60° \quad \text{und} \quad \epsilon \leq 0,10 \quad (d/l \leq 1/80) \\ \text{oder} \\ \Theta \leq 30° \quad \text{und} \quad \epsilon \leq 0,24 \quad (d/l \leq 1/33)\,. \end{array}\right\} \tag{4.95a}$$

Der angegebene Geltungsbereich wurde aus einem Vergleich der numerischen Ergebnisse nach [56] und [138] abgeleitet, wobei wegen der Andersartigkeit des Problems (verschiebliche Randpunkte hier, festverankertes Seil in [56] und [138]) das Kriterium bezüglich λ^2 verschärft wurde. An die Stelle der Bedingung (4.8) tritt nun die Forderung

$$\sqrt{\frac{EA}{T_\Theta}} \gg 1\,. \tag{4.95b}$$

4.5 Transformation auf globale Koordinaten

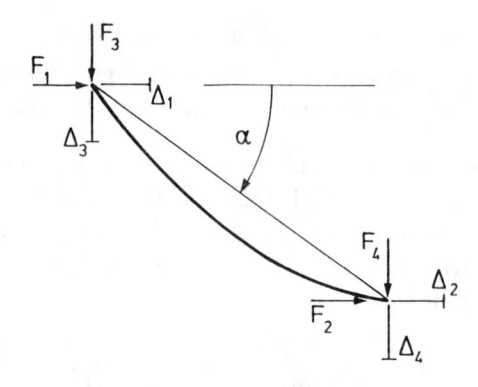

Die globalen Kraft- und Verschiebungsgrößen

Abb. 4.8: Globale Kraft- und Verschiebungsgrößen

$$F := \begin{pmatrix} F_1 \\ F_2 \\ F_3 \\ F_4 \end{pmatrix} , \quad \Delta := \begin{pmatrix} \Delta_1 \\ \Delta_2 \\ \Delta_3 \\ \Delta_4 \end{pmatrix} \tag{4.96}$$

nach Abbildung 4.8 werden durch die orthogonalen Transformationen

$$\left.\begin{array}{c} f = T \cdot F , \quad \delta = T \cdot \Delta \\[1em] T := \begin{pmatrix} E \cos\alpha & E \sin\alpha \\ -E \sin\alpha & E \cos\alpha \end{pmatrix} , \quad E := \begin{pmatrix} 1 & 0 \\ 0 & 1 \end{pmatrix} \end{array}\right\} \tag{4.97}$$

in die lokalen Größen nach Abbildung 4.7 überführt. (Der Drehwinkel α wird bei praktischen Anwendungen oft gleich dem im vorigen Abschnitt definierten Neigungswinkel Θ sein.) Einsetzen von (4.97) in (4.83) und Multiplikation mit T^{-1} von links führt auf die Transformationsgleichung

$$F = K \cdot \Delta \tag{4.98}$$

mit der globalen Steifigkeitsmatrix

$$K := T^{-1} k \, T = T^\mathsf{T} k \, T . \tag{4.99}$$

Anwendung der Rechenvorschrift (4.99) auf die lokale Matrix k nach Gleichung (4.88) ergibt die wiederum symmetrische Blockmatrix

4.5. TRANSFORMATION AUF GLOBALE KOORDINATEN

$$K = \begin{pmatrix} K_{aa} & K_{ab} \\ K_{ba} & K_{bb} \end{pmatrix}$$

mit

$$\left. \begin{aligned} K_{aa} &:= k_{h,u}^s \cos^2\alpha - (k_{h,v}^s + k_{\nu,u}^s) \cos\alpha \sin\alpha + (k_{\nu,v}^s + k_{\nu,v}^a) \sin^2\alpha \\ K_{ab} &:= k_{h,u}^s \cos\alpha \sin\alpha + k_{h,v}^s \cos^2\alpha - k_{\nu,u}^s \sin^2\alpha - (k_{\nu,v}^s + k_{\nu,v}^a) \cos\alpha \sin\alpha \\ K_{ba} &:= k_{h,u}^s \cos\alpha \sin\alpha - k_{h,v}^s \sin^2\alpha + k_{\nu,u}^s \cos^2\alpha - (k_{\nu,v}^s + k_{\nu,v}^a) \cos\alpha \sin\alpha \\ K_{bb} &:= k_{h,u}^s \sin^2\alpha + (k_{h,v}^s + k_{\nu,u}^s) \cos\alpha \sin\alpha + (k_{\nu,v}^s + k_{\nu,v}^a) \cos^2\alpha \ . \end{aligned} \right\} \quad (4.100)$$

und den Submatrizen nach Gleichungen (4.86) und (4.87). Bei Systemen wie abgespannte Masten und Schrägkabelbrücken ist die Normalkraftverformung des biegesteifen Systemteils relativ klein. Liegen die Achsen des globalen Koordinatensystems parallel zu Brückenbalken und -pylon bzw. zum Mast, dann werden vor allem die Elemente K_{11}, K_{44} und wohl auch K_{14}, K_{41} der dynamischen Steifigkeitsmatrix K interessieren. Nach Gleichung (4.100) lauten sie unter Benutzung der Symmetrieeigenschaften

$$\left. \begin{aligned} K_{11} &= k_{h,u}^s \cos^2\alpha + 2k_{\nu,u}^s \cos\alpha \sin\alpha + (k_{\nu,v}^s + k_{\nu,v}^a) \sin^2\alpha \\ K_{14} &= K_{41} = -\left[k_{h,u}^s + (k_{\nu,v}^s - k_{\nu,v}^a)\right] \cos\alpha \sin\alpha - k_{\nu,u}^s \\ K_{44} &= k_{h,u}^s \sin^2\alpha + 2k_{\nu,u}^s \cos\alpha \sin\alpha + (k_{\nu,v}^s + k_{\nu,v}^a) \cos^2\alpha \ . \end{aligned} \right\} \quad (4.101)$$

In Anbetracht der Größenverhältnisse der einzelnen Beiträge werden die vereinfachten Ausdrücke

$$\left. \begin{aligned} K_{11} &= k_{h,u}^s \cos^2\alpha + 2k_{\nu,u}^s \cos\alpha \sin\alpha \\ K_{14} &= K_{41} = -k_{h,u}^s \cos\alpha \sin\alpha - k_{\nu,u}^s \\ K_{44} &= k_{h,u}^s \sin^2\alpha + 2k_{\nu,u}^s \cos\alpha \sin\alpha \end{aligned} \right\} \quad (4.102)$$

oft ausreichend genaue Ergebnisse liefern.

Die Gesamtverschiebung senkrecht zur Seilsehne ergibt sich aus den Gleichungen (4.89) und (4.97) als Funktion der globalen Randverschiebungen:

$$\begin{aligned} v = &-\beta_u^s \left[(\Delta_1 - \Delta_2) \cos \alpha + (\Delta_3 - \Delta_4) \sin \alpha \right] - \ldots \\ &- \beta_v^s \left[(\Delta_1 + \Delta_2) \sin \alpha - (\Delta_3 + \Delta_4) \cos \alpha \right] + \ldots \\ &+ \beta_v^a \left[(\Delta_1 - \Delta_2) \sin \alpha - (\Delta_3 - \Delta_4) \cos \alpha \right] \; . \end{aligned} \qquad (4.103)$$

Es sei daran erinnert, daß die angegebenen Gleichungen nur für Schwingungen entsprechend Ansatz (4.32a, b) gelten.

Eine Erweiterung der dargelegten Theorie auf den räumlichen Fall dürfte ohne größere Schwierigkeiten möglich sein: Da bei linearer Betrachtung die Schwingungen innerhalb der Seilebene und die Schwingungen senkrecht hierzu voneinander entkoppelt sind [54], kann die räumliche dynamische Seilsteifigkeit bei entsprechender Wahl des Koordinatensystems mit einer Blockdiagonalmatrix beschrieben werden. Deren erster Diagonalblock ist mit der 4∗4-Matrix nach Gleichung (4.100) bereits gegeben. Der zweite Diagonalblock, eine 2∗2-Matrix, wäre noch abzuleiten. Da sich das Seil bezüglich Schwingungen senkrecht zur Seilebene wie eine schwingende Saite verhält [125], ergibt sich diese Matrix direkt aus dem unteren Diagonalblock ($\boldsymbol{k}_{\nu,v}^s + \boldsymbol{k}_{\nu,v}^a$) der lokalen Steifigkeitsmatrix (4.88) durch den Grenzübergang $\lambda^2 \to 0$. Entsprechendes gilt für die Verschiebungen.

Bei einer Anwendung der Theorie auf Seile in schweren Medien (Wasser) kann der Einfluß der Fluidkräfte in der Festlegung der Parameter m, g und ξ berücksichtigt werden [24]; für das Medium Luft betrifft dies nur den Dämpfungsparameter ξ.

4.6 Beispielrechnung und Diskussion

Die numerische Auswertung der hergeleiteten Gleichungen erfordert durchweg das Rechnen mit komplexen Zahlen (sofern die Untersuchung nicht auf reelle Ω_c eingeschränkt wird). Schreibt man allgemein

$$z = z' + iz'' \; ; \qquad z', \, z'' \in \mathcal{R} \; , \qquad (4.104)$$

so gilt für die trigonometrischen Funktionen (nach [17])

$$\left. \begin{aligned} \sin z &= \sin z' \cosh z'' + i \cos z' \sinh z'' \\ \cos z &= \cos z' \cosh z'' - i \sin z' \sinh z'' \\ \tan z &= \frac{\sin 2z' + i \sinh 2z''}{\cos 2z' + \cosh 2z''} = \frac{1}{\cot z} \; . \end{aligned} \right\} \qquad (4.105)$$

4.6. BEISPIELRECHNUNG UND DISKUSSION

Beispiel 1:

Die dynamische Steifigkeit K_{11} und die Verschiebung in Feldmitte $v_m(\Delta_1)$ werden für die Parameter

$$\frac{mgl}{T_\Theta} = 0,217 \; , \qquad \frac{T_\Theta}{EA} = 0,000633 \; , \qquad \alpha = \Theta = 55,86° \; , \qquad \xi = \frac{0,14}{\Omega/\pi}$$

als Funktionen reeller Ω berechnet.
Mit den Gleichungen (4.91), (4.92) und (4.94) folgt zunächst

$$L_e/l = 1,002 \simeq 1 \; , \qquad \lambda^2 = 23,48 \; , \qquad \epsilon = 0,1218 \; ,$$

womit der in den Gleichungen (4.95a) festgelegte Geltungsbereich in etwa eingehalten ist. Die Forderung (4.95b) ist ebenfalls erfüllt.

Die Berechnung von K_{11} wurde nach Gleichung (4.101) und zum Vergleich nach der vereinfachten Gleichung (4.102) durchgeführt. Der Anteil $k_{h,u}^s$ wurde dabei nach der genaueren Gleichung (4.48) und alternativ nach Gleichung (4.49) berücksichtigt. Im Bereich der absoluten Extrema weichen die nach verschiedenen Gleichungen ermittelten K_{11} um höchstens 3 % in ihren Real- bzw. Imaginäranteilen voneinander ab. Die auf den elastischen Anteil $K_{11}^{t,e}$ der statischen Steifigkeit K_{11}^t eines geraden Stabes

$$K_{11}^t = K_{11}^{t,e} \left(1 + \frac{T_\Theta}{EA} \tan^2 \alpha \right) \; ; \qquad K_{11}^{t,e} := \frac{EA}{l} \cos^2 \alpha \qquad (4.106)$$

bezogene dynamische Steifigkeit K_{11}^* kann hier also nach den Gleichungen (4.49) und (4.102) und unter Vernachlässigung des Faktors l/L_e mit guter Genauigkeit zu

$$K_{11}^* := \frac{K_{11}}{K_{11}^{t,e}} = \frac{1 + \epsilon \tan \alpha \, (\kappa - 1)}{1 + \frac{\lambda^2}{\Omega_e^2}(\kappa - 1)} \qquad (4.107)$$

berechnet werden. Real- und Imaginärteile der so ermittelten bezogenen Steifigkeit sind in Abbildung 4.9 in Abhängigkeit von Ω/π dargestellt.

Ein Vergleich der beiden Kurven mit denen, die Davenport & Steels [24] für die gleichen Parameter berechnet haben, zeigt Ähnlichkeit, aber keine Übereinstimmung. Ihre theoretische Lösung erfordert die numerische Auswertung unendlicher Reihen und kann deshalb nicht direkt mit der hier hergeleiteten geschlossenen Lösung verglichen werden. Jedoch scheinen sie den Beitrag von $k_{v,u}^s$ nicht berücksichtigt zu haben. Dieser Term ist gleich (dem von ihnen berücksichtigten) $k_{h,v}^s$ und hat nach Gleichung (4.100) denselben Einfluß auf die Gesamtsteifigkeit. Entfernt man diesen Beitrag auch aus Gleichung (4.107) (mittels Division des zweiten Summanden im Zähler durch 2), so können die in [24] graphisch dargestellten Rechenergebnisse im Rahmen der Zeichengenauigkeit exakt reproduziert werden; für den Sonderfall verschwindender Dämpfung stimmt die so gestutzte Formel außerdem mit einem in [24] hierfür angegebenen geschlossenen Ausdruck überein. In diesem Beispiel trägt $k^s_{v,u}$ mit durchschnittlich etwa 15 % zur Gesamtsteifigkeit bei und sollte deshalb nicht vernachlässigt werden (was im übrigen auch keine Rechenerleichterung brächte).

Der Ausdruck (4.103) für die Verschiebung vereinfacht sich bei alleinigem Auftreten von Δ_1 zu

$$v = v(\Delta_1) = - [\beta^s_u \cos \alpha + (\beta^s_v - \beta^a_v) \sin \alpha] \Delta_1 \; . \tag{4.108}$$

Beschränkt man sich auf die Verschiebung in Feldmitte, so entfällt β^a_v und mit den Gleichungen (4.53) und (4.72) erhält man nach Einsetzen

$$\frac{v_m}{\Delta_1} = \frac{\tilde{v}_m}{\tilde{\Delta}_1} = - \frac{\frac{1}{\epsilon}\frac{\lambda^2}{\Omega_c^2} \cos \alpha \left[1 - \frac{1}{\cos(\Omega_c/2)}\right] + \frac{1}{2} \sin \alpha \left[\frac{1}{\cos(\Omega_c/2)} + \frac{\lambda^2}{\Omega_c^2}(\kappa - 1)\right]}{1 + \frac{\lambda^2}{\Omega_c^2}(\kappa - 1)} \; . \tag{4.109}$$

Die so berechnete Verschiebung ist ebenfalls in Abbildung 4.9 dargestellt. Wie erwartet korrespondieren die Verläufe ihrer Real- und Imaginärteile mit denen der dynamischen Steifigkeit. Bei dem hier behandelten Beispiel beträgt der Einfluß von β^s_v auf die Gesamtverschiebung durchschnittlich etwa 15 %.

Für den Sonderfall dämpfungsloser Schwingung hat auch Irvine [57] geschlossene Ausdrücke für die dynamische Steifigkeit K_{11} und die Verschiebung $v(\Delta_1)$ angegeben. Anwendung des vereinfachten Ausdruckes (4.107) und der Beziehung (4.108) auf ein dämpfungsloses Seil und Vergleich mit Irvines Gleichungen ergibt weitgehende Übereinstimmung. Allerdings läßt er auch die aus $k^s_{h,v}$, $k^s_{v,u}$ und β^s_v, β^a_v resultierenden Anteile unberücksichtigt; seine Gleichungen sind (je nach Einfluß dieser Anteile) weniger genau.

Beispiel 2:

Die dynamische Steifigkeit K_{44} und die Verschiebung in Feldmitte $v_m(\Delta_4)$ werden für die Parameter

$$l = 200 \text{ m} \; , \qquad \frac{mg}{A} = 0,08 \text{ MN/m}^3 \; , \qquad \frac{T_\Theta}{A} = 500 \text{ MPa}$$

$$E = 200\,000 \text{ MPa} \; , \qquad \alpha = \Theta = 30° \; , \qquad \xi = 0,01$$

als Funktionen reeller Ω berechnet.
Mit den Gleichungen (4.91), (4.92) und (4.94) folgt

$$L_e/l = 1,0001 \simeq 1 \; , \qquad \lambda^2 = 0,3072 \; , \qquad \epsilon = 0,02771 \; ;$$

4.6. BEISPIELRECHNUNG UND DISKUSSION

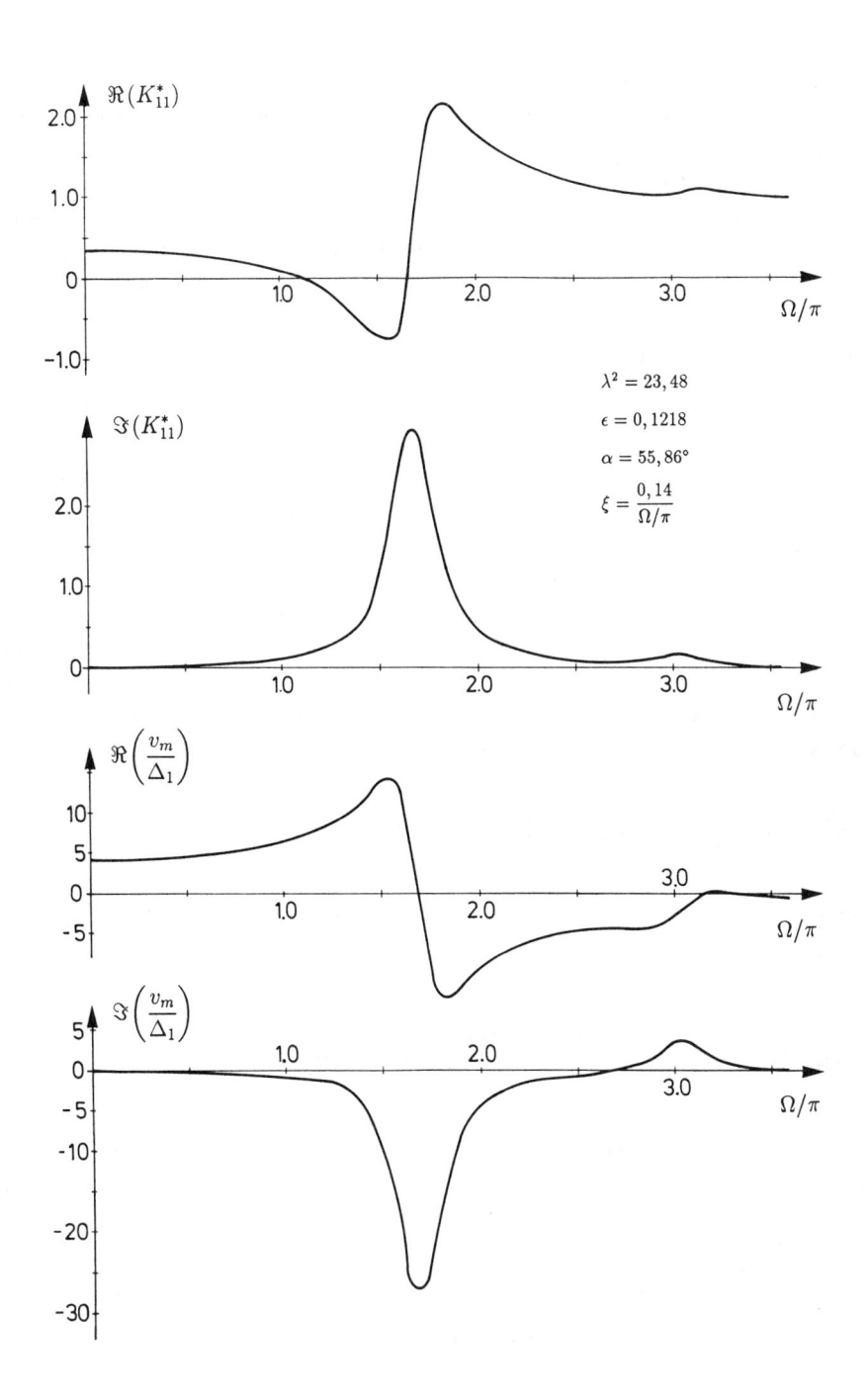

$\lambda^2 = 23,48$
$\epsilon = 0,1218$
$\alpha = 55,86°$
$\xi = \dfrac{0,14}{\Omega/\pi}$

Abb. 4.9: Dynamische Steifigkeitsfunktion und Verschiebung in Feldmitte
(Beispiel 1)

der in den Gleichungen (4.95a) festgelegte Geltungsbereich ist sicher eingehalten. Bedingung (4.95b) ist erfüllt.

Der Einfluß verschiedener Vereinfachungen bei der Berechnung der dynamischen Steifigkeit wurde — wie schon in Beispiel 1 — auch hier untersucht. Dabei zeigte sich, daß nun die Anwendung der Gleichung (4.102) — und damit eine Vernachlässigung der Anteile $k^s_{\nu,v}$ und $k^a_{\nu,v}$ — zu völlig falschen Ergebnissen führt. Insbesondere erhält man ohne $k^s_{\nu,v}$ Steifigkeiten mit durchweg negativem Imaginärteil K''_{44}. Da für die von der Randkraft F_4 während einer Periode geleistete Arbeit aber gilt

$$W = \int_0^{2\pi/\omega} (K_{44}\Delta_4)' \left(\frac{\partial \Delta_4}{\partial t}\right)' dt = \pi K''_{44} |\Delta_4|^2 \;, \qquad (4.110)$$

darf negatives K''_{44} (bei gleichzeitig positivem ξ) nicht auftreten, denn sonst wäre das System ein *perpetuum mobile*! Der Anteil $k^a_{\nu,v}$ muß berücksichtigt werden, da sich nun auch im Bereich der antisymmetrischen Eigenfrequenzen (des festverankerten Seiles) beträchtliche Störungen ergeben. Wie die Vergleichsrechnungen weiter zeigten, kann aber der Anteil $k^s_{h,u}$ ohne größeren Genauigkeitsverlust wieder nach der einfacheren Gleichung (4.49) berechnet werden. All diese Ergebnisse scheinen typisch zu sein für stark gespannte, schräge Seile, wie sie etwa bei Schrägkabelbrücken eingesetzt werden.

Bezieht man die dynamische Steifigkeit des Seiles wieder auf den elastischen Anteil $K^{t,e}_{44}$ der statischen Steifigkeit K^t_{44} eines geraden Stabes

$$K^t_{44} = K^{t,e}_{44}\left(1 + \frac{T_\Theta}{EA}\cot^2\alpha\right) \;; \qquad K^{t,e}_{44} := \frac{EA}{l}\sin^2\alpha \;, \qquad (4.111)$$

so folgt der nun auszuwertende Ausdruck aus der vollständigen Gleichung (4.101) und unter Ansatz der vereinfachten Gleichung (4.49) zu

$$K^*_{44} := \frac{K_{44}}{K^{t,e}_{44}} = \frac{1 + \epsilon \cot\alpha\,(\kappa-1) - \tfrac{1}{4}\varrho\,\Omega_c^2\left[\kappa + \frac{\lambda^2}{\Omega_c^2}(\kappa-1)\right]}{1 + \frac{\lambda^2}{\Omega_c^2}(\kappa-1)} + \frac{\varrho}{\kappa} \;, \qquad (4.112)$$

wobei der hier unbedeutende Faktor l/L_e wieder vernachlässigt wurde und die Abkürzung

$$\varrho := \frac{\epsilon^2}{\lambda^2}\cot^2\alpha \simeq \frac{T_\Theta}{EA}\cot^2\alpha \qquad (4.113)$$

gilt. Die sich hieraus ergebenden Kurven sind in Abbildung 4.10 dargestellt.

Es fällt auf, daß die Störung im Bereich der ersten symmetrischen Eigenfrequenz (des festverankerten Seiles) nur schwach ausgebildet ist. Wie die numerische Rechnung zeigte, neutralisieren sich hier die verschiedenen Steifigkeitsanteile gegenseitig.

4.6. BEISPIELRECHNUNG UND DISKUSSION

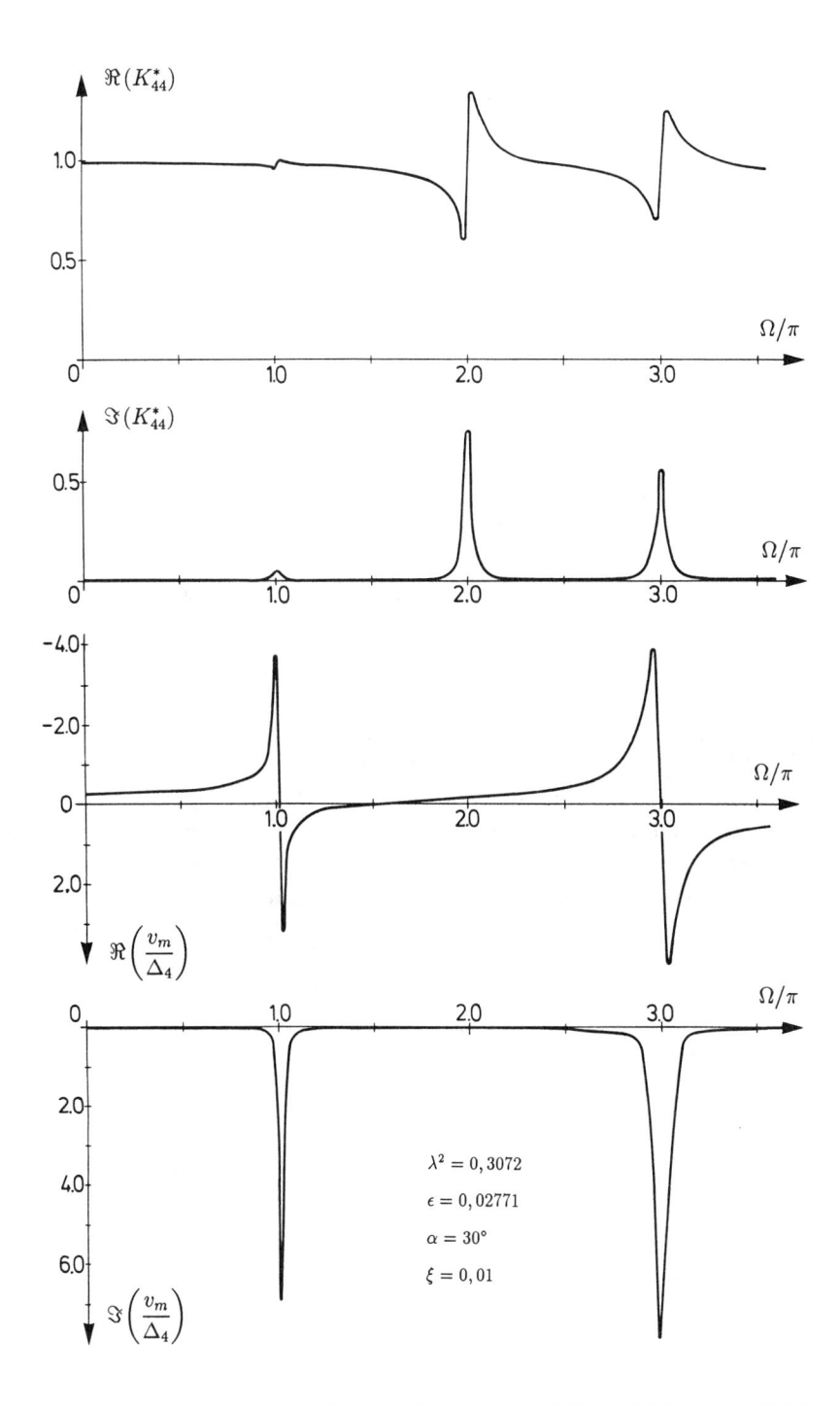

$\lambda^2 = 0,3072$
$\epsilon = 0,02771$
$\alpha = 30°$
$\xi = 0,01$

Abb. 4.10: Dynamische Steifigkeitsfunktion und Verschiebung in Feldmitte (Beispiel 2)

Relativ stark treten nun die Störungen im Bereich der ersten antisymmetrischen und zweiten symmetrischen Eigenfrequenz hervor.

Im Vergleich zu Beispiel 1 sind die „Resonanzschläuche" der Steifigkeitskurven hier viel enger; Störungsbereiche und Ausschläge sind kleiner, K'_{44} bleibt überall positiv. Wie eine Analyse der benutzten Gleichungen zeigt, gehen diese Unterschiede auf die viel kleineren ϵ und λ^2 zurück. Mit diesen Parametern verringern sich der Durchhang und der Einfluß der (durch Querverschiebung induzierten) geometrischen Steifigkeit am Gesamtgeschehen. Der nun dominierende elastische Steifigkeitsanteil aber ist quasi–statisch(!), die resultierende Steifigkeitsfunktion nähert sich deshalb in weiten Bereichen (und insbesondere auch für kleine Ω) dem konstanten Wert eines masselosen, geraden Stabes. Nennenswerte Querverschiebungen (vgl. Diskussion unten) und hieraus resultierende dynamische Steifigkeitseffekte treten nur noch in unmittelbarer Nähe der Resonanzfrequenzen auf. Für stark gespannte Seile scheint deshalb auch weniger Dämpfung erforderlich zu sein, um Störungen der Steifigkeitsverläufe und Schwingungsamplituden zu begrenzen.

Das jetzt stärkere Hervortreten der höheren Eigenfrequenzen geht auf das größere ϱ zurück. Dieser außer ϵ und λ^2 offenbar ebenfalls wichtige Parameter steht für das Verhältnis von geometrischer zu elastischer Steifigkeit eines geraden, masselosen Stabes (s. Gleichungen (4.111) und (4.113)), wobei die geometrische Steifigkeit allein aus der statischen Abtriebskraft resultiert.

Veletsos & Darbre [141] haben unter gleichen Voraussetzungen einen Ausdruck für die dynamische Steifigkeit K_{11} hergeleitet, der mit dem Ausdruck (4.112) verglichen werden kann (wobei zum Übergang von K^*_{44} auf K^*_{11} hier zunächst $\cot \alpha$ durch $\tan \alpha$ zu ersetzen ist). Exakte Übereinstimmung läßt sich zunächst nicht feststellen. Wie ein genaueres Studium der Arbeit [141] aber zeigt, scheint den Autoren bei Herleitung ihrer Zentralgleichung (38) ein Fehler unterlaufen zu sein.

Vollzieht man ihre Herleitung in der angegebenen Weise nach, so erhält man einen etwas abweichenden und einfacheren Ausdruck: Der Nenner $[1 - i(2\pi\zeta/\Phi)]$ innerhalb des ersten Summanden von [141, Gl. (38)] muß durch 1 ersetzt werden. Die so entstehende Gleichung kann mit dem Ausdruck (4.112) (bis auf den hier vernachlässigten Faktor l/L_e) exakt zur Deckung gebracht werden.

Beide Ausdrücke bleiben in ihrer äußeren Form noch etwas verschieden, da sie auf verschiedenen Wegen gefunden wurden: Die hier gegebene Separation in symmetrischen und antisymmetrischen Anteil ist in dem Ausdruck nach [141] weniger deutlich vorhanden. Unter Verzicht auf diese Separation läßt sich Gleichung (4.112) zu dem etwas einfacheren Ausdruck

$$K^*_{44} = \frac{[1 + \frac{1}{2}\epsilon \cot \alpha \, (\kappa - 1)]^2}{1 + \frac{\lambda^2}{\Omega_c^2}(\kappa - 1)} + \varrho \, \Omega_c \cot \Omega_c \qquad (4.112\text{a})$$

umformen, der in seinem Aufbau den Gleichungen (38) und (41) von [141] entspricht.

Ein Vergleich der Herleitungen und Ergebnisse zeigt den Vorteil einer Beschränkung auf trigonometrische Lösungsfunktionen mit komplexen Argumenten,

4.6. BEISPIELRECHNUNG UND DISKUSSION

wie sie hier benutzt wurden: Der Rechenaufwand (und damit das Fehlerrisiko) kann auf einen Bruchteil reduziert werden, die Ergebnisgleichungen sind bündiger und nehmen für das gedämpfte und das ungedämpfte Seil dieselbe äußere Gestalt an (im ungedämpften Fall wird lediglich Ω_c durch Ω ersetzt).

Die in [141] angegebene geschlossene Näherungsgleichung (39) entspricht übrigens der Davenport'schen Lösung mit unendlichen Reihen [24]. Nach den vorher gewonnenen Erkenntnissen (Beispiel 1) sollte der zweite Summand im Zähler von [141, Gl. (39)] noch mit dem Faktor 2 versehen werden. Diese Gleichung kann dann in den hier angegebenen Ausdruck (4.107) überführt werden. Wie an Gleichung (4.112) abzulesen ist, verschlechtert sich die Genauigkeit der Näherungslösung mit wachsendem ϱ.

Für die Verschiebung folgt aus Gleichung (4.103)

$$v = v(\Delta_4) = [\beta_u^s \sin \alpha + (\beta_v^s + \beta_v^a) \cos \alpha] \, \Delta_4 \qquad (4.114)$$

und hieraus für den Feldmittelpunkt ein der Gleichung (4.109) ähnlicher Ausdruck, dessen numerische Auswertung in Abbildung 4.10 graphisch dargestellt ist. Offensichtlich erfolgt auch im Bereich der ersten symmetrischen Eigenfrequenz eine starke Schwingungserregung — trotz des hier nahezu ungestörten Verlaufes der Steifigkeitskurven. Die (sicherlich vorhandene) Schwingungserregung in der Nähe der ersten antisymmetrischen Eigenfrequenz tritt nicht in Erscheinung, da hier nur die Verschiebungsamplitude in Feldmitte betrachtet wird. Vergleicht man die Verschiebungskurven mit denen von Beispiel 1, so können ähnliche Feststellungen wie zuvor bezüglich der Steifigkeitsverläufe getroffen werden. Nach Gleichung (4.109) scheint nun aber statt ϵ und λ^2 mehr der Parameter λ^2 allein von Einfluß zu sein.

Eine experimentelle Überprüfung der hier dargelegten Theorie wäre besonders für eine genauere Eingrenzung des Gültigkeitsbereiches wünschenswert. Angesichts der teilweisen Ähnlichkeit in der theoretischen Behandlung sei zur grundsätzlichen Verifizierung auf die Versuche von Davenport & Steels [24] hingewiesen: Sie verglichen ihre rechnerischen Ergebnisse mit Schwingungsversuchen im Öl- und Wasserbad, wobei sich teilweise sehr gute Übereinstimmung zeigte. Allerdings mußten hierfür die rechnerisch berücksichtigten Parameter (insbesondere die Dämpfung) variiert werden, wobei sich zum Teil große Abweichungen von den zuvor geschätzten Werten ergaben. Diese Anpassungsschwierigkeiten scheinen bei Benutzung der hier angegebenen Gleichungen kleiner zu werden. Die experimentellen Ergebnisse [24] deuten auch auf Störungen in der Nähe der antisymmetrischen Eigenfrequenz $\Omega = 2\pi$ hin. Dieser Effekt wird mit den vollständigen Ausdrücken (4.101) bzw. (4.112) prinzipiell beschreibbar.

Jüngste Messungen an einem hohen abgespannten Mast im Wind [91] bestätigen, daß die hier zugrundegelegte lineare Betrachtungsweise auch für praktische Fragestellungen relevant bleibt.

4.7 Linearisierung der dynamischen Seilsteifigkeit

4.7.1 Zielsetzung

Die Elemente K_{ij} der dynamischen Steifigkeitsmatrix nach Gleichung (4.100) sind analytische Funktionen des Frequenzparameters ω. Durch ihre Berücksichtigung in den Steifigkeitsmatrizen zusammengesetzter Gesamtsysteme werden diese Gesamtmatrizen ebenfalls parameterabhängig. Insbesondere bei der Behandlung der Eigenwertaufgabe ist dieser Umstand hinderlich: Der Eigenwert ω und damit die von ihm abhängigen Systemmatrizen sind zunächst unbekannt; auf die gut entwickelte Theorie der linearen Eigenwertaufgabe (konstanter Matrizenpaare) kann damit nicht unmittelbar zurückgegriffen werden.

Eine Alternative zur im allgemeinen aufwendigen Lösung der nichtlinearen Eigenwertaufgabe ist die Linearisierung der das Seilverhalten beschreibenden Matrizenelemente. Sei

$$K = K(\omega) := \frac{F}{\Delta} \tag{4.115}$$

ein beliebiges Element der dynamischen Steifigkeitsmatrix des Seiles. Mit Linearisierung ist dann eine näherungsweise Abbildung dieser analytischen Funktion auf das in ω^2 lineare Polynom

$$\boldsymbol{S} = \boldsymbol{S}(\omega^2) := \boldsymbol{P} - \omega^2 \boldsymbol{Q} \tag{4.116}$$

mit konstanten Koeffizienten $\boldsymbol{P}$ und $\boldsymbol{Q}$ gemeint. Die Berücksichtigung von $\boldsymbol{S}(\omega^2)$ im Rahmen einer linearen Eigenwertaufgabe ist problemlos möglich. Insbesondere können dabei $\boldsymbol{P}$ und $\boldsymbol{Q}$ auch Matrizen im Prinzip beliebiger Reihenzahl n sein; die Linearisierung von $K(\omega)$ ist dann verbunden mit einer Expansion. $\boldsymbol{P}$ und $\boldsymbol{Q}$ entsprechen einer statischen Steifigkeitsmatrix bzw. einer Massenmatrix und werden den Systemmatrizen entsprechend zugewiesen.*

In Verallgemeinerung dieser Aufgabe sollen nicht nur ein, sondern mehrere Elemente der dynamischen Steifigkeitsmatrix des Seiles simultan expandiert werden.

4.7.2 Expansion einer dynamischen Steifigkeitsfunktion

4.7.2.1 Lösungsidee

Das Matrizenpolynom $\boldsymbol{S}$ und das Vorgehen bei seinem Einbau in das Gesamtgleichungssystem ergeben sich aus einer offensichtlichen Forderung: Vom Restsystem

---

*Eine etwa vorhandene Dämpfung ist bei einer Abbildung entsprechend Gleichung (4.116) als frequenzunabhängig anzusetzen (s. u.).

4.7. LINEARISIERUNG DER DYNAMISCHEN SEILSTEIFIGKEIT

aus „betrachtet" soll das Seilverhalten näherungsweise richtig dargestellt werden. Beim Übergang auf das neue Gesamtsystem wird deshalb ausschließlich die Komponente K durch ein Element der Matrix $\boldsymbol{S}$, etwa s_{11}, ersetzt. Die restlichen Elemente von $\boldsymbol{S}$ werden in zusätzlich anzuschreibenden Leerzeilen und -spalten so angeordnet, daß ihre Zuordnung zu s_{11} und untereinander gewahrt bleibt. Die zweite bis n-te Spalte von $\boldsymbol{S}$ berücksichtigt den Einfluß neuer, fiktiver Freiheitsgrade r_j, die entsprechenden Zeilen ergeben zusätzliche, aus Gründen der Allgemeinheit homogene Gleichungen (eindeutige Lösbarkeit des Gesamtgleichungssystems erfordert quadratische Matrix $\boldsymbol{S}$).

Eine rein formalistische Herleitung von $\boldsymbol{S}$, etwa durch Approximation von $K(\omega)$ durch eine Potenzreihe in ω^2 und deren Günther- oder Diagonalexpansion [157], scheint hier nicht sehr aussichtsreich zu sein. Ein Blick auf Abbildungen 4.9, 4.10 zeigt, daß die Anzahl der Kollokationspunkte und damit der Grad des Polynoms und die Ordnung der expandierten Matrix bei mindestens $n = 7$ liegen müßte (sofern eine nicht nur lokale Approximation angestrebt wird) und damit aus verschiedenen Gründen zu hoch wäre.

Bessere Genauigkeit bei weniger Aufwand verspricht ein weiteres Festhalten an mechanischen Vorstellungen. Das Seil wird gedanklich ersetzt durch eine irgendwie geartete Schwingerkette. Die Abbildung von K auf $\boldsymbol{S}$ erfolgt nicht über eine Potenzreihe, sondern über gebrochen rationale Funktionen, wie sie typisch sind für die mechanische Impedanz diskreter Schwingungssysteme. Die Güte des Verfahrens, aber auch die besonderen Schwierigkeiten in der theoretischen Durchführung beruhen auf der so ermöglichten Anpassung zweier Sätze von Eigenwerten unter jeweils verschiedenen Randbedingungen. Im Vergleich zu anderen Arbeiten des berührten Problemkreises (etwa die von Falk [33]) scheint dieser Ansatz neuartig zu sein.

Die hier vorgeschlagene Konstruktion von $\boldsymbol{S}$ geht entsprechend dem oben dargelegten von der Beziehung

$$\boldsymbol{S}\begin{pmatrix}\Delta \\ \boldsymbol{r}\end{pmatrix} = \begin{pmatrix}\tilde{F} \\ \boldsymbol{0}\end{pmatrix} \tag{4.117}$$

aus, wobei $\boldsymbol{r} := (r_1, r_2, \ldots, r_{n-1})^\top$ für den Vektor der neuen, fiktiven Verschiebungen r_j steht und $\tilde{F}$ näherungsweise gleich der vom Seil auf das Restsystem wirkenden (Schnitt-)Kraft F infolge der gemeinsamen Verschiebung Δ ist:

$$\tilde{F} \simeq F \; . \tag{4.118}$$

Für die von $\boldsymbol{S}$ dem Restsystem vermittelte Seilsteifigkeit $\tilde{K}$ gilt

$$\tilde{K} = \tilde{K}(\omega) = \frac{\tilde{F}}{\Delta} \; . \tag{4.119}$$

S ist nun so zu bestimmen, daß

$$\tilde{K} \simeq K . \tag{4.120}$$

Aus Gleichung (4.117) folgt für reguläre S

$$\begin{pmatrix} \Delta \\ r \end{pmatrix} = S^{-1} \begin{pmatrix} \tilde{F} \\ 0 \end{pmatrix} \tag{4.121}$$

und hieraus weiter

$$\Delta = \left(S^{-1}\right)_{11} \tilde{F} \tag{4.122}$$

und

$$\tilde{K} = \left((S^{-1})_{11}\right)^{-1} = \frac{|S|}{S_{11}} \tag{4.123}$$

mit der Determinante $|S|$ und dem algebraischen Komplement S_{11} (Unterdeterminante zum Element s_{11}). Der Fall singulärer Matrix S bzw. verschwindendem S_{11} entspricht offenbar einem Nulldurchgang bzw. einer Polstelle von $\tilde{K}$.

Mit dem Ansatz (4.116) erhält man aus Gleichung (4.123) die gebrochen rationale Funktion

$$\tilde{K} = \frac{\sum_{j=0}^{n} a_j (\omega^2)^j}{\sum_{j=0}^{n-1} b_j (\omega^2)^j} = \hat{K} \frac{\prod_{j=1}^{k \leq n} (\omega^2 - \tilde{\omega}_{0j}^2)}{\prod_{j=1}^{l \leq n-1} (\omega^2 - \tilde{\omega}_{\infty j}^2)} \tag{4.124}$$

mit maximal n Nullstellen $\tilde{\omega}_{0j}^2$ (Eigenwerte von S) und maximal $n-1$ Polstellen $\tilde{\omega}_{\infty j}^2$ (Eigenwerte von S_{22}, d. h. S vermindert um erste Zeile und Spalte). Diese Funktion stellt das Mittelglied bei der Abbildung von K auf S dar; die Aufgabe ist in zwei durch die Gleichungen (4.120) und (4.123) vorgegebene Schritte aufgeteilt.

4.7.2.2 Approximation von K durch $\tilde{K}$

Die analytische Funktion K hat gebrochene Form oder läßt sich auf diese bringen (siehe z. B. Gleichungen (4.107) und (4.112)). Eine für Zähler und Nenner getrennt durchgeführte Entwicklung in Potenzreihen und anschließender Koeffizientenvergleich könnte die Bestimmung der a_j, b_j in der Summendarstellung von Gleichung (4.124) ermöglichen. Ein Versuch in dieser Richtung war wenig erfolgreich, da die Potenzreihen zu langsam konvergieren und deshalb unerwünscht große n in Betracht gezogen werden müssen.

4.7. LINEARISIERUNG DER DYNAMISCHEN SEILSTEIFIGKEIT

Ausgangspunkt der weiteren Überlegungen ist deshalb die ebenfalls in Gl. (4.124) angegebene Produktdarstellung von Zähler und Nenner der gesuchten Funktion $\tilde{K}$. Außer deren Null- und Polstellen sind dort auch die kennzeichnenden Funktionswerte

$$\tilde{K}_0 := \tilde{K}\Big|_{\omega=0} = \hat{K} \frac{\prod_{j=1}^{k \leq n}(-\tilde{\omega}_{0j}^2)}{\prod_{j=1}^{l \leq n-1}(-\tilde{\omega}_{\infty j}^2)} \tag{4.125}$$

$$\tilde{K}_\infty := \tilde{K}\Big|_{\omega \to \pm\infty} = \hat{K}\left(\omega^2\right)^{k-l}\Big|_{\omega \to \pm\infty} \tag{4.126}$$

direkt ablesbar (es sei $\tilde{\omega}_{\infty j} \neq 0$). Die Anpassung von $\tilde{K}$ an K erfolgt nun über diese herausragenden Kennwerte, deren exakte Gegenstücke K_0 und K_∞ ebenso wie die exakten Null- und Polstellen ω_{0j}^2 und $\omega_{\infty j}^2$ aus einer Kurvendiskussion der Funktion $K(\omega)$ gewonnen werden.

Wie numerische Rechnungen zeigten, ist hierbei eine wesentliche Vereinfachung möglich: Die Anpassung von $\tilde{K}$ an K erfolgt zunächst für den ungedämpften Fall; die Dämpfung wird nachträglich einbezogen durch die Substitution von ω durch ω_c (Gleichung (4.34)) bzw. durch $\tilde{\omega}_c$ (Gleichung (4.131)). Dieses Vorgehen wird vom Aufbau der analytischen Lösungen, bei denen im dämpfungslosen Fall ω an die Stelle von ω_c tritt, nahegelegt. Der Vorteil dieser Vereinfachung liegt darin, daß die ω_{0j} und $\omega_{\infty j}$ für ein dämpfungsloses Seil reell sind und leicht bestimmt werden können.

Die angegebenen allgemeinen Formeln sollen noch etwas spezifiziert werden. Theoretische Überlegungen zeigen, daß K für wachsendes ω zunächst einem Wert in der Nähe des elastischen Anteils der Seilsteifigkeit zustrebt [141] und (abgesehen von den Polstellen) lange oder (bei entsprechender Vorgabe von α) auch immer dort verharrt. Diese Besonderheit resultiert letztenendes aus der Vernachlässigung der Trägheitskräfte in Sehnenrichtung, wird aber in dem hier betrachteten ω–Bereich tatsächlich auftreten (vgl. Abbildungen 4.9, 4.10). Der Grenzwert $\tilde{K}_\infty$ soll deshalb als endlich groß angenommen werden. Hieraus folgt, daß Zähler- und Nennerpolynom in Gleichung (4.124) von gleichem Grad sein müssen ($k = l \leq n-1 \Rightarrow a_n = (-1)^n|\boldsymbol{Q}| = 0$) und somit

$$\hat{K} = \tilde{K}_\infty . \tag{4.127}$$

Zur weiteren Vereinfachung wird man die Struktur von $\boldsymbol{S}$ bzw. $\boldsymbol{Q}$ außerdem so voraussetzen, daß das algebraische Komplement Q_{11} ungleich null ist (also $b_{n-1} = (-1)^{n-1}Q_{11} \neq 0 \Rightarrow l = n-1$). Insgesamt folgt

$$\tilde{K} = \tilde{K}_\infty \prod_{j=1}^{n-1} \frac{\omega^2 - \tilde{\omega}_{0j}^2}{\omega^2 - \tilde{\omega}_{\infty j}^2} \tag{4.128}$$

$$\frac{\tilde{K}_\infty}{\tilde{K}_0} = \prod_{j=1}^{n-1} \frac{\tilde{\omega}_{\infty j}^2}{\tilde{\omega}_{0j}^2} \ . \tag{4.129}$$

Nach Ermittlung der genauen Kennwerte K_0, K_∞, ω_{0j} und $\omega_{\infty j}$ ist das zunächst reelle $\tilde{K}(\omega)$, im einfachsten Falle durch deren direktes Einsetzen in diese Formeln ($\leadsto$ Kollokation), bestimmbar. Dabei ist zu beachten, daß genau $2(n-1)+1 = 2n-1$ freie Parameter vorgegeben werden können. Setzt man z. B.

$$\left.\begin{array}{l} \tilde{K}_0 = K_0 \\[1ex] \tilde{\omega}_{0j} = \omega_{0j} \\[1ex] \tilde{\omega}_{\infty j} = \omega_{\infty j} \end{array} \right\} \ j = 1, \ldots, n-1\ , \right\} \tag{4.130}$$

so ist $\tilde{K}_\infty$ durch Gleichung (4.129) festgelegt und steht nicht mehr als Freiwert zur Verfügung. Zum Übergang ins Komplexe (falls Seil gedämpft) wird ω in Gleichung (4.128) jetzt noch durch

$$\tilde{\omega}_c := \omega\sqrt{1 - 2\tilde{\xi}i} \tag{4.131}$$

ersetzt, wobei $\tilde{\xi}$ ein zusätzlicher, frei wählbarer Parameter ist. Eine Anwendung dieser Formeln auf die in Abschnitt 4.6 behandelten Beispiele führt auf praktische Hinweise zu einer geschickten Anpassung der Ersatzfunktion $\tilde{K}$:

Beispiel 1:

Die Steifigkeitsfunktion K besitzt nur einen wesentlichen Resonanzbereich (vgl. Abb. 4.9; dort: K_{11}^*). Es wird deshalb eine Approximation mit $n = 2$ versucht. Da nun ausschließlich der Index $j = 1$ erscheint, wird diese Indizierung im folgenden fortgelassen. Man erhält die Ausdrücke

$$\tilde{K} = \tilde{K}_\infty \frac{\omega^2 - \tilde{\omega}_0^2}{\omega^2 - \tilde{\omega}_\infty^2} \tag{4.132}$$

$$\frac{\tilde{K}_\infty}{\tilde{K}_0} = \frac{\tilde{\omega}_\infty^2}{\tilde{\omega}_0^2}\ , \tag{4.133}$$

4.7. LINEARISIERUNG DER DYNAMISCHEN SEILSTEIFIGKEIT

die sich auf die dimensionslose Form

$$\tilde{K}^* = \tilde{K}^*_\infty \frac{\Omega^2 - \tilde{\Omega}_0^2}{\Omega^2 - \tilde{\Omega}_\infty^2} \tag{4.132a}$$

$$\frac{\tilde{K}^*_\infty}{\tilde{K}^*_0} = \frac{\tilde{\Omega}_\infty^2}{\tilde{\Omega}_0^2} \tag{4.133a}$$

bringen lassen (vgl. Abschnitte 4.3.1 und 4.6). Eine Kurvendiskussion der Funktion K^* nach Gl. (4.107) (dort: K^*_{11}) für das ungedämpfte Seil liefert die Kennwerte

$$K^*_0 = 0,33822 \;, \qquad \Omega_0 = 1,08160\pi \;, \qquad \Omega_\infty = 1,68953\pi \;,$$

denen entsprechend Gleichungen (4.130) die Freiwerte $\tilde{K}^*_0$, $\tilde{\Omega}_0$, $\tilde{\Omega}_\infty$ gleichgesetzt werden. Hiermit sind $\tilde{K}^*(\Omega)$ und

$$\tilde{K}^*_\infty = 0,82527$$

festgelegt. Der wahre Grenzwert $K^*_\infty \simeq 1$ (angesetzt nach Abb. 4.9) wird also relativ schlecht getroffen; die Festlegung der Freiwerte zielt auf möglichst gute Übereinstimmung im Kurventeil $0 \leq \Omega \leq \Omega_\infty$. Zur Berücksichtigung der Dämpfung wird Ω in Gleichung (4.132a) jetzt durch

$$\tilde{\Omega}_c := \Omega\sqrt{1 - 2\tilde{\xi}i} \tag{4.131a}$$

ersetzt. In Abweichung von der ursprünglichen Aufgabenstellung wird dabei für den zusätzlichen Freiwert $\tilde{\xi}$ statt einem frequenzabhängigen Parameter viskoser Dämpfung der konstante Wert

$$\xi_\infty := \xi(\Omega_\infty) = 0,14/1,68953 = 0,082863$$

eingesetzt, der im Bereich des maximalen Dämpfungseinflusses die Dämpfung näherungsweise richtig wiedergibt. Dieses Vorgehen wird sich später bei der Konstruktion der Matrix $\boldsymbol{S}$ als nützlich erweisen; sein Fehlereinfluß soll hier miterfaßt werden. Die Approximationsfunktion in ihrer endgültigen Form lautet

mit

$$\left.\begin{aligned}\tilde{K}^* &= \tilde{K}^*_\infty \frac{(1 - 2\xi_\infty i)\Omega^2 - \Omega_0^2}{(1 - 2\xi_\infty i)\Omega^2 - \Omega_\infty^2} \\[2ex] \tilde{K}^*_\infty &= K^*_0 \frac{\Omega_\infty^2}{\Omega_0^2} \;.\end{aligned}\right\} \tag{4.134}$$

Ω/π	$\Re(K^*)$	$\Re(\tilde{K}^*)$	Fehler [%]	$\Im(K^*)$	$\Im(\tilde{K}^*)$	Fehler [%]
0	0,3382	0,3382	0	0	0	0
0,50	0,2934	0,2916	−0,6	0,0287	0,0085	−70
1,25	−0,1774	−0,2092	18	0,2719	0,2073	−24
1,54	−0,7733	−0,9065	17	1,4348	1,4095	−1,8
1,68	0,6428	0,6222	−3,2	2,9279	2,9584	1,0
1,82	2,1672	2,0710	−4,4	1,4900	1,4935	0,2
2,05	1,6814	1,6393	−2,5	0,3699	0,4206	14
2,50	1,1934	1,1999	0,5	0,0877	0,1143	30
3,50	1,0167	0,9666	−4,9	0,0251	0,0305	22

Tabelle 4.1: Vergleich von exakten und approximierten Funktionswerten (Beispiel 1)

Ein numerischer Vergleich mit K^* nach Gl. (4.107) zeigt sehr gute Übereinstimmung in der Lage der Extrema und, wie die Gegenüberstellung in Tabelle 4.1 zeigt, eine ausreichende Approximation insbesondere der Extremwerte (unterstrichen).

Beispiel 2:

Die hier geltende Steifigkeitsfunktion hat mehr als einen wesentlichen Resonanzbereich (vgl. Abb. 4.10; dort: K_{44}^*). Es können maximal $n-1$ Resonanzbereiche gleichzeitig approximiert werden. Die numerischen Rechnungen beschränken sich auf $n=2$ und $n=3$, wobei der hier dominierende zweite und dritte Resonanzbereich dargestellt werden soll (und deshalb eine Indizierung ausnahmsweise von $j=2$ bis $j=n$ vorgenommen wird).

Eine Kurvendiskussion von K^* nach Gleichung (4.112) (dort: K_{44}^*) für das ungedämpfte Seil liefert die Kennwerte

$$K_0^* = 0,97504$$

$$\Omega_{02} = 1,76575\pi \ , \qquad \Omega_{\infty 2} = 2\pi$$

$$\Omega_{03} = 2,70206\pi \ , \qquad \Omega_{\infty 3} = 3,00047\pi \ .$$

Ein Vorgehen wie in Beispiel 1, d. h. Gleichsetzen der Freiwerte $\tilde{K}_0^*$, $\tilde{\Omega}_{0j}$, $\tilde{\Omega}_{\infty j}$ mit diesen exakten Kennwerten, verbunden mit der Festsetzung $\tilde{\xi} = \xi = 0,01$ führt hier

4.7. LINEARISIERUNG DER DYNAMISCHEN SEILSTEIFIGKEIT

nicht zum Ziel; die so gewonnenen Näherungen sind sowohl für $n = 2$ als auch für $n = 3$ völlig unbrauchbar! Dies scheint auf den bei stark gespannten Seilen größeren Dämpfungseinfluß zurückzuführen zu sein (vgl. Abschnitt 4.6).

Theoretische Überlegungen und numerische Versuche führten auf eine Strategie, die auch in diesem Falle gute Approximation bei kleinem Aufwand ermöglicht. Man setze

$$\tilde{K}_0 = K_0$$
$$\tilde{\omega}_{\infty j} = \omega_{\infty j} \; ; \quad \text{für alle } j \tag{4.135}$$

bzw. in dimensionsloser Form

$$\tilde{K}_0^* = K_0^*$$
$$\tilde{\Omega}_{\infty j} = \Omega_{\infty j} \; ; \quad \text{für alle } j \; , \tag{4.135a}$$

sowie für den Dämpfungsparameter

$$\tilde{\xi} = \xi \; . \tag{4.136}$$

Die verbleibenden Freiwerte $\tilde{\Omega}_{0j}$ werden mittels Probieren und Iterieren so bestimmt, daß insbesondere die Extremwerte von $K^*(\Omega)$ durch die Näherungsfunktion

mit

$$\left.\begin{array}{l} \tilde{K}^* = \tilde{K}_\infty^* \prod\limits_j \dfrac{(1-2\xi i)\Omega^2 - \tilde{\Omega}_{0j}^2}{(1-2\xi i)\Omega^2 - \Omega_{\infty j}^2} \\[2ex] \tilde{K}_\infty^* = K_0^* \prod\limits_j \dfrac{\Omega_{\infty j}^2}{\tilde{\Omega}_{0j}^2} \end{array}\right\} \tag{4.137}$$

optimal approximiert wird. Als Anhaltspunkt für die Wahl der Startwerte dient die Beziehung

$$\Omega_{0j} \leq \tilde{\Omega}_{0j} < \Omega_{\infty j} \; , \tag{4.138}$$

wobei $\tilde{\Omega}_{0j}$ mit wachsender Dämpfung näher an $\Omega_{\infty j}$ heranrückt. Bei diesem Vorgehen macht man sich zunutze, daß durch die gewählten Festlegungen die Lage der Extrema bereits gut getroffen wird.

Die in Tabelle 4.2 aufgeführten und gegenübergestellten Funktionswerte zeigen über weite Kurvenbereiche gute Approximation der Funktion K^* nach Gl. (4.112)

Ω/π	$\Re(K^*)$	$\Re(\tilde{K}^*)$	Fehler [%]	$\Im(K^*)$	$\Im(\tilde{K}^*)$	Fehler [%]
0	0,9750	0,9750	0	0	0	0
0,90	0,9701	0,9701	0,0	0,0006	0,0001	-80
1,90	0,8262	0,8337	0,9	0,0282	0,0278	$-1,4$
1,98	0,5896	0,5985	1,5	0,3775	0,3776	0,0
2,00	0,9713	0,9811	1,0	0,7506	0,7511	0,1
2,02	1,3380	1,3488	0,8	0,3738	0,3738	0,0
2,20	1,0330	1,0477	1,4	0,0092	0,0087	$-5,5$
2,50	0,9681	0,9914	2,4	0,0039	0,0031	-20
2,90	0,8194	0,8580	4,7	0,0461	0,0450	$-2,4$
2,97	0,6880	0,7291	6,0	0,2756	0,2764	0,3
3,00	0,9592	1,0045	4,7	0,5551	0,5583	0,6
3,03	1,2366	1,2862	4,0	0,2816	0,2823	0,2
3,10	1,1094	1,1623	4,8	0,0496	0,0480	$-3,3$
3,50	0,9470	1,0392	9,7	0,0081	0,0025	-69

Tabelle 4.2: Vergleich von exakten und approximierten Funktionswerten (Beispiel 2)

durch eine auf diese Weise bestimmte Näherungsfunktion $\tilde{K}^*$ nach Gl. (4.137). Es wurde dabei $n = 3$ und $j = 2, 3$ gewählt und damit eine gleichzeitige Annäherung im zweiten und dritten Resonanzbereich angestrebt. Die iterativ gefundenen und hier eingesetzten Freiwerte betragen

$$\tilde{\Omega}_{02} = 1,98464\pi$$

$$\tilde{\Omega}_{03} = 2,98391\pi$$

und liegen schon deutlich näher an $\Omega_{\infty j}$ als an Ω_{0j}. Numerische Versuche mit $n = 2$ zur Annäherung jeweils nur eines Resonanzbereiches führten auf hiervon nur wenig abweichende Optimalparameter, die somit gute Startwerte für den komplizierteren Fall $n > 2$ wären. Es zeigte sich hierbei auch, daß die mit $n = 3$ erreichbare Genauigkeit im unteren (zweiten) Resonanzbereich gegenüber einer Rechnung mit $n = 2$ etwas größer, im oberen (dritten) Resonanzbereich aber kleiner ist.

4.7. LINEARISIERUNG DER DYNAMISCHEN SEILSTEIFIGKEIT

4.7.2.3 Übergang von $\tilde{K}$ auf S

Die reellen Kennwerte $\tilde{K}_0$, $\tilde{K}_\infty$, $\tilde{\omega}_{0j}$, $\tilde{\omega}_{\infty j}$, $\tilde{\xi}$ und damit die Näherungsfunktion

$$\tilde{K} = \tilde{K}_\infty \prod_{j=1}^{n-1} \frac{\tilde{\omega}_c^2 - \tilde{\omega}_{0j}^2}{\tilde{\omega}_c^2 - \tilde{\omega}_{\infty j}^2} \tag{4.139}$$

mit

$$\tilde{K}_\infty = \tilde{K}_0 \prod_{j=1}^{n-1} \frac{\tilde{\omega}_{\infty j}^2}{\tilde{\omega}_{0j}^2} \tag{4.140}$$

und

$$\tilde{\omega}_c := \omega \sqrt{1 - 2\tilde{\xi}i} \tag{4.131}$$

seien nun bekannt. Der jetzt erfolgende Übergang auf S ist exakt. Durch die gegenüber Gleichung (4.116) etwas modifizierte Definition

$$S = S(\tilde{\omega}_c^2) := P - \tilde{\omega}_c^2 Q \tag{4.141}$$

mit dem nun reellen Matrizenpaar P; Q bleiben die Imaginäranteile zunächst ausgeklammert. Aus diesem S folgt bei Anwendung der Gleichung (4.123) ein $\tilde{K}$ in der Form von Gleichung (4.139). Mit der im vorigen Unterabschnitt gegebenen Begründung lauten die Nebenbedingungen dabei

$$|Q| = (-1)^n a_n = 0 \; , \qquad Q_{11} = (-1)^{n-1} b_{n-1} \neq 0 \; , \tag{4.142}$$

wobei Q_{11} das algebraische Komplement zum Matrizenelement q_{11} ist (Unterdeterminante). Aus einem Koeffizientenvergleich der Darstellung

$$\tilde{K} = \frac{|S|}{S_{11}} = \frac{\sum_{j=0}^{n-1} a_j \left(\tilde{\omega}_c^2\right)^j}{\sum_{j=0}^{n-1} b_j \left(\tilde{\omega}_c^2\right)^j} \tag{4.143}$$

mit Gleichung (4.139) folgen die Beziehungen

$$\tilde{K}_\infty = \frac{a_{n-1}}{b_{n-1}} \quad \Longrightarrow \quad a_{n-1} = (-1)^{n-1} Q_{11} \tilde{K}_\infty \neq 0 \tag{4.144}$$

sofern nur $\tilde{K}_\infty \neq 0$. Stellt man die beiden Darstellungsweisen gemäß

$$\frac{\prod_{j=1}^{n-1}(\tilde{\omega}_c^2 - \tilde{\omega}_{0j}^2)}{\prod_{j=1}^{n-1}(\tilde{\omega}_c^2 - \tilde{\omega}_{\infty j}^2)} = \frac{\sum_{j=0}^{n-1} \frac{a_j}{a_{n-1}}(\tilde{\omega}_c^2)^j}{\sum_{j=0}^{n-1} \frac{b_j}{b_{n-1}}(\tilde{\omega}_c^2)^j} \tag{4.145}$$

gegenüber, so schließt man aus dem Vergleich der Absolutglieder (bei untereinander verschiedenen $\tilde{\omega}_{0j}$, $\tilde{\omega}_{\infty j}$), daß auch die Beziehungen

$$\prod_{j=1}^{n-1}(-\tilde{\omega}_{0j}^2) = \frac{a_0}{a_{n-1}} , \qquad \prod_{j=1}^{n-1}(-\tilde{\omega}_{\infty j}^2) = \frac{b_0}{b_{n-1}} \tag{4.146}$$

gelten sollten. Mit

$$|\boldsymbol{P}| = a_0 , \qquad P_{11} = b_0 \tag{4.147}$$

folgt hieraus

$$|\boldsymbol{P}| = Q_{11}\tilde{K}_\infty \prod_{j=1}^{n-1} \tilde{\omega}_{0j}^2 , \qquad P_{11} = Q_{11} \prod_{j=1}^{n-1} \tilde{\omega}_{\infty j}^2 \tag{4.148}$$

und für $\tilde{K}_\infty \neq 0$, $\tilde{\omega}_{0j} \neq 0$, $\tilde{\omega}_{\infty j} \neq 0$ weiter

$$|\boldsymbol{P}| \neq 0 , \qquad P_{11} \neq 0 . \tag{4.149}$$

Mit Gleichung (4.140) erhält man außerdem

$$\frac{|\boldsymbol{P}|}{P_{11}} = \tilde{K}_0 . \tag{4.150}$$

All diese globalen Erkenntnisse mögen bei der Konstruktion des Matrizenpaares $\boldsymbol{P}; \boldsymbol{Q}$ nützlich sein. Die Lösung dieser Aufgabe ist allerdings nicht eindeutig. Denn den festzulegenden $2n^2$ Matrizenelementen stehen, entsprechend der Anzahl der in Gleichung (4.139) vorhandenen Kennwerte, nur $2n-1$ wesentliche Parameter gegenüber. Die jeweilige Differenz entspricht der Anzahl frei wählbarer Vorgaben für die Matrizenelemente p_{ij}, q_{ij}, wobei aber die Erfüllung der Bedingungen (4.142) und (4.149) sowie eine ausreichende Verkopplung zwischen den Freiheitsgraden von vornherein sichergestellt werden sollte. Nach Anwendung der Rechenvorschriften (4.139), (4.143) und anschließendem Koeffizientenvergleich für Zähler und Nenner erhält man dann $2n-1$ Gleichungen zur Berechnung der verbleibenden $2n-1$ unbekannten Matrizenelemente in Abhängigkeit von den dynamischen Parametern $\tilde{K}_\infty$,

4.7. LINEARISIERUNG DER DYNAMISCHEN SEILSTEIFIGKEIT

$\tilde{\omega}_{0j}$, $\tilde{\omega}_{\infty j}$. Diese Gleichungen sind leider recht verwickelter (nichtlinearer!) Natur, so daß auf diesem Wege keine allgemeine Lösung (für beliebige n) angegeben werden kann.

Zu diesem Ziel führt indes ein ganz anderes, direkteres Vorgehen: Die Grundbeziehung

$$\tilde{K}\Delta = \tilde{F} \qquad (4.151)$$

wird schrittweise umgeformt und durch Hinzufügen trivialer Gleichungen auf das Gleichungssystem

$$S\begin{pmatrix}\Delta\\r\end{pmatrix} = \begin{pmatrix}\tilde{F}\\0\end{pmatrix} \qquad (4.117)$$

expandiert. Erste Lösungsidee ist hierbei die Teilbruchzerlegung der gebrochen rationalen Funktion $\tilde{K}$ von Gleichung (4.139). Diese Zerlegung ist immer möglich und führt (bei untereinander verschiedenen $\tilde{\omega}_{0j}$, $\tilde{\omega}_{\infty j}$) auf

$$\tilde{K} = \tilde{K}_\infty \left(1 + \sum_{j=1}^{n-1} \frac{A_j}{\tilde{\omega}_c^2 - \tilde{\omega}_{\infty j}^2}\right) \qquad (4.152)$$

mit konstanten A_j, die als

$$A_j = A_j(\tilde{\omega}_{0k}^2, \tilde{\omega}_{\infty k}^2) \in \mathcal{R} \; ; \quad k = 1, \ldots, n-1 \qquad (4.153)$$

in wenn auch verwickelter Form formelmäßig angegeben werden können [129]. Definiert man die Verschiebungen

$$r_j := \frac{A_j}{\tilde{\omega}_c^2 - \tilde{\omega}_{\infty j}^2}\Delta \; ; \quad j = 1, \ldots, n-1 \; , \qquad (4.154)$$

so ist die Beziehung (4.151) auch in der Form

$$\tilde{K}_\infty(\Delta + \sum_{j=1}^{n-1} r_j) = \tilde{K}_\infty(1, 1, \ldots, 1)\begin{pmatrix}\Delta\\r_1\\\vdots\\r_{n-1}\end{pmatrix} = \tilde{F} \qquad (4.155)$$

darstellbar. Aus Gleichung (4.154) folgen aber auch die $n-1$ homogenen und linear unabhängigen Gleichungen

$$\Delta - \frac{1}{A_j}(\tilde{\omega}_c^2 - \tilde{\omega}_{\infty j}^2)r_j = 0 \; ; \quad j = 1, \ldots, n-1 \; , \qquad (4.156)$$

die man mit dem Ausdruck (4.155) zusammenfaßt zum Gleichungssystem

$$S\begin{pmatrix}\Delta\\r\end{pmatrix} = \tilde{K}_\infty \underbrace{\begin{pmatrix} 1 & 1 & 1 & \cdots & 1 \\ 1 & \frac{\tilde{\omega}_{\infty 1}^2 - \tilde{\omega}_c^2}{A_1} & 0 & \cdots & 0 \\ 1 & 0 & \frac{\tilde{\omega}_{\infty 2}^2 - \tilde{\omega}_c^2}{A_2} & \cdots & 0 \\ \vdots & \vdots & \vdots & \ddots & \vdots \\ 1 & 0 & 0 & \cdots & \frac{\tilde{\omega}_{\infty,n-1}^2 - \tilde{\omega}_c^2}{A_{n-1}} \end{pmatrix}}_{S} \begin{pmatrix}\Delta\\r_1\\r_2\\\vdots\\r_{n-1}\end{pmatrix} = \begin{pmatrix}\tilde{F}\\0\\0\\\vdots\\0\end{pmatrix}. \quad (4.157)$$

Die so konstruierte Matrix S erfüllt offensichtlich die Grundgleichung (4.117) und hat die in Gleichung (4.141) festgelegte Form eines linearen Matrizenpolynoms. Zur Probe wird auf S die Rechenvorschrift (4.143) angewendet und hieraus wieder $\tilde{K}$ abgeleitet: Nach Partionierung in der in Gleichung (4.157) angedeuteten Weise berechnet man die Determinante (nach [157]) zu

$$\left.\begin{aligned}|S| = |S_{11,\text{red}}| \cdot |S_{22}| &= \tilde{K}_\infty \left(1 - \sum_{j=1}^{n-1} \frac{A_j}{\tilde{\omega}_{\infty j}^2 - \tilde{\omega}_c^2}\right) S_{11}\\ \text{mit}\qquad\qquad&\\ S_{11} = |S_{22}| &= \prod_{j=1}^{n-1} \frac{\tilde{K}_\infty}{A_j}(\tilde{\omega}_{\infty j}^2 - \tilde{\omega}_c^2)\ ,\end{aligned}\right\} \quad (4.158)$$

woraus sich $\tilde{K}$ unmittelbar in der Form (4.152) ergibt.

Unter Ausnutzung der bei der Konstruktion von S vorhandenen Gestaltungsfreiheit gelang also eine geschlossene Darstellung für beliebige n. Die so bestimmte Teilmatrix P hat allerdings volle Bandbreite; das mechanische Pendant zum Matrizenpaar $P;Q$ ist hier eine Parallelschaltung von „geerdeten" Einmassenschwingern. Die eventuell günstigere und prinzipiell mögliche Darstellung mit P als Tridiagonalmatrix und Q wieder als Diagonalmatrix (mit $q_{11} = 0$) entspräche dagegen einer seriellen, einseitig „geerdeten" Schwingerkette mit konzentrierten Massen an allen Knoten (bis auf den ersten, an dem $\tilde{F}$ angreift). Dem Seil können somit verschiedene diskrete Schwingungssysteme zugeordnet werden; deren Eigenfrequenzen unter den Randbedingungen $\tilde{F} = 0$ ($\Leftrightarrow |S| \doteq 0$) bzw. $\Delta = 0$ ($\Leftrightarrow S_{11} = |S_{22}| \doteq 0$) müssen in jedem Fall aber gleich den $\tilde{\omega}_{0j}$ bzw. $\tilde{\omega}_{\infty j}$ sein.

Zur Anwendung wird nun der spezielle und einfachste Fall $n = 2$ betrachtet, für den man mit den bisher gewonnenen Erkenntnissen direkt

$$S = \begin{pmatrix}\tilde{K}_\infty & \tilde{K}_\infty \\ \tilde{K}_\infty & p_{22}\end{pmatrix} - \tilde{\omega}_c^2 \begin{pmatrix}0 & 0 \\ 0 & q_{22}\end{pmatrix} \quad (4.159)$$

4.7. LINEARISIERUNG DER DYNAMISCHEN SEILSTEIFIGKEIT

schreiben kann. Berechnung von Determinante und Unterdeterminante entsprechend Gleichung (4.143) und Koeffizientenvergleich oder, wegen $n = 2$, auch eine Anwendung der allgemeinen Beziehungen (4.148) führen auf das Gleichungssystem

$$p_{22} - \tilde{\omega}_0^2 q_{22} = \tilde{K}_\infty$$
$$p_{22} - \tilde{\omega}_\infty^2 q_{22} = 0 \; , \tag{4.160}$$

das in diesem Falle linear ist und aus dem p_{22} und q_{22} bestimmt werden. (Der Index $j = 1$ wurde hier wieder fortgelassen.) Teilbruchzerlegung und Einsetzen in den allgemeinen Ausdruck (4.157) führen auf dieselben Gleichungen. Man erhält hieraus

$$\boldsymbol{S} = \tilde{K}_\infty \begin{pmatrix} 1 & 1 \\ 1 & \frac{\tilde{\omega}_\infty^2}{\tilde{\omega}_\infty^2 - \tilde{\omega}_0^2} \end{pmatrix} - \tilde{\omega}_c^2 \begin{pmatrix} 0 & 0 \\ 0 & \frac{\tilde{K}_\infty}{\tilde{\omega}_\infty^2 - \tilde{\omega}_0^2} \end{pmatrix}, \tag{4.161}$$

wobei $\tilde{\omega}_0$ und $\tilde{\omega}_\infty$ wieder als verschieden vorausgesetzt werden. Der zugehörige Einmassenschwinger mit zwei Freiheitsgraden wurde bereits von Veletsos & Darbre [141] als Ersatzmodell für das schwingende Seil vorgeschlagen. Die dort ad hoc vorgenommene Systemidentifizierung ist allerdings nur für relativ schwach gespannte Seile zulässig und schöpft die Möglichkeiten dieses Primitivmodells nicht voll aus. Nach elementaren Umformungen stellt man fest, daß alternativ zum Ausdruck (4.161) auch das Matrizenpolynom

$$\boldsymbol{S} = \begin{pmatrix} \tilde{K}_\infty & \tilde{\kappa} \\ \tilde{\kappa} & \tilde{\kappa} \end{pmatrix} - \tilde{\omega}_c^2 \begin{pmatrix} 0 & 0 \\ 0 & \frac{\tilde{\kappa}}{\tilde{\omega}_\infty^2} \end{pmatrix} \tag{4.162}$$

mit

$$\tilde{\kappa} := \tilde{K}_\infty - \tilde{K}_0 \neq 0 \tag{4.163}$$

verwendet werden kann; beide Ausdrücke führen auf dieselbe Funktion $\tilde{K}$, da nur die der fiktiven Verschiebung r zugeordnete Spalte und die zusätzliche, im Gesamtgleichungssystem homogene Zeile mit Faktoren versehen wurden (s. Ausgangsgleichung (4.117)). Zum Übergang auf die eigentlich gewünschte Form (4.116) wird $\tilde{\omega}_c$ gemäß Gleichung (4.131) substituiert, womit man die Darstellung

$$\boldsymbol{S} = \begin{pmatrix} \tilde{K}_\infty & \tilde{\kappa} \\ \tilde{\kappa} & \tilde{\kappa} \end{pmatrix} - \omega^2 \begin{pmatrix} 0 & 0 \\ 0 & \frac{\tilde{\kappa}(1-2\tilde{\xi}i)}{\tilde{\omega}_\infty^2} \end{pmatrix} \tag{4.164}$$

erhält.

Nach wiederum elementaren Umformungen findet man die mögliche Alternative

$$S = \begin{pmatrix} \tilde{K}_\infty & \frac{\tilde{\kappa}}{\sqrt{1-2\tilde{\xi}i}} \\ \frac{\tilde{\kappa}}{\sqrt{1-2\tilde{\xi}i}} & \frac{\tilde{\kappa}}{1-2\tilde{\xi}i} \end{pmatrix} - \omega^2 \begin{pmatrix} 0 & 0 \\ 0 & \frac{\tilde{\kappa}}{\tilde{\omega}_\infty^2} \end{pmatrix}, \qquad (4.165)$$

bei der im Gegensatz zu vorher die Massenmatrix reell, die Steifigkeitsmatrix aber komplex ist. Diese Form wird man vorziehen, wenn auch die Gesamtmatrizen für Masse bzw. Steifigkeit bereits reell bzw. komplex sind. Wegen

$$\begin{aligned} \frac{1}{1-2\tilde{\xi}i} &\simeq 1+2\tilde{\xi}i = 1+i\tilde{g} \ ; \quad \tilde{g} \ll 1 \\ \frac{1}{\sqrt{1-2\tilde{\xi}i}} &\simeq 1+\tilde{\xi}i = 1+i\tilde{g}/2 \ ; \quad \tilde{g} \ll 1 \end{aligned} \qquad (4.166)$$

und hieraus

$$S \simeq \begin{pmatrix} \tilde{K}_\infty & \tilde{\kappa}(1+i\tilde{g}/2) \\ \tilde{\kappa}(1+i\tilde{g}/2) & \tilde{\kappa}(1+i\tilde{g}) \end{pmatrix} - \omega^2 \begin{pmatrix} 0 & 0 \\ 0 & \frac{\tilde{\kappa}}{\tilde{\omega}_\infty^2} \end{pmatrix}, \qquad (4.167)$$

kann man

$$2\tilde{\xi} =: \tilde{g} \qquad (4.168)$$

als eine Art Dämpfungsverlustwinkel ansehen (vgl. Abschnitt 3.3.5), der hier in spezieller Weise in die Steifigkeitsmatrix einzuarbeiten ist. Anders bei Vorgabe der bezogenen viskosen Dämpfungkraft c: $\tilde{\xi}$ ist dann, etwa in der in Gleichung (4.34) angegebenen Form, von ω abhängig. Einsetzen in Gleichung (4.164) führt auf das nichtlineare Matrizenpolynom

$$S = \begin{pmatrix} \tilde{K}_\infty & \tilde{\kappa} \\ \tilde{\kappa} & \tilde{\kappa} \end{pmatrix} + i\omega \begin{pmatrix} 0 & 0 \\ 0 & \frac{\tilde{c}}{m}\frac{\tilde{\kappa}}{\tilde{\omega}_\infty^2} \end{pmatrix} + (i\omega)^2 \begin{pmatrix} 0 & 0 \\ 0 & \frac{\tilde{\kappa}}{\tilde{\omega}_\infty^2} \end{pmatrix}, \qquad (4.169)$$

das vorteilhaft dann benutzt wird, wenn dessen mittlere Teilmatrix einer bereits vorgesehenen Systemdämpfungsmatrix (viskoser Dämpfung) zugewiesen werden kann. Soll das nichtlineare Eigenwertproblem ganz vermieden werden, so ist für $\tilde{\xi}$ ein konstanter Wert einzusetzen (vgl. Abschnitt 4.7.2.2) und eine der zuvor angegebenen Darstellungen zu benutzen.

Die Definition der Hilfsgröße $\tilde{\kappa}$ ermöglicht hier und im weiteren besonders einfache Ableitungen und übersichtliche Darstellungen. Hierzu seien noch zwei Bemerkungen

4.7. LINEARISIERUNG DER DYNAMISCHEN SEILSTEIFIGKEIT

gemacht, die für weitere Entwicklungen und für die numerische Durchführung nützlich sein können. Bei stark gespannten Seilen wird die Differenzsteifigkeit $\tilde{\kappa}$ klein im Verhältnis zu $\tilde{K}_\infty$; für Beispiel 2 etwa findet man aus der allgemeinen Gleichung

$$\frac{\tilde{\kappa}}{\tilde{K}_\infty} = 1 - \frac{\tilde{K}_0}{\tilde{K}_\infty} = 1 - \prod_{j=1}^{n-1} \frac{\tilde{\omega}_{0j}^2}{\tilde{\omega}_{\infty j}^2} \quad , \tag{4.170}$$

ausgewertet für $n=2$ und den zweiten Resonanzbereich, ein Verhältnis von $1,5:100$. Sollte dies zu numerischen Schwierigkeiten führen, so sind die mit $\tilde{\kappa}$ behafteten Zeilen und Spalten entsprechend mit Faktoren zu versehen, eine erlaubte und hier oft durchgeführte elementare Umformung. Für das Steifigkeitsverhältnis folgt aus den Gleichungen (4.150) und (4.158) bzw. auch direkt aus Gleichung (4.152) (Probe!) die interessante Beziehung

$$\frac{\tilde{\kappa}}{\tilde{K}_\infty} = \sum_{j=1}^{n-1} \frac{A_j}{\tilde{\omega}_{\infty j}^2} \tag{4.171}$$

zu den in Gleichung (4.152) auftauchenden Koeffizienten der Teilbruchzerlegung von $\tilde{K}$.

4.7.3 Simultane Expansion und Kondensation

Es sollen nun mehrere Steifigkeitsfunktionen eines Seiles gleichzeitig expandiert werden. Im Interesse der Übersichtlichkeit wird dies nur für den Fall $n=2$ und an einer begrenzten Auswahl von Funktionen nach Gleichung (4.100), nämlich

$$K_{aa}, K_{ab}, K_{ba}, K_{bb} \quad ; \quad a, b = 1, \ldots, 4 \quad ; \quad a \neq b$$

vorgeführt. Diese Funktionen werden nach Abschnitt 4.7.2.2 von den Näherungsfunktionen $\tilde{K}_{aa}, \tilde{K}_{ab}, \tilde{K}_{ba}, \tilde{K}_{bb}$ unabhängig voneinander approximiert, wobei aber wegen $K_{ba}=K_{ab}$ auch $\tilde{K}_{ba}=\tilde{K}_{ab}$ ist. Die jeweils zugeordneten Kennwerte $\tilde{K}_0$, $\tilde{K}_\infty$, $\tilde{\omega}_{0j}$ sind sinngemäß zu indizieren. Nach den Erkenntnissen von Abschnitt 4.7.2.2 werden die Kennwerte $\tilde{\omega}_{\infty j}$ im Rahmen der Approximation nicht variiert, sondern den exakten Parametern $\omega_{\infty j}$ gleichgesetzt. Diese entsprechen den Eigenfrequenzen des festverankerten Seiles und müssen für alle K_{kl} eines Seiles gleich sein, d.h.

$$\omega_{\infty j}^{aa} = \omega_{\infty j}^{ab} = \omega_{\infty j}^{ba} = \omega_{\infty j}^{bb} =: \omega_{\infty j} \quad . \tag{4.172}$$

Auch bei $\tilde{\xi}$ wird auf eine Indizierung verzichtet; dieser Parameter sei für alle Näherungsfunktionen auf den gleichen Wert festgesetzt. Wegen $n=2$ tritt nur der Frequenzindex $j=1$ auf und wird fortgelassen.

Die vier analytischen Funktionen K_{aa}, K_{ab}, K_{ba}, K_{bb} seien in der Gesamtmatrix der Systemsteifigkeit jeweils einmal (als Summand) vorhanden und in der gewohnten Weise einander zugeordnet. Der in Abschnitt 4.7.2.1 beschriebene Übergang auf die gebrochen rationalen Funktionen $\tilde{K}_{aa}$, $\tilde{K}_{ab}$, $\tilde{K}_{ba}$, $\tilde{K}_{bb}$ und weiter auf expandierte Systemmatrizen (des Gesamtsystems) wird sukzessiv für jede dieser Komponenten vollzogen, wobei die Reihenzahl der Matrizen und die Ordnung des Gesamtgleichungssystems insgesamt um vier wächst. Geht man von der Darstellung (4.162) aus, so werden in diesem Gleichungssystem die vom Seil (bzw. vom zugeordneten Ersatzsystem) auf das Restsystem wirkenden Kräfte $\tilde{F}_a$ und $\tilde{F}_b$ in der Form

$$S\begin{pmatrix}\Delta \\ \hline r\end{pmatrix} = \left(\begin{array}{cc|cccc} \tilde{K}^{aa}_\infty & \tilde{K}^{ab}_\infty & \tilde{\kappa}^{aa} & 0 & \tilde{\kappa}^{ab} & 0 \\ \tilde{K}^{ab}_\infty & \tilde{K}^{bb}_\infty & 0 & \tilde{\kappa}^{bb} & 0 & \tilde{\kappa}^{ab} \\ \hline \tilde{\kappa}^{aa} & 0 & \tilde{\kappa}^{aa}\Lambda & 0 & 0 & 0 \\ 0 & \tilde{\kappa}^{bb} & 0 & \tilde{\kappa}^{bb}\Lambda & 0 & 0 \\ \tilde{\kappa}^{ab} & 0 & 0 & 0 & 0 & \tilde{\kappa}^{ab}\Lambda \\ 0 & \tilde{\kappa}^{ab} & 0 & 0 & \tilde{\kappa}^{ab}\Lambda & 0 \end{array}\right) \begin{pmatrix}\Delta_a \\ \Delta_b \\ r^{aa} \\ r^{bb} \\ r^{ab} \\ r^{ba}\end{pmatrix} = \begin{pmatrix}\tilde{F}_a \\ \tilde{F}_b \\ 0 \\ 0 \\ 0 \\ 0\end{pmatrix} \quad (4.173)$$

mit

$$\Lambda := 1 - \frac{\tilde{\omega}_c^2}{\tilde{\omega}_\infty^2} \tag{4.174}$$

repräsentiert sein. Sie sind dabei allein von den physikalischen Verschiebungen Δ_a und Δ_b abhängig, da die fiktiven Verschiebungen r^{aa}, r^{ab}, r^{ba}, r^{bb} über die vier homogenen Gleichungen in direkter Abhängigkeit von Δ_a und Δ_b stehen und das Gleichungssystem entsprechend kondensiert werden könnte. Die vier Elemente $\tilde{K}^{aa}_\infty$, $\tilde{K}^{ab}_\infty$ etc. des oberen Diagonalblocks der Matrix S nehmen in der Gesamtsteifigkeitsmatrix die Plätze der Funktionen K_{aa}, K_{ab} etc. ein, die restlichen Elemente von S sind in den vier zusätzlichen Leerzeilen und -spalten der Steifigkeits- und Massenmatrizen so angeordnet, daß die in Gleichung (4.173) angegebene gegenseitige Zuordnung besteht.

Die gerade angesprochene vollständige Kondensation führt wieder auf die gebrochen rationalen Funktionen $\tilde{K}_{aa}$, $\tilde{K}_{ab}$ etc. und ist natürlich nicht wünschenswert. Es zeigt sich aber, daß eine teilweise Kondensation auf weiterhin lineare Polynommatrizen möglich ist, bei der die Anzahl der fiktiven Verschiebungen (= zusätzliche Freiheitsgrade) immerhin halbiert wird. Aus den vier unteren, auch im Gesamtgleichungssystem homogenen Gleichungen des Ausdrucks (4.173) erhält man die Beziehung

$$-\begin{pmatrix}\tilde{\kappa}^{aa} & 0 \\ 0 & \tilde{\kappa}^{bb}\end{pmatrix}^{-1}\begin{pmatrix}\tilde{\kappa}^{aa}\Lambda & 0 \\ 0 & \tilde{\kappa}^{bb}\Lambda\end{pmatrix}\begin{pmatrix}r^{aa} \\ r^{bb}\end{pmatrix} = \begin{pmatrix}\Delta_a \\ \Delta_b\end{pmatrix} = -\begin{pmatrix}\tilde{\kappa}^{ab} & 0 \\ 0 & \tilde{\kappa}^{ab}\end{pmatrix}^{-1}\begin{pmatrix}0 & \tilde{\kappa}^{ab}\Lambda \\ \tilde{\kappa}^{ab}\Lambda & 0\end{pmatrix}\begin{pmatrix}r^{ab} \\ r^{ba}\end{pmatrix}. \tag{4.175}$$

4.7. LINEARISIERUNG DER DYNAMISCHEN SEILSTEIFIGKEIT

Nach Ausführen der Matrizenoperationen folgt der einfache Zusammenhang

$$\begin{pmatrix} r^{ab} \\ r^{ba} \end{pmatrix} = \begin{pmatrix} r^{bb} \\ r^{aa} \end{pmatrix}. \tag{4.176}$$

Setzt man dies ins Gleichungssystem (4.173) wieder ein, so lassen sich die sechste mit der dritten und die fünfte mit der vierten Spalte zusammenfassen. Streicht man noch die nun linear abhängigen unteren beiden Zeilen, so folgt das kondensierte Gleichungssystem

$$S \begin{pmatrix} \Delta \\ r \end{pmatrix} = \begin{pmatrix} \tilde{K}^{aa}_{\infty} & \tilde{K}^{ab}_{\infty} & \tilde{\kappa}^{aa} & \tilde{\kappa}^{ab} \\ \tilde{K}^{ab}_{\infty} & \tilde{K}^{bb}_{\infty} & \tilde{\kappa}^{ab} & \tilde{\kappa}^{bb} \\ \hline \tilde{\kappa}^{aa} & 0 & \tilde{\kappa}^{aa}\Lambda & 0 \\ 0 & \tilde{\kappa}^{bb} & 0 & \tilde{\kappa}^{bb}\Lambda \end{pmatrix} \begin{pmatrix} \Delta_a \\ \Delta_b \\ r^{aa} \\ r^{bb} \end{pmatrix} = \begin{pmatrix} \tilde{F}_a \\ \tilde{F}_b \\ 0 \\ 0 \end{pmatrix}. \tag{4.177}$$

Die so neudefinierte Matrix S ist der Matrix S von Gleichung (4.173) bezüglich der Repräsentierung des Seiles im Gesamtsystem völlig äquivalent. Durch Linearkombination der unteren beiden Zeilen von Gleichung (4.177) konstruiert man die symmetrische Darstellung

$$S \begin{pmatrix} \Delta \\ r \end{pmatrix} = \begin{pmatrix} \tilde{K}^{aa}_{\infty} & \tilde{K}^{ab}_{\infty} & \tilde{\kappa}^{aa} & \tilde{\kappa}^{ab} \\ \tilde{K}^{ab}_{\infty} & \tilde{K}^{bb}_{\infty} & \tilde{\kappa}^{ab} & \tilde{\kappa}^{bb} \\ \hline \tilde{\kappa}^{aa} & \tilde{\kappa}^{ab} & \tilde{\kappa}^{aa}\Lambda & \tilde{\kappa}^{ab}\Lambda \\ \tilde{\kappa}^{ab} & \tilde{\kappa}^{bb} & \tilde{\kappa}^{ab}\Lambda & \tilde{\kappa}^{bb}\Lambda \end{pmatrix} \begin{pmatrix} \Delta_a \\ \Delta_b \\ r^{aa} \\ r^{bb} \end{pmatrix} = \begin{pmatrix} \tilde{F}_a \\ \tilde{F}_b \\ 0 \\ 0 \end{pmatrix} \tag{4.178}$$

mit wiederum neudefinierter, aber äquivalenter Matrix S. Im Interesse linearer Unabhängigkeit der unteren beiden Gleichungen muß dieser Übergang allerdings an die Determinantenbedingung

$$\tilde{\kappa}^2_{\text{det}} := \tilde{\kappa}^{aa}\tilde{\kappa}^{bb} - \left(\tilde{\kappa}^{ab}\right)^2 \neq 0 \tag{4.179}$$

geknüpft werden. Die Matrix nach Gleichung (4.178) ist dem Ausdruck (4.162) (Abbildung nur einer Steifigkeitsfunktion) formal sehr ähnlich, was auf einer allgemeineren Gesetzmäßigkeit beruhen dürfte. Eine andere symmetrische Darstellung erhält man durch den Übergang auf die neuen fiktiven Verschiebungen

$$\begin{pmatrix} r_I \\ r_{II} \end{pmatrix} := \frac{1}{\tilde{\kappa}_{\text{det}}} \begin{pmatrix} \tilde{\kappa}^{aa} & \tilde{\kappa}^{ab} \\ \tilde{\kappa}^{ab} & \tilde{\kappa}^{bb} \end{pmatrix} \begin{pmatrix} r^{aa} \\ r^{bb} \end{pmatrix}. \tag{4.180}$$

Einsetzen in Gleichung (4.177) und einfache Zeilenumformungen führen auf

$$S\begin{pmatrix}\Delta\\r\end{pmatrix}=\begin{pmatrix}\tilde{K}^{aa}_\infty & \tilde{K}^{ab}_\infty & \tilde{\kappa}_{\det} & 0\\ \tilde{K}^{ab}_\infty & \tilde{K}^{bb}_\infty & 0 & \tilde{\kappa}_{\det}\\ \hline \tilde{\kappa}_{\det} & 0 & \tilde{\kappa}^{bb}\Lambda & -\tilde{\kappa}^{ab}\Lambda\\ 0 & \tilde{\kappa}_{\det} & -\tilde{\kappa}^{ab}\Lambda & \tilde{\kappa}^{aa}\Lambda\end{pmatrix}\begin{pmatrix}\Delta_a\\ \Delta_b\\ r_I\\ r_{II}\end{pmatrix}=\begin{pmatrix}\tilde{F}_a\\ \tilde{F}_b\\ 0\\ 0\end{pmatrix}. \quad (4.181)$$

Ein kondensiertes und symmetrisches Gleichungssystem läßt sich offenbar nur unter der Voraussetzung (4.179) in sinnvoller Form erreichen. Mit z. B. $a=1$ und $b=4$ folgen die Grenzwerte der dynamischen Steifigkeitsfunktionen aus Gl. (4.101) zu

$$\left.\begin{aligned}K_0^{aa}=K_0^{11}&=\frac{EA}{L_e}\left(\frac{\cos^2\alpha}{1+\frac{1}{12}\lambda^2}+\frac{\epsilon^2\sin^2\alpha}{\lambda^2}\right)\\ K_0^{bb}=K_0^{44}&=\frac{EA}{L_e}\left(\frac{\sin^2\alpha}{1+\frac{1}{12}\lambda^2}+\frac{\epsilon^2\cos^2\alpha}{\lambda^2}\right)\\ K_0^{ab}=K_0^{14}&=-\frac{EA}{L_e}\left(\frac{1}{1+\frac{1}{12}\lambda^2}-\frac{\epsilon^2}{\lambda^2}\right)\cos\alpha\sin\alpha\end{aligned}\right\} \quad (4.182)$$

und — als Näherungen im Sinne von Abschnitt 4.7.2.2 —

$$\left.\begin{aligned}K_\infty^{aa}=K_\infty^{11}&\simeq\frac{EA}{L_e}\cos^2\alpha\\ K_\infty^{bb}=K_\infty^{44}&\simeq\frac{EA}{L_e}\sin^2\alpha\\ K_\infty^{ab}=K_\infty^{14}&\simeq-\frac{EA}{L_e}\cos\alpha\sin\alpha\ .\end{aligned}\right\} \quad (4.183)$$

Übernimmt man diese Werte versuchsweise direkt als Kennwerte der Näherungsfunktionen $\tilde{K}_{aa}$, $\tilde{K}_{ab}$ etc., so führt die Determinantenbedingung (4.179) auf die Forderungen

$$\lambda^2\neq 0\ ,\quad \epsilon\neq 0\ , \quad (4.184)$$

die für nicht senkrecht gespannte Seile in Gravitationsfeldern immer erfüllt sind; vgl. (4.91), (4.92). Die tatsächlich einzusetzenden Kennwerte weichen im allgemeinen aber von den oben angegebenen ab, so daß bei Benutzung einer der symmetrischen Matrizen nach Gleichung (4.178) oder (4.181) die numerisch ausreichende Einhaltung der Bedingung (4.179) im Einzelfall zu überprüfen bleibt.

4.7. LINEARISIERUNG DER DYNAMISCHEN SEILSTEIFIGKEIT

Das Einarbeiten des in $\tilde{\omega}_c$ enthaltenen Dämpfungsparameters in die konstanten Teilmatrizen kann wie zuvor auf unterschiedliche Weise erfolgen; eine von den möglichen Varianten zur Darstellung des Matrizenpolynoms S ist dann z. B.

$$S = \begin{pmatrix} \tilde{K}_\infty & \dfrac{\tilde{\kappa}_{\text{det}}}{\sqrt{1-2\tilde{\xi}i}} \\ \dfrac{\tilde{\kappa}_{\text{det}}}{\sqrt{1-2\tilde{\xi}i}} & \dfrac{\tilde{\kappa}_{\text{adj}}}{1-2\tilde{\xi}i} \end{pmatrix} - \omega^2 \begin{pmatrix} 0 & 0 \\ 0 & \dfrac{\tilde{\kappa}_{\text{adj}}}{\tilde{\omega}_\infty^2} \end{pmatrix} \qquad (4.185)$$

mit

$$\left. \begin{aligned} \tilde{K}_\infty &:= \begin{pmatrix} \tilde{K}_\infty^{aa} & \tilde{K}_\infty^{ab} \\ \tilde{K}_\infty^{ab} & \tilde{K}_\infty^{bb} \end{pmatrix} \\ \tilde{\kappa}_{\text{det}} &:= \tilde{\kappa}_{\text{det}} \begin{pmatrix} 1 & 0 \\ 0 & 1 \end{pmatrix} \\ \tilde{\kappa}_{\text{adj}} &:= \begin{pmatrix} \tilde{\kappa}^{bb} & -\tilde{\kappa}^{ab} \\ -\tilde{\kappa}^{ab} & \tilde{\kappa}^{aa} \end{pmatrix} \end{aligned} \right\} \qquad (4.186)$$

Den in diesem Abschnitt hergeleiteten Matrizen S könnten wieder diskrete Schwingungssyteme zugeordnet werden. Einem Vorgehen in umgekehrter Richtung, wie etwa in der Arbeit [19] skizziert, steht gerade für stark gespannte Seile (Schrägkabelbrücken) das schwierige Problem der Systemidentifizierung entgegen.

Über das ursprüngliche Anliegen rechentechnischer Vereinfachung hinaus kann das hier entwickelte Kalkül zu einem vertieften Verständnis der Seildynamik beitragen. Z. B. findet das Phänomen der für stark gespannte Seile enger werdenden Resonanzschläuche (vgl. Diskussion in Abschnitt 4.6) Niederschlag in der einfachen Gleichung (4.129). Bei Steigerung der Seilspannung und — damit verbunden — Verminderung des Durchhanges nähert sich die statische Steifigkeit $\tilde{K}_0$ dem elastischen Steifigkeitsanteil und so, wie in Abschnitt 4.7.2.2 schon angesprochen, auch dem Grenzwert $\tilde{K}_\infty$. Nach Gleichung (4.129) impliziert dies eine Annäherung zugehöriger Null- und Polstellen und damit eben die Verengung der Resonanzschläuche.

Kapitel 5

Zur Dynamik und Aeroelastik von Seilbrücken

5.1 Überblick

Das Schlußkapitel ist dem dynamischen und aeroelastischen Verhalten von Seilbrücken gewidmet. Entsprechend dem Schwerpunkt dieser Arbeit steht die Untersuchung des Flatterverhaltens und damit der Problemkreis der selbsterregten Schwingungen im Vordergrund. Schwingungen infolge Erdbeben, Verkehr, atmosphärischer Turbulenz und Wirbelablösungen beruhen auf Störerregung, werden aber ebenfalls angesprochen.

Ein besonderes Interesse gilt den systembezogenen Eigenschaften und hierbei speziell dem Verhalten von Schrägkabelbrücken. Der bezüglich dieses Systems geprägte Begriff Systemdämpfung hat die Forschung seit nunmehr fast zwanzig Jahren befruchtet und wird zunächst kritisch gewürdigt. Die hier alternativ vorgeschlagenen Begriffsbildungen sollen eine präzisere Erfassung des dynamischen Verhaltens von Seilbrücken und der diesbezüglich bestehenden Vorzüge von Schrägkabelbrücken fördern. Als erster Schritt auf diesem Weg folgt eine differenzierte Aufzählung und Beschreibung systemeigener Mechanismen zur Unterdrückung von Schwingungen. Basierend auf numerischen Studien an einer weitgespannten Schrägkabelbrücke mit vielen Kabeln wird einer dieser Punkte — der Einfluß der Nichtaffinität von Eigenformen auf das Flatterverhalten — vertieft behandelt.

5.2 Zur Systemdämpfung

Das dynamisch und insbesondere auch aeroelastisch günstige Verhalten von Schrägkabelbrücken wird oft einer ihr inhärenten „Systemdämpfung" zugeschrieben. Dabei steht der Wortteil *System* für einen *genitivus auctoris* (Dämpfung durch das System); der mit diesem Term beschriebene Effekt, sofern existent, ist materialunabhängig und entsteht allein aus der besonderen Art des Zusammenfügens der Systemelemente zum Gesamtsystem.

Der Begriff wurde in dieser Bedeutung erstmals angewendet von Leonhardt & Zellner [74], [75], [76]. Sie stützten sich auf dynamische Versuche mit Störerregung, bei denen sich keine großen Schwingungsamplituden erreichen ließen und die Schwingung nach Belastungsende schnell abklang. Ihre Erklärung lautet folgendermaßen:

A. Die geometrische Nichtlinearität der Seilsteifigkeit (infolge Durchhang) führt auf geneigte Resonanzschläuche.

B. Jedes der vielen verschieden langen Seile hat eine andere Eigenfrequenz. Wirken Kräfte, die Schwingungen in einer bestimmten Eigenform erregen, so werden diese infolge der zwischen den Seilen entstehenden Interferenz sofort unterdrückt.

Sie folgern hieraus, daß

1. eine Resonanzerregung von Schrägkabelbrücken unmöglich ist,

2. hierdurch die aerodynamische Sicherheit auch für sehr große Spannweiten und unabhängig von der Profilform garantiert ist (wenn nur eine genügend große Anzahl von Seilen vorgesehen wird und diese eine hohe effektive Steifigkeit haben, und wenn das Verhältnis Spannweite zu Breite nicht größer als 40 ist),

3. diese erhöhte Sicherheit mit den für Hängebrücken entwickelten Theorien oder mit Teilmodellversuchen im Windkanal kaum erfaßt werden kann.

Zu den Erklärungen A und B sei zunächst folgendes bemerkt:

- Sie beinhalten keinen Dissipationsmechanismus, obwohl im physikalischen Sprachgebrauch Dämpfung immer mit Dissipation verbunden ist. „Systemdämpfung" ist deshalb entweder als Begriff ungenau oder als Mechanismus nicht zutreffend erklärt.

- Erklärung A, d. h. die Nichtlinearität der Systemsteifigkeit, ist prinzipiell geeignet, die Begrenztheit der Schwingungsamplituden und die Schwierigkeit einer Resonanzerregung zu erklären. Allerdings liegen die theoretisch dennoch erreichbaren Schwingungsamplituden bei größeren Schrägkabelbrücken im dm- bis m–Bereich [85], [126]; der Effekt ist somit nicht unbedingt ausreichend, gefährliche Schwingungen zu vermeiden oder die zitierten Beobachtungen zu erklären. Die nach Folgerung 2. zu fordernde hohe Vorspannung der Seile verringert übrigens die Nichtlinearität des Systems und die hieraus eventuell erwachsenden Vorteile.

- Erklärung B operiert mit den Begriffen Eigenfrequenz und Eigenform, die aus der linearen Dynamik stammen. Im Kontext der hiermit angesprochenen linearen Eigenwert- und Antwortprobleme ist die gegebene Begründung aber

5.2. ZUR SYSTEMDÄMPFUNG

unverständlich. Die aus der Theorie folgenden Sätze — wie die Existenz wohldefinierter Eigenfrequenzen des Gesamtsystems und die Möglichkeit von Resonanz bei geeigneter Erregung — gelten nämlich unter sehr allgemeinen, hier sicherlich erfüllten Bedingungen. Die strukturelle Komplexität von Schrägkabelbrücken, auf die in Erklärung B angespielt wird, findet man auch bei anderen Tragwerken (z. B. bei Fachwerken), für die dann ebenfalls Systemdämpfung zu erwarten wäre.

Die gegebenen Erklärungen A und B rechtfertigen nicht die unter den Punkten 1. bis 3. zitierten Schlußfolgerungen. Dies sei näher ausgeführt:

- Im Geltungsbereich linearer Dynamik führt die Störerregung mit einer Eigenfrequenz zu Resonanz oder zu Scheinresonanz [157, Abs. 26.1]. Im ersten Fall (Resonanz) wachsen die Amplituden unbeschränkt an, falls das System keine Energie dissipiert. Eine Begrenzung erfahren sie erst durch nichtlineare Effekte. Die Stärke der Nichtlinearität aber hängt empfindlich von den jeweiligen Systemparametern ab (hier insbesondere Länge und Vorspannung der Seile) und kann nicht generell als ausreichend vorausgesetzt werden. Im zweiten Fall (Scheinresonanz) bleiben die Amplituden auch im Rahmen linearer Theorie begrenzt. Dies ist allerdings an eine ganz bestimmte räumliche Verteilung der Erregerkräfte gebunden, die zwar planmäßig hergestellt werden könnte, bei den praktisch relevanten Erregerkräften aber kaum gegeben ist.

- Das für aerodynamische Sicherheit besonders bedrohliche Flattern beruht nicht auf Störerregung, sondern auf Selbsterregung; in der mathematischen Behandlung führt dies auf ein Eigenwertproblem. Der Begriff Resonanz, beheimatet in der Theorie des Antwortproblems, ist bezüglich des Flatterns deshalb bedeutungslos. Die Lösung der Eigenwertaufgabe führt auf die Eigenfrequenzen und Eigenformen des aeroelastischen Gesamtsystems sowie auf kritische Windgeschwindigkeiten für den Flatterfall. Eine Begrenzung der Schwingungsamplituden durch Nichtlinearität ist auch hier prinzipiell möglich (vgl. z. B. [79]), unterliegt aber den bereits gemachten Vorbehalten.

- Verwendet man am Teilmodell gemessene oder (bei plattenähnlichen Querschnitten) theoretisch ermittelte Luftkraftkoeffizienten und achtet auf eine saubere dynamische und aeroelastische Modellierung aller Strukturelemente einschließlich der Seile, so sollten die systemeigenen Besonderheiten der Schrägkabelbrücke erfaßbar und eine eventuell erhöhte Sicherheit gegen winderregte Schwingungen auch nachweisbar sein.

Weitere Schwingungsmessungen an Modellen und Brücken in der Natur ergeben ein widersprüchliches Bild bezüglich der Systemdämpfung. So zeigen Messungen an der neuen Tjörn–Brücke eine starke Amplitudenabhängigkeit des logarithmischen Dekrements [65], [90]. Für sehr kleine Amplituden liegt es auf dem für geschweißte Stahlkonstruktionen zu erwartenden niedrigen Niveau ($\delta = 2\%$), was die hier bezüglich linearer Theorie gemachten Aussagen stützt. Ein fünfmal größerer Wert ($\delta = 10\,\%$) wurde allerdings für eine mit 15 mm immer noch kleine Amplitude bestimmt.

Diese Ergebnisse wurden abgeleitet aus der Messung der Beschleunigung in Brückenmitte nach einer stufenförmigen Impulsbelastung an gleicher Stelle. Bei dieser Versuchsanordnung kann nicht zweifelsfrei geklärt werden, ob der gemessene starke Amplitudenabfall aus Dissipation — d. h. Dämpfung im eigentlichen Sinne — herrührt oder nur auf einer Umverteilung der Energie innerhalb des Systems beruht. Im ersten Fall bleibt der Dissipationsmechanismus weiterhin ungeklärt, im zweiten Fall aber läßt sich aus dieser Beobachtung nicht auf ein günstiges Verhalten des Systems Schrägkabelbrücke unter beliebiger dynamischer Belastung schließen.

In [143] wird über Schwingungsmessungen an der Annacis–Brücke (hergestellt in Verbundbauweise) berichtet. Für Torsionsschwingungen mit einer Amplitude von 100 mm an den Brückenrändern wurde im Ausschwingversuch ein logarithmisches Dekrement von $1{,}9\,\%$ bestimmt. Die Messung erfolgte nach minutenlanger Anregung mit einem schweren Pendel. Die Autoren schreiben wörtlich, "no evidence of 'system damping' in a cable–stayed bridge was noted".

Die zuvor zitierten gegenläufigen Beobachtungen können auf verschiedenen Mechanismen beruhen, die sehr eng an spezifische System- und Belastungseigenschaften gebunden sind und nicht verallgemeinert werden sollten. Teilweise haben diese Beobachtungen auch nur qualitativen Charakter. Läßt sich z. B. durch Störerregung keine große Schwingungsamplitude erreichen, erlaubt dies ohne genaue Kenntnis der Erregerkraft (Frequenz und Amplitude) noch keine Aussage zur Dämpfung. In diesem Zusammenhang sei auch daran erinnert, daß ein gemessenes logarithmisches Dekrement zunächst nur den Amplitudenabfall an einer bestimmten Meßstelle beschreibt und nicht automatisch auch ein Maß für die globale Dämpfung (Dissipation) ist. Auf die Dämpfung kann hieraus zwar indirekt geschlossen werden, hierzu müssen implizit aber Annahmen (bezüglich globalem Bewegungsablauf, Anteil der aerodynamischen Dämpfung etc.) getroffen werden, die eventuell zu überprüfen wären.

Zur eindeutigen Erklärung der sich widersprechenden Beobachtungen und insbesondere zur Quantifizierung des nur durch Messung zu bestimmenden Dissipationsanteils reicht das empirische Material noch nicht aus. Wünschenswert wären Messungen, die eine differenzierte Beurteilung im Sinne der hier erörterten theoretischen Ansätze erlaubten.

5.3 Systemeigene Mechanismen dynamischer Resistenz

Der Begriff Systemdämpfung wird in der Literatur in nicht eindeutiger Weise benutzt (vgl. z. B. [41], [76], [81], [143]); dies ist einer Verifizierung und Nutzbarmachung hinderlich. Die Ungenauigkeit dieses Begriffes mag hierzu ihren Teil beigetragen haben. Spricht man vorsichtiger von „systeminhärenter Unanfälligkeit gegenüber

5.3. SYSTEMEIGENE MECHANISMEN DYNAMISCHER RESISTENZ

Schwingungen" oder kürzer von „dynamischer Resistenz", so kommen verschiedene Ursachen in Frage:

- Schrägkabelbrücken sind steifer als vergleichbare Hängebrücken. Dies beruht sowohl auf kleinerem Seildurchhang (infolge kürzerer Seillängen und geringerer statischer Querbelastung) als auch auf einer anderen Topologie: Schrägkabelbrücken lassen sich gedanklich aus Dreiecksmaschen, Hängebrücken im allgemeinen nur aus Viereckmaschen aufbauen. Beides bewirkt kleinere geometrische Verschieblichkeit und somit größere Gesamtsteifigkeit. Die Eigenfrequenzen sind deshalb höher, was sich insbesondere bezüglich des Flatterproblems in günstiger Weise direkt auswirkt (s. Gleichungen (2.39), (2.95)).*

- Die Eigenfrequenzen der (fest verankert gedachten) Seile liegen in der Größenordnung der Eigenfrequenzen des Gesamtsystems — ganz anders etwa als bei den Stäben von Fachwerken. Das Eigenfrequenzspektrum ist deshalb schon im Bereich der Grundeigenfrequenzen dicht gestaffelt. Dabei kann es auch zu *interner Resonanz* kommen. Gemeint ist das Auftreten gekoppelter Eigenformen, d. h. von Schwingungen mit sowohl deutlicher Balkenverschiebung als auch Seilverschiebung quer zur Seilsehne. Der Verlauf der mechanischen Admittanzfunktionen — wichtig für den stochastischen Nachweis zufallsverteilter Störerregung — kann durch diese Besonderheiten günstig beeinflußt werden. Gegebenenfalls nimmt deren Fülligkeit ab und die begrenzende Wirkung der Dämpfung auf die Resonanzspitzen nimmt zu [70], die Seile wirken als Tilger. Der beschriebene Mechanismus vermindert die Energieaufnahme aus Störerregung und die hieraus resultierende Schwingung, bleibt aber ohne Einfluß bezüglich selbstinduzierter Schwingung (Flattern). Er beruht auf einer ausgeprägten dynamischen Interaktion zwischen den Systemteilen und entspricht somit vielleicht der Intention der oben zitierten Erklärung B. Treffender als der Begriff Systemdämpfung wäre hier die Bezeichnung „Synergie".

  Zur planmäßigen Nutzung interner Resonanz wäre sorgfältige Abstimmung der Systemparameter erforderlich, um nicht zu große Seilschwingungen, örtlich große Biegemomente oder ein Abfallen der Eigenfrequenzen zu riskieren; auch sollten möglichst viele Seile an der beschriebenen Kopplung beteiligt werden. Die erforderlichen theoretischen Grundlagen der Seildynamik wurden in Kapitel 4 erarbeitet. Übrigens scheint interne Resonanz bei Schrägkabelbrücken unplanmäßig und ungewollt bereits aufgetreten zu sein. Sie ist möglicherweise verantwortlich für die bei der Annacis–Brücke im Bauzustand aufgetretenen [143] und bisher unerklärten Seilschwingungen großer Amplitude.

- Das System ist besonders dissipationsfreudig. Dies würde sich günstig bezüglich Störerregung auswirken, hätte aber nur begrenzten Einfluß auf die kritische Windgeschwindigkeit für das Flattern (ein deutlicher Dämpfungseinfluß

---

*Unberührt von diesen Überlegungen bliebe das (nur bei nichtplattenähnlichem Profil mögliche) reine Torsionsflattern einer Seilbrücke mit Mittelaufhängung, da in diesem Falle das Seilsystem wirkungslos ist. Diese Einschränkung gilt sinngemäß auch für einige der folgenden Punkte.

kann nur erwartet werden bei Neigung zu Torsionsflattern; vgl. Abschnitt 2.3.6). Im Falle einer Schrägkabelbrücke könnte erhöhte Dissipation durch innere Reibung zwischen den Seildrähten und an den Seilverankerungen entstehen (beides wahrscheinlich stark amplitudenabhängig). Die in [143] beschriebenen Messungen ergaben allerdings für Seile und Gesamtsystem Dämpfungsmaße gleicher Größenordnung (Messung ohne Wind, Amplituden der Seilschwingungen wahrscheinlich unter 20 mm).

- Die aerodynamische Dämpfung der Seile kann bei Wind und abhängig vom Profil deren strukturelle Dämpfung um ein Vielfaches übertreffen [24] und ist eventuell geeignet, auch die Dynamik des Gesamtsystems deutlich zu verbessern. Hiervon ist bisher noch nicht planmäßig Gebrauch gemacht worden. Nimmt die aerodynamische Dämpfung der Seile mit der Windgeschwindigkeit zu (was im Einzelfall zu klären bliebe), so wäre sie geeignet, auch die Flattersicherheit deutlich zu verbessern. Der Einfluß der Seildämpfung ließe sich durch gezieltes Herstellen interner Resonanz verstärken. Durch entsprechende Wahl der Systemparameter wäre für benachbarte Eigenfrequenzen der beteiligten Systemteile (Balken und Seile) und damit für gekoppelte Eigenformen zu sorgen. Die in einen Systemteil (Balken) eingeleitete Energie kann dann auf andere Systemteile (Seile) umverteilt werden, die besonders leicht dissipieren. Dieser Mechanismus läßt sich charakterisieren als „synergetische Dämpfung".

- Das System sorgt für eine besonders günstige Verteilung schnell eingeleiteter kinetischer Energie (z. B. aus Erdbebenwirkung oder Verkehr) auf das Gesamtsystem. Hier bietet vielleicht gerade die Schrägkabelbrücke eine Möglichkeit, das dynamische Verhalten durch sorgfältige Abstimmung der Systemelemente günstig zu beeinflussen. Wie zuvor spielt die interne Resonanz zwischen Seilen und Balken eine besondere Rolle. Nach Maeda et al. [81] sind auch Schwebungserscheinungen von Bedeutung.

- Die Resonanzschläuche störerregter Seile werden mit abnehmendem Seilstich enger und niedriger (s. Abschnitt 4.6). Dies hat einerseits einen günstigen Einfluß, da von einer breitbandig agierenden Erregerkraft (etwa infolge Böen) ein schmaleres Frequenzband herausgefiltert und somit weniger Energie in das System eintragen wird. Andererseits wird eine planmäßige Ausnutzung der inneren Resonanz zwischen Balken und Seilen erschwert, da die berechneten Systemparameter genauer einzustellen sind und dies in der Praxis nur begrenzt möglich ist.

- Das System Schrägkabelbrücke bietet Möglichkeiten, die Eigenformen der Biege- und Torsionsschwingungen stark nichtaffin zu gestalten. Dies erschwert deren Kopplung zu einer gemeinsamen Eigenform, was wiederum Voraussetzung für das Flattern ist (falls Querschnitt plattenähnlich). Die kritische Windgeschwindigkeit kann hierdurch erheblich angehoben werden, das System wird günstigstenfalls „aeroelastisch resistent". (Für Brücken, die querschnittsbedingt zu entkoppeltem Torsionsflattern neigen, ist dieser Punkt gegenstandslos.) Der Einfluß der Nichtaffinität auf das Flatterverhalten wird in den Beispielrechnungen des folgenden Abschnittes eingehend untersucht.

- Die Systemsteifigkeit ist stark nichtlinear. Störerregung konstanter Frequenz, aber im allgemeinen auch Selbsterregung führen nur noch auf begrenzte Amplituden. Bei einer Schrägkabelbrücke läßt sich die Nichtlinearität verstärken, indem man die Seilspannung verringert (gleichzeitig nehmen damit allerdings auch Steifigkeit und Eigenfrequenzen ab). Für sehr weit gespannte Seile (etwa $l > 300$ m) wäre dies nicht erforderlich, da sie sich schon aufgrund ihres stärkeren Durchhanges stark nichtlinear verhalten. Wie Versuche und Rechnungen zeigen, werden die Seilschwingungen im Resonanzbereich bei großer Amplitude dreidimensional [24], [87], [136]. Dieser ebenfalls nichtlineare Effekt scheint zur Stabilisierung beizutragen und sollte bei theoretischen Untersuchungen berücksichtigt werden.

Die hier vorgestellten Überlegungen bemühen sich vorrangig um eine begriffliche Präzisierung tatsächlicher oder hypothetischer Eigenschaften des dynamischen Systems Schrägkabelbrücke. Damit soll eine Voraussetzung geschaffen werden, diese Eigenschaften zu verifizieren, zu quantifizieren und dem Entwurf zunutze zu machen. Es sei an dieser Stelle aber darauf hingewiesen, daß das dynamische Geschehen in seiner Entstehung und Auswirkung von so vielschichtiger Natur ist, daß es sich einer pauschalen Beurteilung — auch bezüglich des zu favorisierenden Systems — wohl doch entzieht. Wirkt etwa die große Steifigkeit der Schrägkabelbrücke günstig im Hinblick auf aeroelastische Stabilität, so bringt sie andererseits auch höhere, der Dauerfestigkeit abträgliche Wechselbeanspruchung mit sich. Wie das Beispiel zeigt, sind die in dieser Arbeit ausgeklammerten Fragen der Konstruktion und des Materialverhaltens bei der Einschätzung dynamischer Systemeigenschaften ebenfalls von Bedeutung.

5.4 Numerische Flatterstudie

5.4.1 Einleitung und Zielsetzung

Nach den Erkenntnissen von Kapitel 2 erfolgt das Flattern eines Systems mit plattenähnlichem aerodynamischem Querschnitt (definiert in Abschnitt 2.2.4.3) in einer gekoppelten Biege–Torsions–Form. Auch wenn die Eigenformen der Biege- und Torsionsschwingungen im Vakuum ganz unabhängig voneinander sind, sorgen die Strömungskräfte doch für deren Kopplung zu einer gemeinsamen Schwingung. Das jedenfalls ist die vereinfachte und einleuchtende Vorstellung. Tatsächlich werden aber nicht die Vakuum–Eigenformen miteinander gekoppelt, sondern es entsteht durch das Wirken selbstinduzierter Strömungskräfte ein qualitativ neues System (aeroelastisches Gesamtsystem). Die ihm zugeordnete Eigenwertaufgabe ist gegenüber dem Vakuumzustand mehr oder weniger stark verändert (gestört) und führt auf qualitativ neue Lösungen, in denen Biege- und Torsionsanteile gemeinsam auftreten. D. h. die aeroelastischen Eigenformen und auch die Eigenform im Flatterfall lassen sich strenggenommen nicht aus den Vakuum–Eigenformen ableiten und sind im allgemeinen nichtaffin zu diesen.*

Ein Sonderfall liegt jedoch vor, wenn zuzuordnende Vakuum–Eigenformen für Torsions- und Biegeschwingung affin zueinander sind. Wie in Abschnitt 3.2.2 gezeigt wurde, sind die Eigenlösungen des aeroelastischen Gesamtsystems dann ebenfalls affin zu den Eigenformen im Vakuum. Es liegt nahe, Affinität als eine ideale Voraussetzung für Flattern zu postulieren. Denn die Strömungskräfte sind in diesem Falle der schweren Aufgabe enthoben, die durch Massenträgheits- und Steifigkeitskräfte vorgegebenen Vakuum–Eigenformen zu verändern und dazu mit diesen sehr großen Kräften in Konkurrenz zu treten; die erforderlichen Strömungskräfte und damit die kritische Windgeschwindigkeit sind minimal. Im Interesse der Flatterstabilität sollten die Eigenformen also möglichst stark nichtaffin sein.

Eine vereinfachte Flatterberechnung am ebenen System entsprechend Kapitel 2 kann nur die Vakuum–Eigenfrequenzen als Eingangsparameter berücksichtigen. Die zugehörigen Eigenformen dagegen werden als affin angenommen, ihre tatsächliche Gestalt bleibt außer Betracht. Je nach dem Grad der tatsächlichen Nichtaffinität wird die kritische Windgeschwindigkeit für Flattern mehr oder weniger stark unterschätzt. Zu einer extremen Fehleinschätzung kann es kommen, wenn die maßgebende, d. h. niedrigste kritische Windgeschwindigkeit aus einer unrealistischen Frequenzkombination abgeleitet wurde. Sind die beteiligten Eigenformen nämlich stark nichtaffin, so ist ihre Kopplung eventuell nicht mehr in dem für das Flattern erforderlichen Maße möglich, und eine andere Frequenzkombination mit wesentlich höherer kritischer Windgeschwindigkeit kann maßgebend werden. Ob es nun zu einer ausreichenden Kopplung kommt oder nicht und damit die Frage, welche Frequenzkombination im vereinfachten Nachweis als realistisch anzusehen ist, kann allein aus Kenntnis der Vakuum–Eigenformen heraus oft kaum entschieden werden.

Die folgenden numerischen Untersuchungen demonstrieren die Anwendung der in den Kapiteln 2 und 3 dargelegten Theorie. Es wird dabei der Frage nachgegangen, wie groß der Einfluß der Nichtaffinität von Eigenformen auf das Flatterverhalten von Brücken ist und ob Schrägkabelbrücken in dieser Beziehung besondere Vorteile bieten. Die betrachteten Bauwerke werden als linienförmig räumliche Systeme modelliert. Vergleichend erfolgt die vereinfachte Berechnung am ebenen Ersatzsystem. Dies ermöglicht Aussagen bezüglich der Genauigkeit der vereinfachten Rechnung und führt zu einigen Hinweisen bezüglich ihrer Anwendung (Auswahl der zu kombinierenden Eigenformen).

---

*Eine modifizierte Rechnung am ebenen Ersatzsystem, verfeinert durch Multiplikation der Kopplungsterme mit einem modalen Ähnlichkeitsintegral [96], setzt die Kopplung nur zweier Eigenformen und deren Unveränderlichkeit unter Einwirkung von Luftkräften voraus. Sie kann deshalb vielleicht verbesserte, aber sicherlich keine exakten Ergebnisse liefern. Der in [46] hergestellte Zusammenhang zwischen Flatterproblem und Modalanalyse besteht nicht. Die Voraussetzung für eine Modalanalyse — verschiebungsunabhängige, im Zeitverlauf vorgegebene äußere Last und damit unveränderte Koeffizienten des Gleichungssystems — ist hier nicht erfüllt.

5.4.2 Allgemeines zur rechnerischen Durchführung

5.4.2.1 Modellierung

Versteifungsträger und Pylonen der untersuchten Brücke werden mit dem Finiten Element II nach Abschnitt 3.3 modelliert, wobei Luftkräfte aber nur für den Versteifungsträger rechnerisch zum Ansatz kommen. Die in den Element–Luftkraftmatrizen auftauchenden Luftkraftbeiwerte c_{mn} werden nach den der klassischen Flattertheorie entstammenden Gleichungen (2.7) bzw. (2.11) bestimmt. Für praktische Nachweise wären gemessene Beiwertfunktionen entsprechend Abschnitt 2.3 zwar vorzuziehen; im Rahmen der hier durchgeführten Untersuchungen aber sind die theoretischen Beiwerte geeigneter, da sie ein aerodynamisches Standardmodell (die ebene Platte) repräsentieren und damit ein hohes Maß an Vergleichbarkeit gewährleisten. Die so gewonnenen Erkenntnisse gelten für Brücken mit plattenähnlichem Querschnitt.

Der Einfluß der statischen Normalkräfte auf die Biegesteifigkeit von Versteifungsträger und Pylonen wird berücksichtigt, nicht aber der Einfluß der Normalkraftverformung. Es wird eine lineare Berechnung nach Theorie II. Ordnung durchgeführt. Die strukturelle Dämpfung der Balken sei gleichförmig über das ganze Tragwerk; sie wird berücksichtigt entsprechend Gleichung (3.116), wobei nur der elastische Anteil der Balkensteifigkeit zum Ansatz kommt.

Die Seile werden durch biegeschlaffe, masselose Stabelemente modelliert, deren Dehnsteifigkeit dem fiktiven E–Modul nach [31] entspricht. Der in Kapitel 4 geschaffenen Möglichkeit zur Berücksichtigung von Seilmasse und dynamischer Interaktion zwischen Seilen und Balken soll an dieser Stelle nicht nachgegangen werden. Die Seilmassen werden stattdessen zu gleichen Teilen auf den Versteifungsträger und die Pylonen verteilt. Dieses vereinfachte Vorgehen ist zulässig, sofern interne Resonanz nicht auftritt, oder wenn sie das globale Schwingungsverhalten nicht nennenswert beeinflußt. Die strukturelle Dämpfung der Seile wird vernachlässigt.

Für die Vergleichsrechnungen am ebenen Ersatzsystem ist statt einer Modellierung der Systemkonfiguration eine Systemidentifizierung gemäß Abschnitt 3.2.2 erforderlich. Dementsprechend ergeben sich die Eingangswerte für die vereinfachte Rechnung teilweise aus der Berechnung des räumlichen Systems im Vakuum.

5.4.2.2 Aufstellen und Lösen des Eigenwertproblems

Das Aufstellen der Bewegungsgleichungen und in groben Zügen auch das Lösen des hier vorliegenden zweiparametrigen Eigenwertproblems wurden in Abschnitt 3.3.5 bereits beschrieben. Die Berechnung erfolgt mit Hilfe eines eigens entwickelten FORTRAN–Programmes. Der implementierte Lösungsalgorithmus wird im folgenden skizziert. Ausgangspunkt ist die Bewegungsgleichung (3.128) mit einer Dämpfungsmatrix entsprechend Gleichung (3.116). Durch Vorgabe eines festen Wertes k (reduzierte Frequenz) und Umformen zu

$$\left[(K + C_m)^{-1}(M + A) - \frac{1}{\omega^2}E\right]\Delta = 0 \ . \tag{5.1}$$

erhält man eine spezielle lineare Eigenwertaufgabe. In Anlehnung an [157, §40, §35.3] erfolgt deren Lösung durch Vektoriteration; die schrittweise Ermittlung der nachgeordneten Eigenwerte wird ermöglicht durch Deflation ('sweeping matrix'). Wegen der allgemeinen Struktur der zugrundeliegenden Systemmatrizen (nichtnormales Matrizenpaar) wird nicht nur gegen Rechts-, sondern auch gegen Linkseigenvektoren iteriert; der verdoppelte Rechenaufwand pro Iterationsschritt wird mit einer erheblichen Beschleunigung der Konvergenz belohnt [157, §40.4]. Die nach Gleichung (5.1) erforderliche Matrizeninversion wird numerisch wie angeschrieben durchgeführt, auf eine vorab durchgeführte Transformation auf Diagonalform wird verzichtet. Zwar geht die Bandstruktur hierdurch verloren, doch ist diese bei den zu untersuchenden mehrfach zusammenhängenden Strukturen ohnehin nicht sehr ausgeprägt. Der numerische Aufwand für die Inversion ist vergleichsweise gering; numerische Probleme treten dabei nicht auf.

Die Berechnung wird für andere k in einem vorgegebenen Intervall wiederholt. Tritt ein Vorzeichenwechsel im Imaginärteil einer der Eigenwerte ω_j auf, so wird zwischen den zugehörigen k interpoliert. Es folgen alternierend erneute Eigenwertberechnung und Interpolation von k so lange, bis der Imaginärteil des betreffenden Eigenwertes praktisch null ist. Hiermit ist die Lösung für einen grenzstabilen Fall gefunden; die sich aus k und ω_j mittels Gleichung (2.9) ergebende Windgeschwindigkeit ist je nach Richtung des Vorzeichenwechsels untere oder obere Grenze eines kritischen Geschwindigkeitsbereiches. Zur zweifelsfreien Bestimmung der maßgebenden kritischen Windgeschwindigkeit ist die Untersuchung über einen ausreichend großen k–Bereich zu erstrecken (etwa $0 \le 1/k \le 10$).

Der gewählte Algorithmus hat den Vorteil, übersichtlich und leicht programmierbar zu sein. Das Programm besteht aus knapp 900 Programmzeilen. Der benötigte Speicherplatz entspricht etwa acht zweidimensionalen Feldern des Datentyps COMPLEX und der Größe $n \times n$, wobei n die maximale Anzahl der Freiheitsgrade ist. Die Berechnung erfolgt durchgängig im Komplexen und teilweise mit doppelter Genauigkeit. Wegen der erforderlichen (und hergestellten) Allgemeinheit des implementierten Eigenlösers bietet die Berücksichtigung nichtmodaler Dämpfungsmatrizen keine zusätzliche Schwierigkeit; eine Vorgabe unterschiedlicher Dämpfung für verschiedene Systemteile ist somit kein Problem. Das Programm hat sich in der numerischen Rechnung bewährt. Im Falle nahe beieinanderliegender Eigenwerte allerdings macht sich die charakteristische Schwäche der Vektoriteration — mangelnde Trennschärfe — durch erhöhten Iterationsbedarf deutlich bemerkbar. Die Konvergenzgüte scheint übrigens auch mit wachsendem Luftkraftanteil abzunehmen; nach den aus der numerischen Rechnung gewonnenen Erfahrungen ist sie am

5.4. NUMERISCHE FLATTERSTUDIE

höchsten für das System im Vakuum (das sich als einfacher Sonderfall natürlich ebenfalls berechnen läßt) und für kleine $1/k$.

Der Algorithmus für die Vergleichsrechnungen am ebenen Ersatzsystem ist in Abschnitt 2.2 beschrieben. Seine numerische Durchführung erfolgt mit einem programmierbaren Taschenrechner.

5.4.3 Flatterberechnung einer Schrägkabelbrücke

5.4.3.1 Systeme und Systemparameter

Gegenstand der Untersuchung ist die vielfach abgespannte doppelhüftige Schrägkabelbrücke entsprechend Abbildung 5.1. Das Seilsystem ist fächerartig und liegt in der senkrechten Ebene durch die Längsachse (Mittelaufhängung). Die Brücke ist im Querschnitt symmetrisch. Der Schwerpunkt des Versteifungsträgers liegt in der elastischen Achse, die mit der Längsachse zusammenfällt. Der Träger ist bei den Pylonen vertikal gelagert und bezüglich Torsion eingespannt. Die Pylonen selbst sind in Höhe des Trägers, zu dem keine direkte Verbindung besteht, eingespannt. Mit Vernachlässigung der Normalkraftverformung ist das System — unabhängig von der gewählten Lagerung in Längsrichtung — auch in der Ansicht symmetrisch.

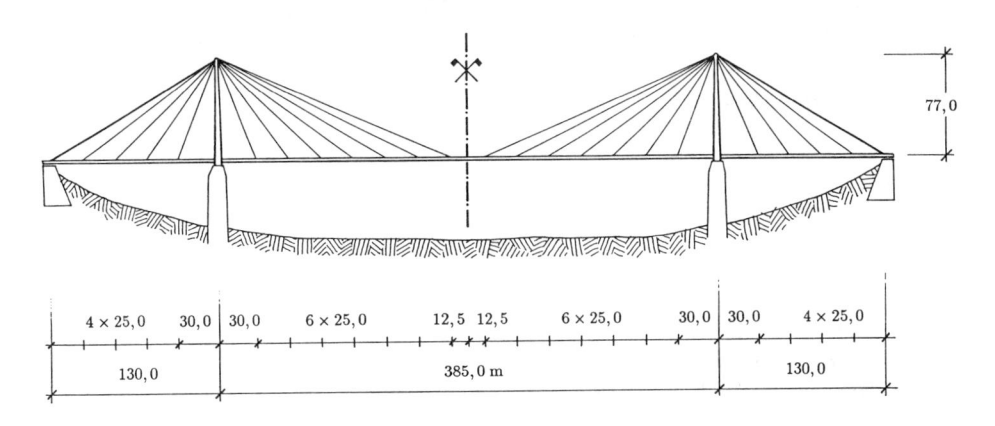

Abb. 5.1: Untersuchte Schrägkabelbrücke

Unter den beschriebenen strukturellen Voraussetzungen lassen sich die Eigenformen der Schwingung im Vakuum bezüglich des Versteifungsträgers in die drei Klassen Vertikalverschiebung, Horizontalverschiebung quer zur Längsachse und Torsionsverdrehung einteilen. Gemischte Formen treten nicht auf; die Horizontalverschiebung braucht deshalb nicht weiter betrachtet zu werden. Bezüglich der Pylonen ist nur die Horizontalverschiebung in Längsrichtung von Interesse; sie ist über die Seile verknüpft mit der Vertikalverschiebung des Trägers.

Parameter		Versteifungsträger	Pylonen	Seile (Rückhalteseile)
Elastizitätsmodul	[MPa]	210 000	210 000	200 000
Gleitmodul	[MPa]	75 000	–	–
Querschnittsfläche	[m^2]	–	–	$0,00378 \div 0,00814$ (0,0296)
Flächenträgheitsmoment	[m^4]	0,667	$0,714 \div 1,02$	–
Drillungswiderstand	[m^4]	$0,206 \div 2,19$	–	–
axiale Normalkraft	[MN]	$0 \div 15,3$	23,7	$1,89 \div 4,07$ (11,2)
Masse	[t/m]	6,40	$4,40 \div 6,30$	–
Massenträgheitsmoment	[tm^2/m]	200	$35,0 \div 50,0$	–
Dämpfungsverlustwinkel	–	0,0060	0,0060	0

Tabelle 5.1: Systemparameter Schrägkabelbrücke

Aus Kapitel 2 ist bekannt, daß das Verhältnis der Eigenfrequenzen von Biege- und Torsionsschwingungen maßgeblichen Einfluß auf das Flatterverhalten hat. Dieser Erscheinung soll hier nachgegangen werden. In Verallgemeinerung zu Gleichung (2.19) wird der Parameter

$$\varepsilon_{ij} := \frac{\omega_{\alpha i}}{\omega_{hj}} \qquad (5.2)$$

definiert, wobei mit $\omega_{\alpha i}$ und ω_{hj} wieder die Eigenfrequenzen des ungedämpften Systems im Vakuum gemeint sind. Durch Veränderung der Torsionssteifigkeit des Versteifungsträgers werden die Torsionseigenfrequenzen $\omega_{\alpha i}$ variiert. Das Verhältnis der Grundfrequenzen ε_{11} bewegt sich dabei zwischen 0,80 und 3,00. Für jeden gewählten Wert von ε_{11} wird eine vollständige aeroelastische Berechnung durchgeführt.

Die angesetzten Systemparameter sind in Tabelle 5.1 zusammengefaßt. Ihnen liegt die überschlägliche Bemessung für eine Straßenbrücke in Stahlbauweise zugrunde. Im Falle veränderlicher Parameter sind die innerhalb des Bauwerks auftretenden Extremwerte angegeben. Der Drillungswiderstand ist über die ganze Trägerlänge konstant. Die hierfür angegebenen Extremwerte beziehen sich auf die globale Variierung der Torsionssteifigkeit. Die aerodynamische Kontur des Querschnitts hat überall die Breite $2b = 18,0$ m. Für die Luftdichte wird $\rho = 1,25$ kg/m^3 eingesetzt. Die Anströmung erfolge horizontal und — mit überall gleicher Geschwindigkeit — rechtwinklig zum Versteifungsträger.

5.4. NUMERISCHE FLATTERSTUDIE

Die Modellierung des Trägers folgt der durch Lager und Seilangriffspunkte vorgegebenen Segmentierung und erfordert somit 25 Balkenelemente. Die beiden Pylonen werden mit je zwei gleichlangen Balkenelementen modelliert. Das so diskretisierte Gesamtsystem hat 103 Freiheitsgrade.

Als zweites System wird die Brücke während der Montage kurz vor Schließen der Hauptöffnung untersucht. Der Versteifungsträger endet am vordersten Seilanschlußpunkt. Das System stimmt im übrigen mit dem ersten überein; die Systemparameter werden übernommen. Die vorher bestehende Symmetrie in der Ansicht entfällt hier, was das Schwingungsverhalten qualitativ verändert. Die Vakuum–Eigenformen aber sind in der zuvor beschriebenen Weise voneinander entkoppelt.

Die gewählten Brückensysteme, Abmessungen und Parameter sollten möglichst realistisch sein. Dieses Prinzip wird an einigen Stellen bewußt durchbrochen. Die querschnittsabhängigen Parameter des Versteifungsträgers (einschließlich der eingerechneten Seilmassen) sind über die ganze Länge konstant; auf die charakteristische Verstärkung des Querschnitts im Bereich der Pylonen wird verzichtet. Hierdurch liegen die Kennwerte μ und r nach Gleichung (2.19) eindeutig fest, und die Überprüfung der vereinfachten Berechnung am ebenen Ersatzsystem ist nicht mit Unsicherheiten bezüglich dieser hier einzusetzenden Werte behaftet. Die Allgemeingültigkeit der so gewonnenen Erkenntnisse ist nicht berührt, da der nicht angesetzte Zuwachs an Masse und Steifigkeit im Bereich kleiner Verschiebungen liegt. Die Torsionssteifigkeit wird über ein sehr großes Intervall variiert. Sind die so entstehenden Parameterkombinationen auch nicht überall realistisch, so werden auf diese Art doch interessante Aussagen zum Einfluß des Frequenzverhältnisses der Eigenschwingungen ermöglicht. Die Systemparameter für die Brücke im Bauzustand werden so wie im Endzustand angesetzt, da die tatsächlich auftretenden Unterschiede in der Praxis sehr unterschiedlich sein können. Hierdurch werden die Eigenfrequenzen im Bauzustand im Vergleich zum Endzustand etwas unterschätzt (wegen Ausbaulasten).

Als Eingangswerte für die vereinfachte Berechnung am ebenen Ersatzsystem dienen die oben definierten Größen ε_{ij} und ω_{hj}; sie werden mit Hilfe des beschriebenen FORTRAN–Programmes am räumlichen System ermittelt. Die Parameter μ und r ergeben sich aus den Querschnittswerten des Versteifungsträgers zu $\mu = 20,1$ und $r = 0,621$. Die äquivalenten Dämpfungsverlustwinkel $g_{\alpha i}$ und g_{hj} des ebenen Ersatzsystems werden ebenfalls aus einer Berechnung am räumlichen System — nun für das *gedämpfte* System im Vakuum — abgeleitet. Man kann leicht zeigen, daß sich die einzusetzenden Dämpfungswerte aus der Beziehung

$$g_k = \tan\left[\arg\left(\omega_k^2\right)\right] = \frac{\Im\left(\omega_k^2\right)}{\Re\left(\omega_k^2\right)} \qquad (5.3)$$

bestimmen lassen; die Eigenfrequenzen ω_k des räumlichen Systems sind in diesem Falle komplex. Der so gefundene Wert $g_{\alpha i} = 0,0060$ (für alle i) stimmt erwartungsgemäß mit der für den Versteifungsträger angesetzten Dämpfung überein (da Seile wirkungslos bezüglich Torsion). Für g_{hj} findet man je nach betrachteter Eigenform (Biegung) Werte zwischen $0,0005$ und $0,0060$. Die Veränderlichkeit resultiert aus dem Ansatz unterschiedlicher Dämpfung für Balken und Seile sowie aus deren je nach Eigenform unterschiedlichem Beitrag zur Gesamtsteifigkeit; bezüglich hoher Biegeeigenfrequenzen wird das Seilsystem zunehmend wirkungslos.

5.4.3.2 Ergebnisse für Brücke im Endzustand

Die Berechnung des ungedämpften Systems im Vakuum führt auf die in Abbildung 5.2 dargestellten ersten sechs Eigenformen und Eigenkreisfrequenzen (die Darstellung beschränkt sich vereinfachend auf den Versteifungsträger). Für den Drillungswiderstand wurde dabei $0,306\,\text{m}^4$ eingesetzt. Dies berührt lediglich das Verhältnis zwischen Torsions- und Biegeeigenfrequenzen und damit die Reihenfolge der Eigenlösungen, nicht aber die Eigenformen und die Frequenzverhältnisse innerhalb einer Schwingungsklasse (Biegung oder Torsion). Das Verhältnis der Grundeigenfrequenzen beträgt $\varepsilon_{11} = 1,120$.

Die Torsionseigenformen sind Sinusfunktionen. Wegen der Torsionseinspannungen in Höhe der Pylonen sind Haupt- und Seitenfelder voneinander entkoppelt. Die ersten beiden Torsionsmodi liegen im Hauptfeld. Der Verlauf der Biegeeigenformen ist vielgestaltiger. Er erstreckt sich mit wechselndem Gewicht über alle drei Felder. Der erste Biegemodus besitzt Wendepunkte im Bereich des Hauptfeldes und eine leichte Ausstülpung in Feldmitte. Diese Besonderheit rührt aus der hier größeren Nachgiebigkeit der Seile infolge geringerer Neigung her. Bei den höheren Biegemodi tritt diese Erscheinung wegen abnehmenden Einflusses des Seilsystems in den Hintergrund. Die Biege- und Torsionseigenformen gleicher Stufe (d. h. mit gleicher Anzahl von Knotenpunkten) sind zwar eindeutig nichtaffin zueinander, die Lage der Knotenpunkte aber stimmt jeweils überein.

Alle dargestellten Modi sind entsprechend der vorhandenen Systemsymmetrie entweder symmetrisch oder antisymmetrisch. Diese Feststellung ist nicht ganz trivial, da sie z. B. für den dritten und vierten Torsionsmodus nicht mehr gilt. Diese beiden Eigenformen (nicht dargestellt) gehören zu zwei gleichen Eigenwerten; sie sind beliebige Linearkombinationen der Grundschwingungsformen der Seitenfelder und können somit symmetrisch, antisymmetrisch oder auch asymmetrisch sein.

Die aeroelastische Berechnung desselben Systems führt auf die in Abbildung 5.3 dargestellten Ergebnisse. Gezeigt sind die ersten sechs Eigenwerte als Funktionen von $1/k$. Die Darstellung jeder der komplexen Lösungen erfolgt durch Realteil der Kreisfrequenz und logarithmisches Dekrement entsprechend Abschnitt 2.2.5.4. Die Verläufe der Teillösungen werden hier vereinfachend als Frequenz- bzw. Dämpfungskurven bezeichnet. Bei $1/k = 0$ herrscht Windstille, die zugehörigen Lösungen weichen von den oben beschriebenen nur wenig ab. Ausgehend von den jeweiligen Eigenformen bei Windstille (bzw. im Vakuum) kann jeder Lösungsast als Biege-

5.4. NUMERISCHE FLATTERSTUDIE

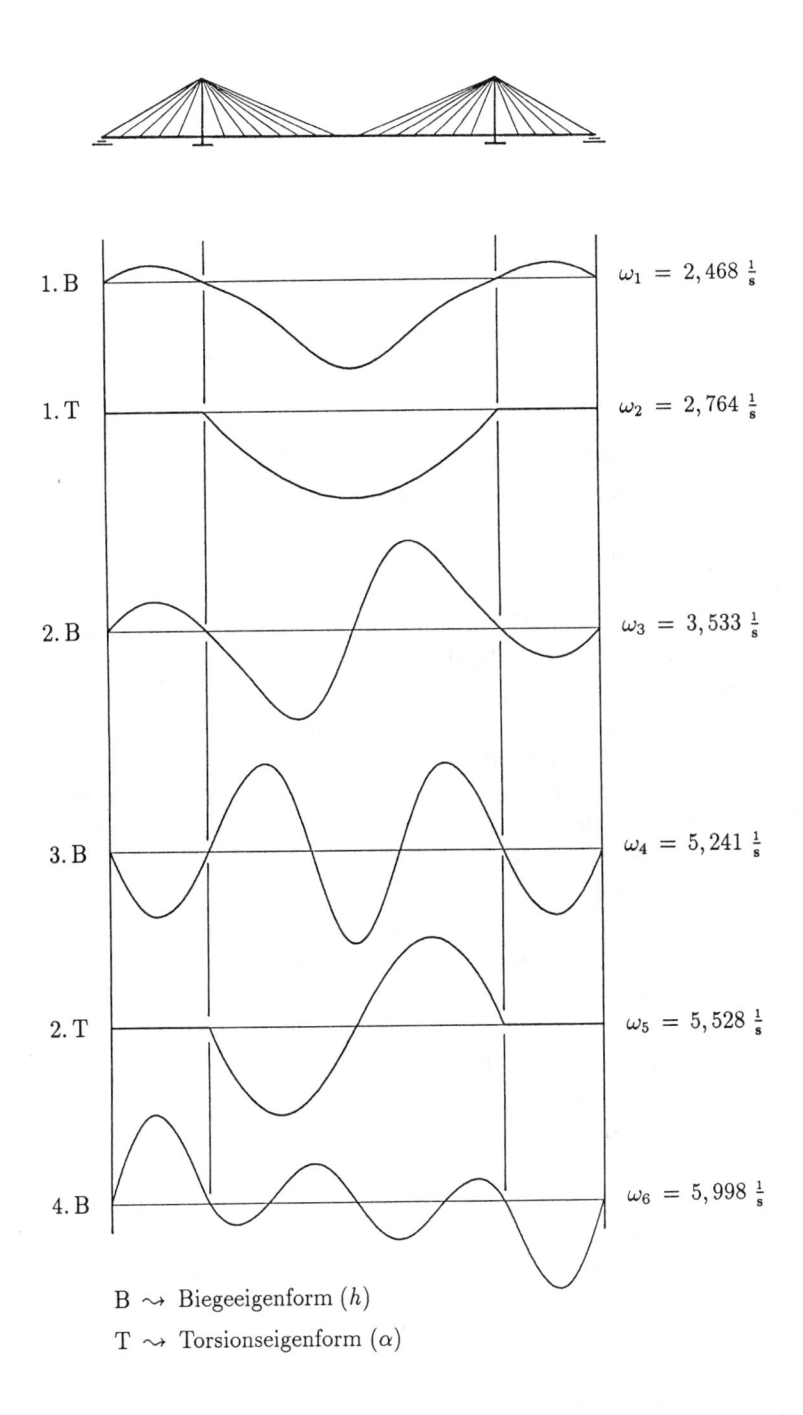

1. B	$\omega_1 = 2,468 \frac{1}{s}$
1. T	$\omega_2 = 2,764 \frac{1}{s}$
2. B	$\omega_3 = 3,533 \frac{1}{s}$
3. B	$\omega_4 = 5,241 \frac{1}{s}$
2. T	$\omega_5 = 5,528 \frac{1}{s}$
4. B	$\omega_6 = 5,998 \frac{1}{s}$

B $\leadsto$ Biegeeigenform (h)
T $\leadsto$ Torsionseigenform (α)

Abb. 5.2: Eigenschwingungsformen des ungedämpften Systems im Vakuum
(Brücke im Endzustand)

oder Torsionsast bestimmter Stufe identifiziert werden. Dies dient der eindeutigen Benennung, beinhaltet aber keine Aussage über die tatsächliche aeroelastische Eigenform.

Die kritischen Fälle sind durch die Dämpfungskurven der Torsionsäste eindeutig markiert (Nulldurchgänge). Bei deren Übergängen ins Negative (untere Grenze eines kritischen Bereiches) erfolgt gleichzeitig eine Annäherung jeweils zweier Frequenzkurven. Die obere gehört zur entsprechenden Dämpfungskurve und damit zu einem Torsionsast, die untere zum Biegeast gleicher Stufe; wie die Berechnung weiterhin ergab, werden bei dieser Annäherung die jeweiligen Eigenformen ausgetauscht ('avoided crossing').* Das beschriebene Verhalten entspricht dem des ebenen Systems, wie ein Vergleich mit Abschnitt 2.2.5.4 zeigt. Aus den Angaben für die kritischen Windgeschwindigkeiten geht hervor, daß der erste Nulldurchgang — vollzogen vom ersten Torsionsast — für den Flatternachweis maßgebend wird.

Für den Flatterfall scheint 'avoided crossing' von Frequenzkurven charakteristisch zu sein. In Abbildung 5.3 ist aber auch ein 'cross over' dokumentiert. Die beteiligten Frequenzkurven gehören zum zweiten Torsions- bzw. dritten Biegeast; von den zugehörigen Vakuum–Eigenformen ist die eine antisymmetrisch, die andere symmetrisch. Diese Beobachtung führt zu einer interessanten Erkenntnis. Da sich die Systemsymmetrie auch den aeroelastischen Eigenformen mitteilt, müssen diese (abgesehen von dem oben diskutierten Sonderfall) ebenfalls symmetrisch oder antisymmetrisch sein. Übergangsformen sind nicht möglich, womit alle Modi eines Lösungsastes die jeweilige Symmetrieeigenschaft der zugehörigen Vakuum–Eigenform besitzen müssen. Die Lösungsmenge zerfällt in zwei unabhängige Familien. Lösungsäste unterschiedlicher Herkunft „kennen" sich nicht und entwickeln sich ohne gegenseitige Beeinflussung; Kopplung zwischen symmetrischen und antisymmetrischen Modi ist nicht möglich. (Diesen Punkt hat auch Richardson [96] bereits diskutiert.) Das hier auftretende 'cross over' hat somit keine physikalische Bedeutung. Im übrigen deuten die numerischen Ergebnisse darauf hin, daß Frequenzkurven derselben Lösungsfamilie ein Überschneiden möglichst vermeiden (vgl. auch Abbildung 5.7).

Abbildung 5.4 zeigt die aeroelastischen Eigenformen für die ersten zwei grenzstabilen Fälle nach Abbildung 5.3. Dargestellt sind Real- und Imaginärteile der nun gekoppelten Biege–Torsions–Schwingung. Wie es bei Eigenwertproblemen stets der Fall ist, bleibt die absolute Größe des Lösungsvektors unbestimmt. Nur das gegenseitiges Verhältnis der Verschiebungen kann angegeben werden. Zur Normierung

---

*Das Phänomen des 'avoided crossing' von Frequenzkurven tritt auch bei der in Abschnitt 5.3 angesprochenen internen Resonanz auf (der unabhängige Parameter ist dabei das Eigenfrequenzverhältnis der Systemteile nach Fixierung der Verbindungspunkte). Eine dynamische Kopplung erfolgte dort zwischen Seilen und Balken, hier aber zwischen den beiden mechanischen Domänen Biegung und Torsion desselben Systemteils Balken. Die mechanisch zulässige Vorstellung, den strukturell entkoppelten Biege–Torsions–Balken durch zwei unabhängige Balken — den einen für Biegung, den anderen für Torsion — zu ersetzen, macht die Analogie offensichtlich. Biege–Torsions–Flattern läßt sich somit als Sonderfall interner Resonanz auffassen. Seine Sonderstellung und Gefährlichkeit beruht auf einer Eigenschaft der koppelnden Kräfte: Sie sind nichtkonservativ.

5.4. NUMERISCHE FLATTERSTUDIE 237

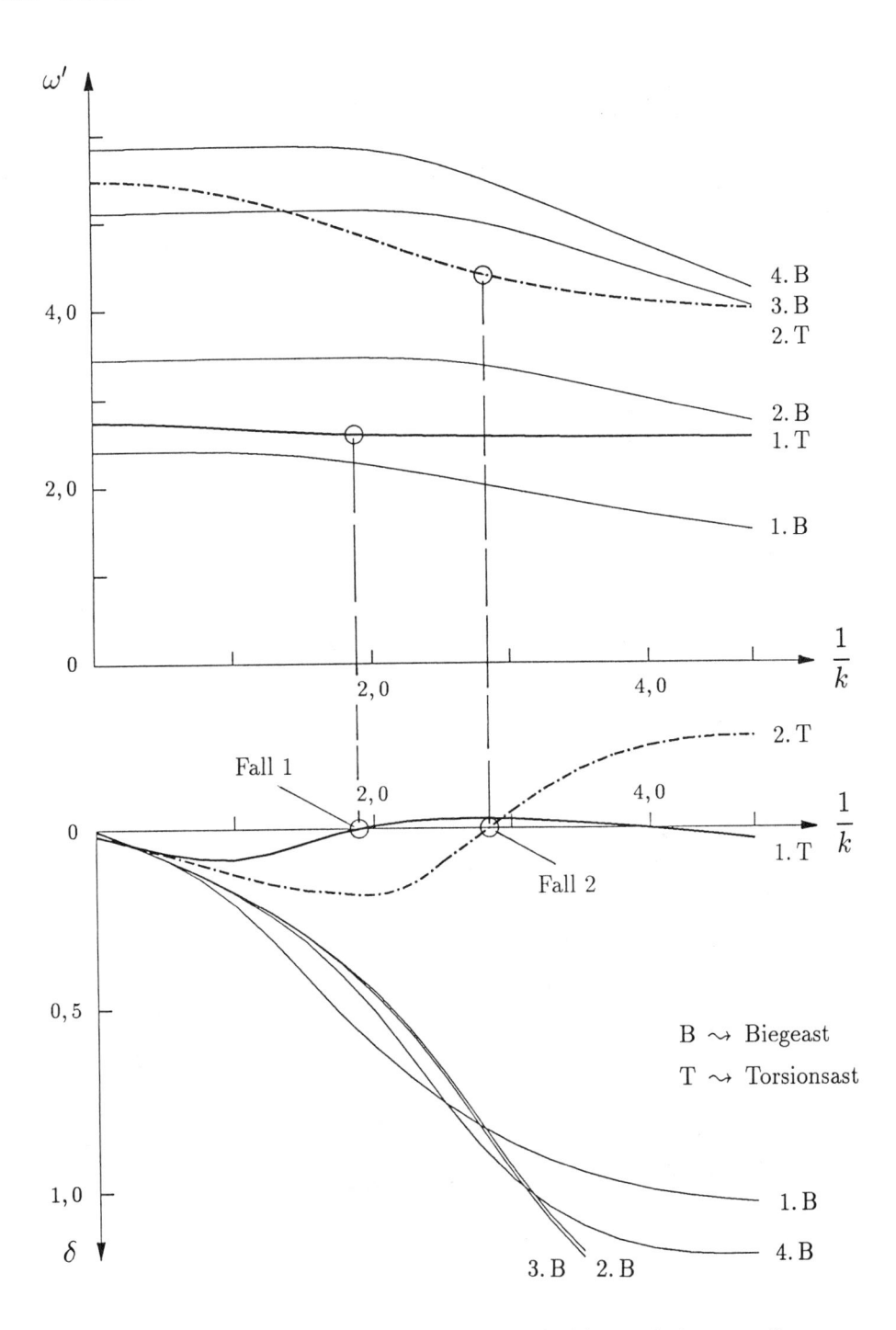

Abb. 5.3: Aeroelastische Eigenwerte in Abhängigkeit von $1/k$
(Brücke im Endzustand)

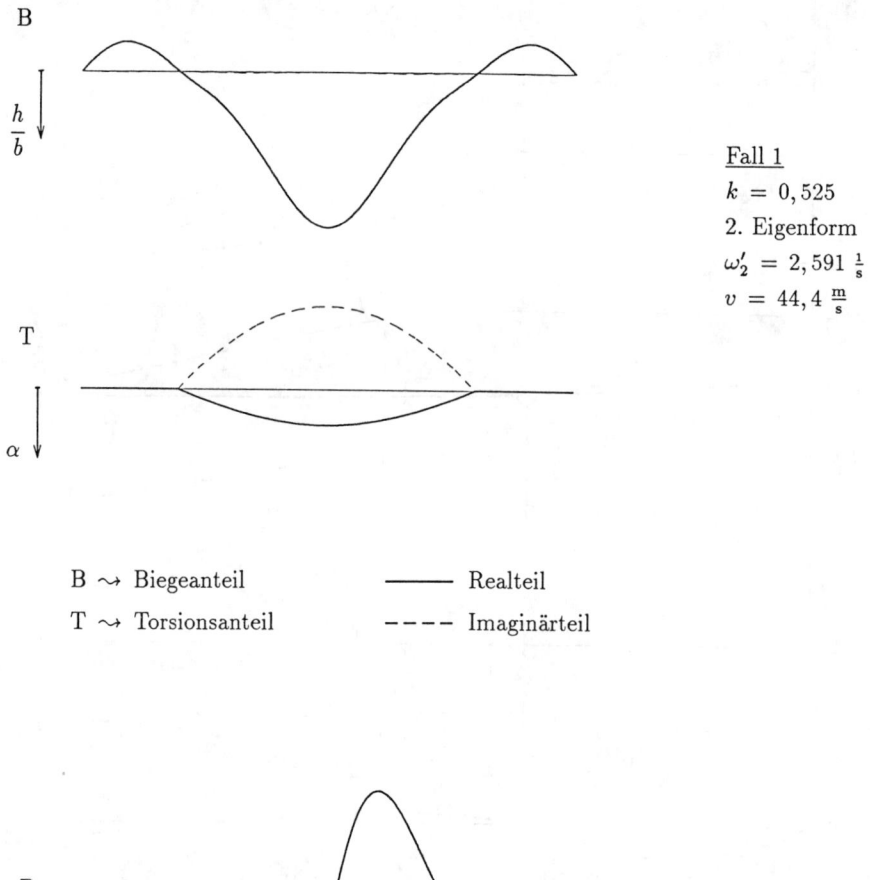

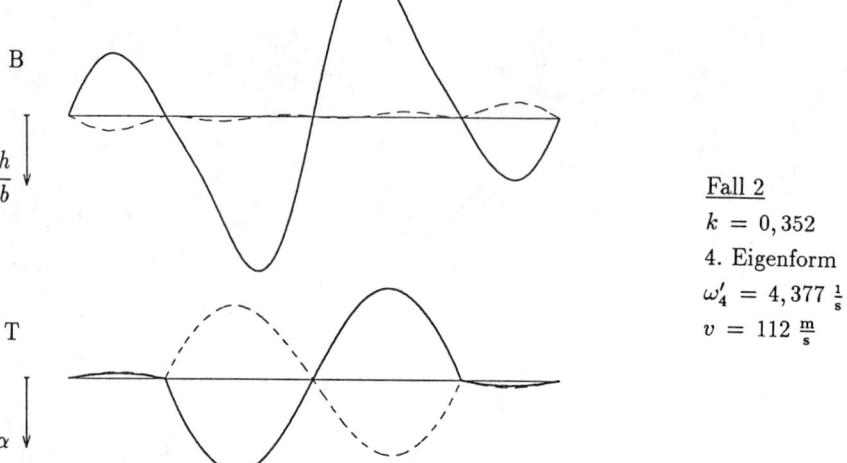

238   KAPITEL 5. DYNAMIK UND AEROELASTIK VON SEILBRÜCKEN

Fall 1
$k = 0,525$
2. Eigenform
$\omega_2' = 2,591 \frac{1}{s}$
$v = 44,4 \frac{m}{s}$

B ↝ Biegeanteil ——— Realteil
T ↝ Torsionsanteil - - - - Imaginärteil

Fall 2
$k = 0,352$
4. Eigenform
$\omega_4' = 4,377 \frac{1}{s}$
$v = 112 \frac{m}{s}$

Abb. 5.4: Eigenformen für zwei grenzstabile Fälle (Brücke im Endzustand)

5.4. NUMERISCHE FLATTERSTUDIE

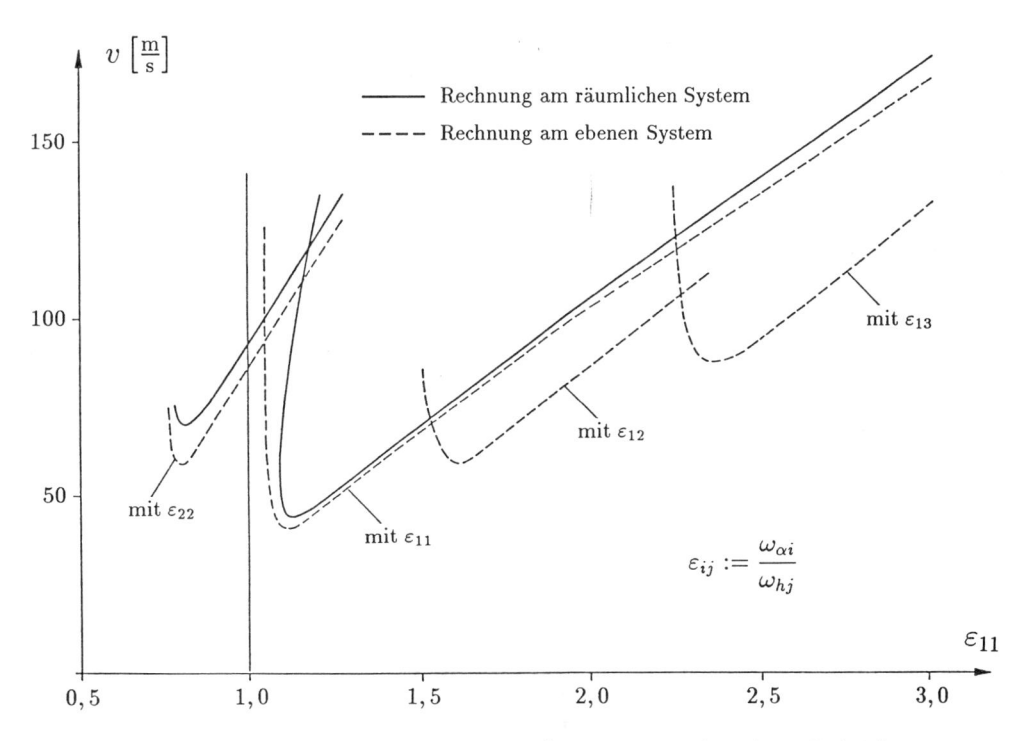

Abb. 5.5: Stabilitätskarte Flattern (kritische Windgeschwindigkeit) für Brücke im Endzustand

wird der Biegeanteil wieder auf die halbe Plattenbreite b bezogen und das absolute Maximum gleich eins gesetzt. Die Phasenverschiebung zwischen Biege- und Torsionsanteil ist in beiden Fällen deutlich erkennbar. Jeder Anteil für sich aber hat starke Ähnlichkeit mit den (reellen) Vakuum–Eigenformen der jeweils beteiligten Lösungsäste.* Dies gilt besonders im ersten, hier maßgebenden Fall (Kopplung der Grundschwingungsformen). Im zweiten Fall (Kopplung der zweiten Schwingungsformen) werden beide Anteile — jeweils für sich normiert — deutlich komplex und weichen damit stärker von den Eigenformen im Vakuum ab. Dies liegt an der nun größeren Nichtaffinität der Vakuum–Modi: Der relativ großen Biegeverformung in den Seitenfeldern steht keine Torsionverformung gegenüber; diese wird erst durch die koppelnden Luftkräfte induziert.

Die Berechnungen wurden mit variierter Torsionssteifigkeit wiederholt und so der Einfluß des Frequenzverhältnisses ε_{11} auf das aeroelastische Verhalten untersucht. Abbildung 5.5 zeigt die kritische Windgeschwindigkeit als Funktion von ε_{11}, wobei sich die Darstellung größtenteils auf den jeweils maßgebenden Fall beschränkt. Zum Vergleich sind auch die Ergebnisse der Rechnung am ebenen Ersatzsystem angege-

---

*Für diesen Vergleich stelle man sich die Torsionsanteile auf ihr eigenes absolutes Maximum normiert vor.

ben. Diese hat im Prinzip für alle möglichen Frequenzverhältnisse (mit $\omega_{\alpha i} > \omega_{hj}$) zu erfolgen, da der Einfluß der Eigenformen unberücksicht bleiben muß. Von vornherein auszuschließen sind aber Kombinationen von symmetrischen und antisymmetrischen Modi (s.o.). Dies gilt z.B. für die Berechnung mit ε_{12}, deren Ergebnisse zum Vergleich aber ebenfalls angegeben sind.

Die vereinfachte Rechnung liefert in allen Fällen niedrigere kritische Windgeschwindigkeiten. Der entsprechende Zuwachs durch Rechnung am räumlichen System liegt zwischen 3% und gut 150%, wobei aber der kleinere Wert meist vorherrscht. Starke Zuwächse (bis zu 49%) über einen größeren Bereich entstehen erwartungsgemäß durch Ansatz einer unrealistischen, bei konservativem Nachweis aber zu berücksichtigenden Frequenzkombination; die im Falle großer ε_{11} ungünstige Kopplung des ersten Torsions- mit dem dritten Biegemodus findet im räumlichen System nicht statt. Maßgebend bleibt über weite Bereiche die Kopplung der beiden Grundschwingungsformen. Für sehr torsionsweiche Systeme treten an deren Stelle die zweiten Eigenformen, und die kritische Windgeschwindigkeit für Flattern steigt sprungartig auf über das doppelte an.* Dieser Übergang kann in der vereinfachten Rechnung qualitativ gut nachvollzogen werden. Da er in räumlicher Rechnung aber etwas früher, d.h. bei größerem ε_{11} erfolgt, ist in einem schmalen Parameterbereich ein enormer Geschwindigkeitszuwachs (150%) nachweisbar. Die Genauigkeit der vereinfachten Rechnung nimmt bei maßgebender Kopplung der zweiten Eigenformen deutlich ab; dies ist auf deren im Vergleich zu den Grundschwingungsformen größere Nichtaffinität zurückzuführen.

5.4.3.3 Ergebnisse für Brücke im Bauzustand

Für den Drillungswiderstand wurde wie zuvor $0,306\,\mathrm{m}^4$ eingesetzt. Das Verhältnis der Grundeigenfrequenzen verringert sich geringfügig auf $\varepsilon_{11} = 1,111$. Wie die Darstellung der Vakuum–Lösungen in Abbildung 5.6 zeigt, ist die Dynamik der Brücke im Bauzustand deutlich anders als im Endzustand. Die antisymmetrischen Modi entfallen ganz, da keine symmetriebedingte Quasi–Lagerung in Brückenmitte mehr besteht. Die verbleibenden Modi ähneln den symmetrischen Eigenformen im Endzustand, sind aber asymetrisch bezüglich des nun betrachteten Systems. Da die zugehörigen Frequenzen sich wenig ändern, ist das Eigenfrequenzspektrum auf etwa das doppelte aufgeweitet; die Obertöne liegen höher. Vergleicht man Biege- und Torsionseigenformen derselben Stufe, so stellt man eine nun stärkere Nichtaffinität fest. Hiervon betroffen sind besonders die Oberschwingungen. Der zweite Biegemodus scheint eher zum dritten Torsions-, der dritte Biege- eher zum zweiten Torsionsmodus affin zu sein. Abgesehen von einer möglichen Kopplung der Grundschwingungsformen ist das aeroelastische Verhalten ohne Rechnung am räumlichen System kaum noch vorhersehbar.

---

*Wie eine Berechnung nach Gleichung (2.63) zeigt, wird hier allerdings die statische Torsionsdivergenz gegenüber dem Flattern maßgebend.

5.4. NUMERISCHE FLATTERSTUDIE

1. B		$\omega_1 = 2,661\,\frac{1}{s}$
1. T		$\omega_2 = 2,956\,\frac{1}{s}$
2. B		$\omega_3 = 5,216\,\frac{1}{s}$
3. B		$\omega_4 = 6,194\,\frac{1}{s}$
2. T		$\omega_5 = 8,186\,\frac{1}{s}$
3. T		$\omega_6 = 8,869\,\frac{1}{s}$

B $\leadsto$ Biegeeigenform (h)

T $\leadsto$ Torsionseigenform (α)

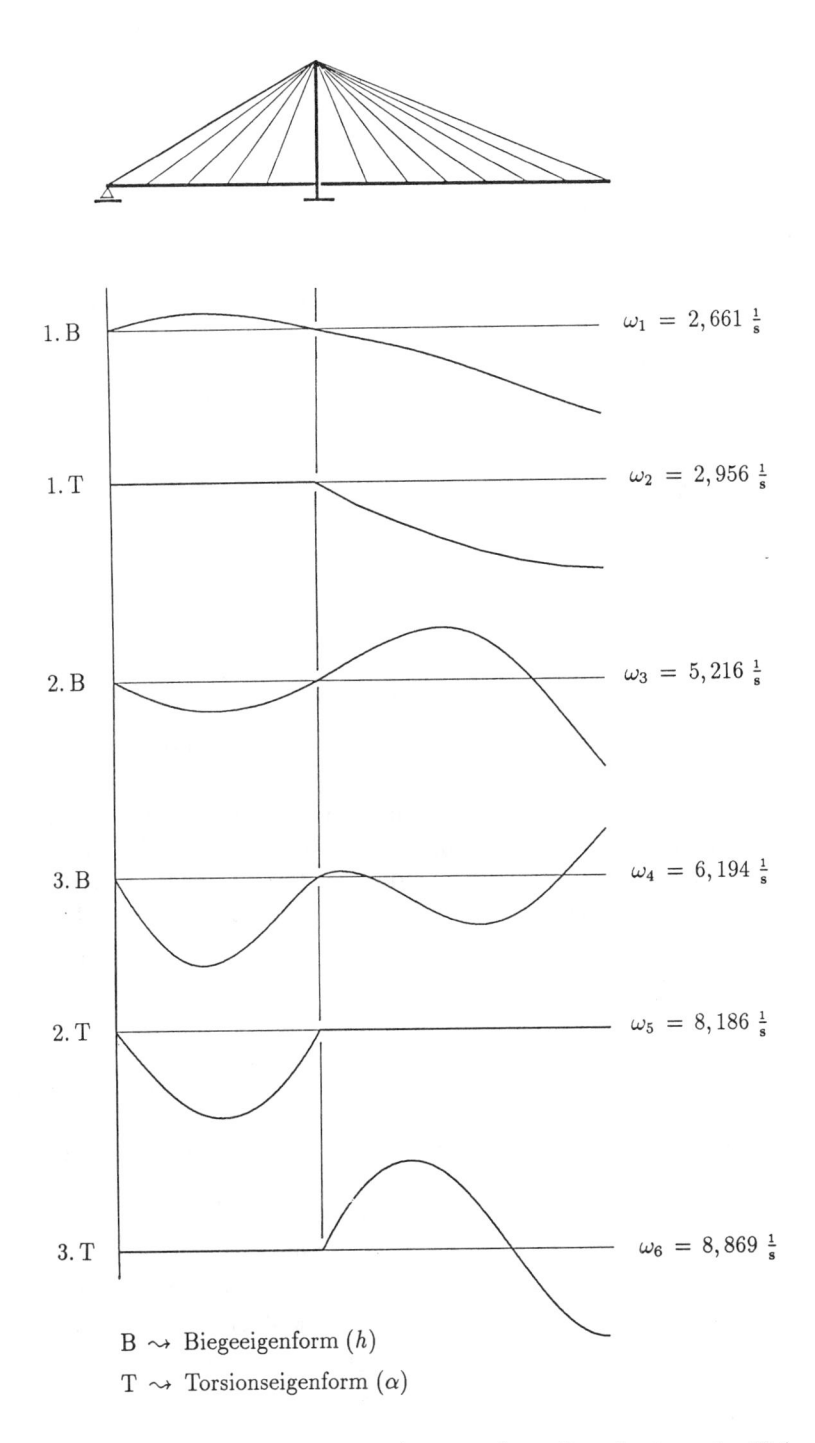

Abb. 5.6: Eigenschwingungsformen des ungedämpften Systems im Vakuum (Brücke im Bauzustand)

Die aeroelastische Berechnung führt auf die in Abbildung 5.7 dargestellten Eigenwerte als Funktionen von $1/k$. Angesichts der gerade gemachten Feststellungen verwundert es nicht, die zweiten und dritten Torsions- und Biegeäste einem neuartigen Phänomen unterworfen zu sehen. Ihre Frequenzkurven beteiligen sich alle vier an einem 'avoided crossing'! Die Dämpfungskurven der beiden Torsionsäste kreuzen nacheinander die Nullinie und führen auf verschiedene kritische Windgeschwindigkeiten. Maßgebend für den Flatternachweis wird aber wieder der erste Torsionsast, dessen Frequenzkurve sich in gewohnter Weise der des ersten Biegeastes nähert. Die zugehörige Dämpfungskurve wird nur schwach negativ und zieht sich bald wieder ins Positive zurück. Durch geringfügige Verminderung der Torsionssteifigkeit könnte der Vorzeichenwechsel ganz verhindert werden, die zugehörige Instabilität wäre beseitigt.

Abbildung 5.8 schließlich zeigt die aeroelastischen Eigenformen für die ersten zwei grenzstabilen Fälle nach Abbildung 5.7. Im ersten Fall sind die Biege- und Torsionsanteile den jeweiligen Grundschwingungsformen wieder sehr ähnlich. Interessanter ist der zweite Fall: Keiner der beiden Anteile läßt sich reell normieren. Doch scheinen sie sich aus den zweiten und dritten Vakuum–Modi grob zusammensetzen zu lassen. Greift man noch einmal auf die vereinfachte Vorstellung zurück, daß die Vakuum–Modi durch Luftkräfte zu einer gemeinsamen Schwingung gekoppelt werden, so sind hier offenbar vier Modi an der Kopplung beteiligt.

Eine Änderung der Torsionssteifigkeit und damit des Frequenzverhältnisses ε_{11} wirkt sich in ähnlicher Weise wie zuvor (Abbildung 5.5) auf die kritische Windgeschwindigkeit aus. Maßgebend bleibt über weite Bereiche wieder die Kopplung der beiden Grundschwingungsformen. Für sehr torsionsweiche Systeme ($\varepsilon_{11} < 1,10$) tritt an deren Stelle das Zusammenspiel der zweiten und dritten Eigenformen, wodurch die kritische Windgeschwindigkeit für Flattern sprungartig auf fast das dreifache ansteigt. Im Vergleich mit der vereinfachten Rechnung an ebenen Ersatzsystemen bringt die räumliche Rechnung einen etwas höheren Zuwachs in den kritischen Windgeschwindigkeiten als für die Brücke im Endzustand. Dies ist auf die nun größere Nichtaffinität der Vakuum–Eigenformen zurückzuführen.

Bei den Vergleichsrechnungen zeigte sich übrigens auch, daß der in Abbildung 5.7 vom zweiten Torsionsast markierte Flatterfall in der vereinfachten Rechnung ziemlich gut unter Ansatz des Frequenzverhältnisses ε_{23} und der Eigenfrequenz ω_{h3} nachvollzogen werden kann (-6% in der kritischen Windgeschwindigkeit). Dies entspricht der in Abbildung 5.8, Fall 2 erkennbaren Dominanz des zweiten Torsions- und dritten Biegemodus. Für den vom dritten Torsionsast angezeigten Stabilitätsfall führt die Rechnung mit ε_{32} und ω_{h2} auf brauchbare Ergebnisse (-9%).

Im Vergleich zwischen Endzustand und Bauzustand kann letzterer bezüglich Flattern als günstiger eingestuft werden. Dies liegt zum einen an der größeren Nichtaffinität der Vakuum–Modi, zum anderen am günstigeren Eigenfrequenzspektrum, das höher liegt (hier nur teilweise berücksichtigt; vgl. Abschnitt 5.4.3.1) und stärker aufgeweitet ist. Die vorhandene Nichtaffinität führt aber auch für die Brücke im Bauzustand zu keiner ausreichenden Erschwerung der Kopplung der Grundeigen-

5.4. NUMERISCHE FLATTERSTUDIE

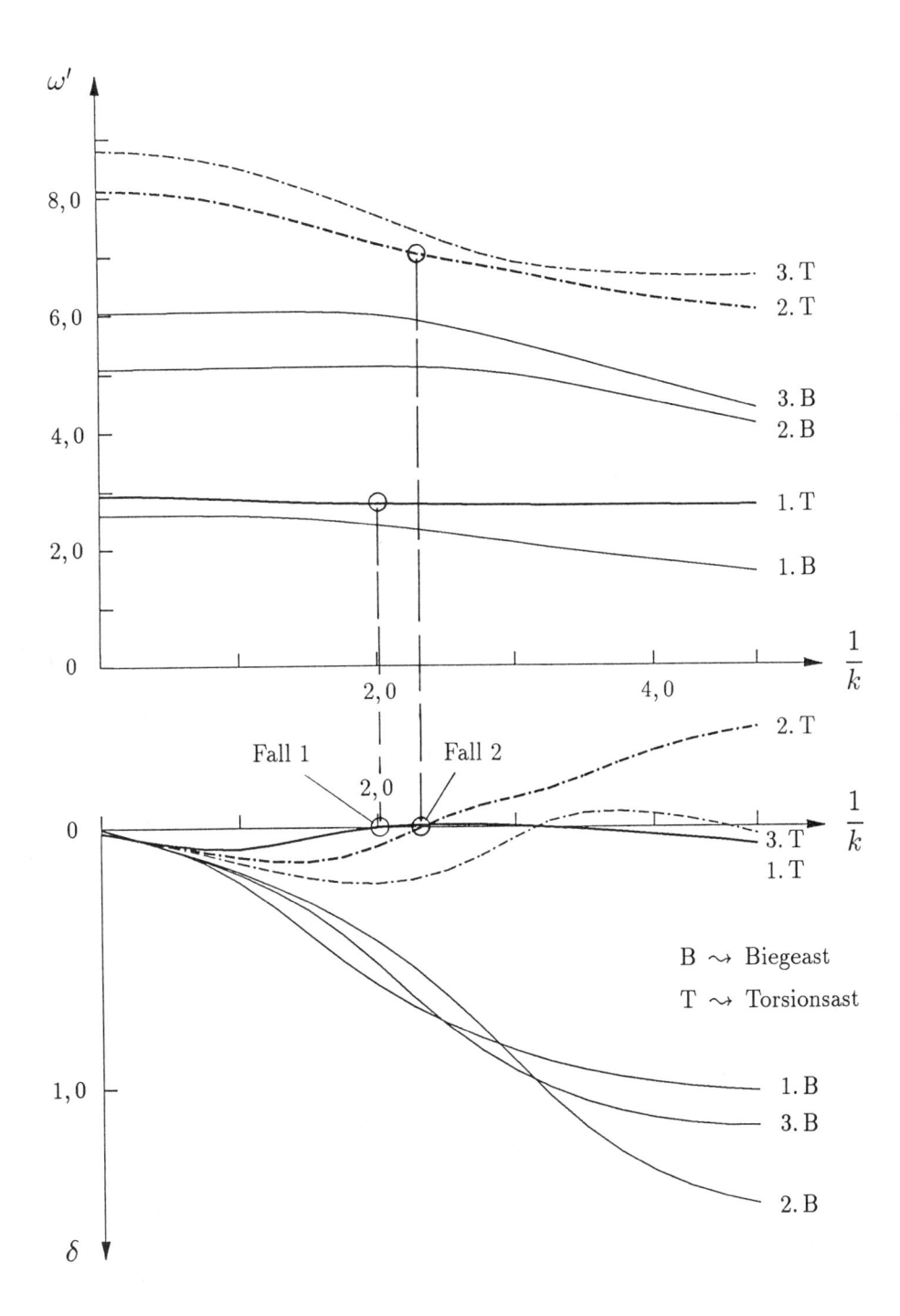

Abb. 5.7: Aeroelastische Eigenwerte in Abhängigkeit von $1/k$
(Brücke im Bauzustand)

formen; die entsprechende Flattereigenform ist über einen großen Parameterbereich möglich und verknüpft mit der niedrigsten kritischen Windgeschwindigkeit. Der in räumlicher Rechnung gegenüber einer Rechnung am ebenen Ersatzsystem nachweisbare Sicherheitszuwachs bleibt beschränkt.

Daß dies auch anders sein kann, zeigte Thiele [133], [134] mit seinen Berechnungen für die Rheinbrücke Düsseldorf–Flehe. Für einen Montagezustand stellte er fest, daß die in ebener Rechnung anzusetzende Kopplung der beiden Grundmodi zu einer gemeinsamen Flatterschwingung bei räumlicher Betrachtung nicht auftritt. Als niedrigste kritische Windgeschwindigkeit ergibt sich aus der Rechnung am räumlichen System deshalb ein mehr als dreifach höherer Wert. Eine Nachrechnung dieser Ergebnisse führte zwar auf deutliche numerische Diskrepanzen (vgl. Abschnitt 3.2.3), bestätigte aber die grundsätzliche Aussage, daß eine den beiden Grundeigenformen entsprechende Flattereigenform nicht existiert (und dies unabhängig von ε_{11}). Das untersuchte System ähnelt dem hier für den Bauzustand betrachteten. Der für das andersartige Verhalten entscheidende Unterschied besteht in der dort vorhandenen Biegeeinspannung des Versteifungsträgers (der Versteifungsträger der Flehe–Brücke wurde im Hauptfeld in Stahl-, im kurzen(!) Seitenfeld in Betonbauweise hergestellt). Die erste Biegeeigenform erhält hierdurch über die ganze Trägerlänge eine zur ersten Torsionseigenform gegensinnige Krümmung. Obwohl die Lage der Schwingungsknoten für beide Modi immer noch übereinstimmt, ist die resultierende Nichtaffinität nun stark genug, der Kopplung ausreichend entgegenzuwirken und Flattern zu verhindern. Es handelt sich um eine systembedingte aeroelastische Resistenz.

5.4.4 Schlußfolgerungen

Wie eingangs formuliert, diente die numerische Studie verschiedenen Zielen. Die entsprechenden Erkenntnisse, gewonnen bei der Untersuchung einer Brücke mit plattenähnlichem Querschnitt, werden im folgenden zusammengefaßt.

- Die aeroelastische Modellierung einer Schrägkabelbrücke mit dem hier hergeleiteten Finiten Balkenelement erwies sich als praktikabel. Sämtliche Ergebnisse sind — auch im Vergleich mit der vereinfachten Rechnung am ebenen Ersatzsystem — plausibel. Durch die genauere Rechnung konnte für die Brücke im Endzustand eine bis zu 150 % höhere kritische Windgeschwindigkeit nachgewiesen werden.

- Zum Flatterverhalten der untersuchten Schrägkabelbrücke können folgende Aussagen gemacht werden. Die Nichtaffinität der Vakuum-Eigenformen bewirkt erwartungsgemäß eine höhere kritische Windgeschwindigkeit für Biege–Torsions–Flattern. Beschränkt man sich bei diesem Vergleich auf eine mögliche Kopplung von Eigenformen gleicher Stufe, so beträgt der Zuwachs über weite Parameterbereiche (Variierung des Eigenfrequenzverhältnisses Torsion/ Biegung) aber nur ca. 3 %. Für ein deutlicheres Ansteigen der kritischen Wind-

5.4. NUMERISCHE FLATTERSTUDIE

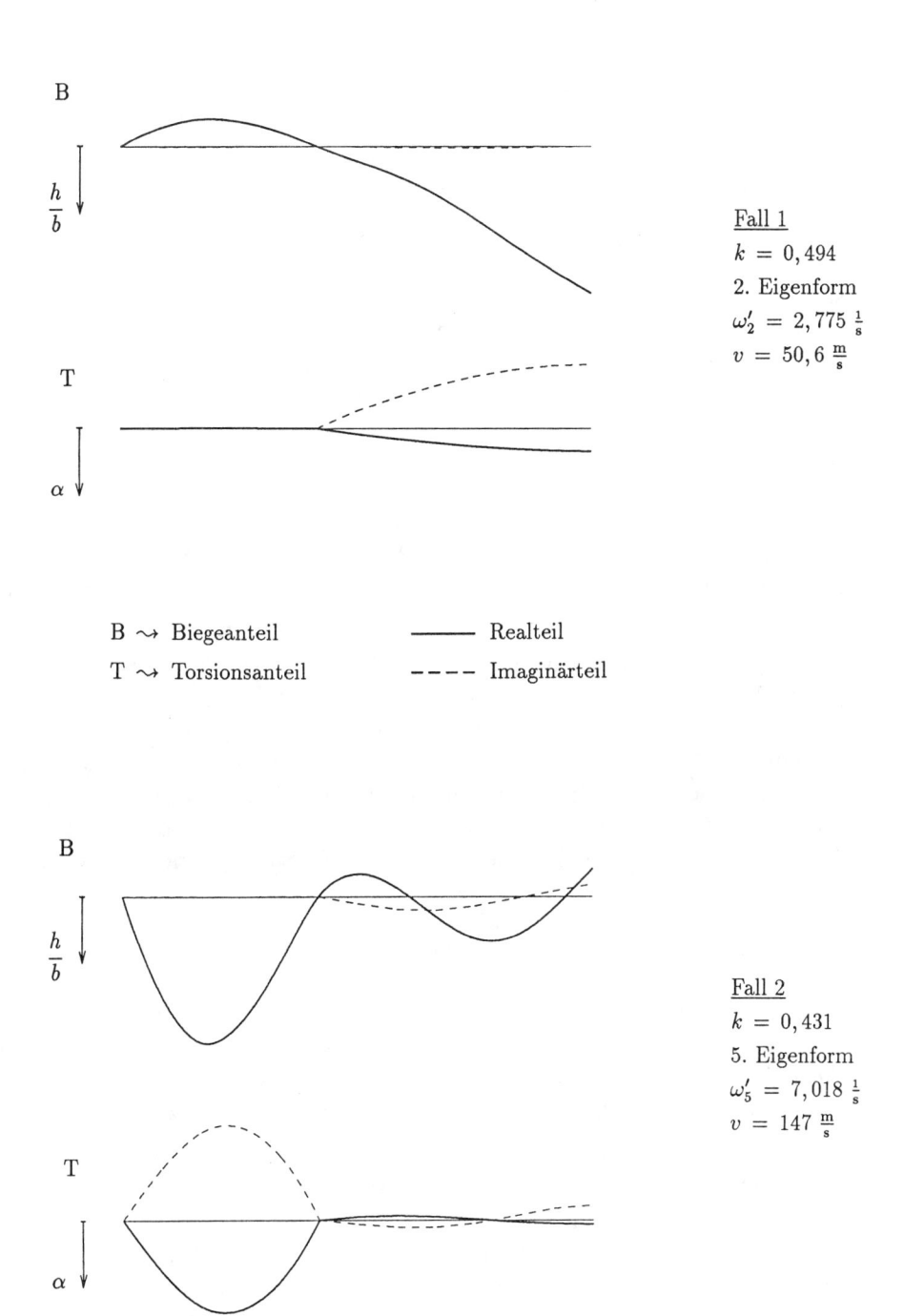

Fall 1
$k = 0,494$
2. Eigenform
$\omega_2' = 2,775\ \frac{1}{s}$
$v = 50,6\ \frac{m}{s}$

B $\rightsquigarrow$ Biegeanteil ——— Realteil
T $\rightsquigarrow$ Torsionsanteil - - - - Imaginärteil

Fall 2
$k = 0,431$
5. Eigenform
$\omega_5' = 7,018\ \frac{1}{s}$
$v = 147\ \frac{m}{s}$

Abb. 5.8: Eigenformen für zwei grenzstabile Fälle (Brücke im Bauzustand)

geschwindigkeit und damit für eine systembedingte aeroelastische Resistenz wäre eine ausreichende Behinderung der Kopplung der Grundeigenformen erforderlich; die vorhandene Nichtaffinität ist dafür offenbar nicht ausreichend. Dies ist wesentlich in der Tatsache begründet, daß die Lage der Schwingungsknotenpunkte übereinstimmt (hier erzwungen durch Vertikallagerung und Torsionseinspannung an den Pylonen).

Eine Übertragung dieser ernüchternden Aussagen auf andere Brückensysteme ist dann möglich, wenn die Vakuum-Eigenformen ihrer Versteifungsträger in ähnlich schwachem Maße nichtaffin zueinander sind. Bei etwas stärkerer Nichtaffinität kann aeroelastische Resistenz aber tatsächlich erreicht werden, wie das Beispiel der Flehe-Brücke zeigt (die Lage der Schwingungsknotenpunkte stimmt dabei sogar überein). Die sich hierbei günstig auswirkende Systembesonderheit, Einspannung des Stahlträgers in den Betonträger des kurzen Seitenfeldes, ergab sich aus der grundsätzlichen Entscheidung für eine Schrägkabelbrücke. Ein anderer systemtypischer Vorteil kann z. B. durch Verzicht auf Vertikallagerung bei den Pylonen erreicht werden; die Nichtaffinität vergrößert sich, da die Schwingungsknotenpunkte nicht mehr in einem Punkt zusammengezwungen sind.

Für die in dieser Studie untersuchte Brücke liegt die kritische Windgeschwindigkeit im Bauzustand höher als im Endzustand. Die hierzu vorgestellten Überlegungen berechtigen zu der Aussage, daß für den Flatternachweis zweihüftiger Schrägkabelbrücken mit Mittelaufhängung der Bauzustand kaum maßgebend sein wird. Im Falle einhüftiger Schrägkabelbrücken dagegen wird die kritische Windgeschwindigkeit im Endzustand höher liegen, so daß sowohl End- als auch Bauzustand für den Flatternachweis maßgebend werden können.

- Aus dem Vergleich der vereinfachten Rechnung (am ebenen Ersatzsystem) mit der genauen Rechnung (am räumlichen System) sowie aus theoretischen Überlegungen können Rückschlüsse bezüglich der richtigen Handhabung der vereinfachten Methode gezogen werden. Diese betreffen eine realistische Wahl der im Nachweis zu kombinierenden Vakuum-Eigenformen. (Das Ansetzen einer unrealistischen Kombination ist bei konservativer Nachweisphilosophie leicht möglich und führt, wie der Vergleich zeigte, zum großzügigen Verschenken tatsächlich vorhandener Sicherheit.)

  Herrscht Symmetrie, so kann eine Kopplung zwischen symmetrischen und antisymmetrischen Modi ganz ausgeschlossen werden. Haben die Knotenpunkte von Eigenformen jeweils gleicher Stufe dieselbe Lage und stimmen auch die Krümmungen im Vorzeichen weitgehend überein, so kann man die Eigenformen als quasi-affin ansehen. Sie werden damit einer Eigenschaft teilhaftig, die nach Abschnitt 3.2.2 streng nur den affinen Modi vorbehalten ist: Die Kopplung eines Eigenformpaares gleicher Stufe zu einer gemeinsamen Flatterschwingung ist möglich, alle anderen Kombinationen sind auszuschließen.

Der Flatterversuch am Teilmodell ist das experimentelle Pendant zum vereinfachten rechnerischen Nachweis am ebenen Ersatzsystem. In beiden Fällen ist eine Annahme über die zu kombinierenden Eigenformen erforderlich. Wegen der bestehenden Analogien gelten die gerade formulierten Aussagen auch für den Teilmodellversuch im Windkanal.

Der für all diese Aussagen erforderliche numerische Aufwand blieb durch die prinzipielle Beschränkung auf Rechnen im Frequenzbereich zwar überschaubar, war für sich genommen aber schon beachtlich. Doch lassen sich Fragen über das Verhalten eines räumlichen Systems eben nur in räumlicher Betrachtung sicher beantworten. Diese Fragen werden künftig vermehrt dort auftauchen, wo die eingangs formulierte Maßgabe — möglichst große Nichtaffinität der Eigenformen — beim Entwurf neuer Brückensysteme zum Zuge kommt. Für die dann unverzichtbare Untersuchung des räumlichen aeroelastischen Verhaltens ist das hier vorgestellte Verfahren, eventuell unter Einbeziehung von am Teilmodell bestimmten instationären Luftkraftbeiwerten, eine sinnvolle Alternative zum Windkanalversuch am Vollmodell.

* * *

Literaturverzeichnis

[1] A. M. Abdel-Ghaffar, A. S. Nazmy. Effects of three-dimensionality and nonlinearity on the dynamic and seismic behavior of cable-stayed bridges. *Bridges and Transmission Line Structures, Proceedings Structures Congress '87/ST Div/ASCE, Orlando, Florida, August 17-20, 1987*, pp. 389-404, 1987.

[2] O. H. Ammann, Th. von Kármán, G. B. Woodruff. The failure of the Tacoma Narrows Bridge. Report to the Federal Works Agency, March 28, 1941.

[3] J. H. Argyris, Sp. Symeonidis. Nonlinear finite element analysis of elastic systems under nonconservative loading — Natural formulation. Part I. Quasistatic problems. *Computer Methods in Applied Mechanics and Engineering 26*, pp. 75-123, 377-384, 1981.

[4] J. H. Argyris, K. Straub, Sp. Symeonidis. Nonlinear finite element analysis of elastic systems under nonconservative loading — Natural formulation. Part II. Dynamic problems. *Computer Methods in Applied Mechanics and Engineering 28*, pp. 241-258, 1981.

[5] J. Argyris, H.-P. Mlejnek. *Die Methode der Finiten Elemente.* Band III, Einführung in die Dynamik. Friedr. Vieweg & Sohn, Braunschweig, 1988.

[6] H. Bardowicks, H. G. Janssen, R. Oltmann, H. Tangemann. Aeroelastische Dreh- und Querschwingungen prismatischer Körper in Einzel- und Gruppenanordnung. Mitteilungen Heft 26, Institut für Massivbau, Technische Hochschule Darmstadt, 1977.

[7] F. Bauer. Näherungsweise Erfassung der Eigenschwingzahlen eines Spannbandes (flachen Seiles). *Bauingenieur 53*, S. 133-138, 1978.

[8] J.-G. Beliveau, R. Vaicaitis, M. Shinozuka. Motion of suspension bridge subject to wind loads. *ASCE, Journal of the Structural Division*, Vol. 103, No. ST6, pp. 1189-1205, June 1977.

[9] B. Bienkiewicz. Wind-tunnel study of effects of geometry modification on aerodynamics of a cable-stayed bridge deck. *Journal of Wind Engineering and Industrial Aerodynamics*, Vol. 26, No. 3, 1987.

[10] B. Bienkiewicz, J. E. Cermak, J. A. Peterka. Wind–tunnel study of aerodynamic stability and response of a cable–stayed bridge deck. *Journal of Wind Engineering and Industrial Aerodynamics*, Vol. 26, No. 3, 1987.

[11] R. L. Bisplinghoff, H. Ashley. *Principles of Aeroelasticity*. John Wiley & Sons, New York, 1962.

[12] H. M. Bjørge, T. H. Søreide, O. G. Larsen, W. Klaveness. Response prediction of structures subjected to gusty wind. *Second Symposium on Strait Crossings*, Trondheim, June 10–13, 1990.

[13] Fr. Bleich. Dynamic instability of truss–stiffened suspension bridges under wind action. *ASCE, Transactions*, 114, Paper No. 2385, pp. 1177–1232 (incl. discussion by A. G. Pugsley, F. B. Farquharson et al.), 1949.

[14] F. Böhm. Berechnung nichtlinearer aerodynamisch erregter Schwingungen von Hängebrücken. *Der Stahlbau*, 38. Jg., Heft 7, S. 207–215, 1969.

[15] J. B. Bratt, C. Scruton. Measurement of pitching moment derivatives for an aerofoil oscillating about the half–chord axis. British *Aeronautical Research Council*, R. & M., No. 1921, November 1938.

[16] G. Brinkmann. *Numerische Methoden der Mechanik*. Vorlesung, Institut für Mechanik (Bauwesen), Universität Stuttgart, 1987.

[17] I. N. Bronstein, K. A. Semendjajew. *Taschenbuch der Mathematik*. Verlag Harri Deutsch, Thun, 1985.

[18] D. Bruno, A. Leonardi, F. Maceri. On the nonlinear dynamics of cable–stayed bridges. *Proceedings of the International Conference on Cable–Stayed Bridges, Bangkok, November 18–20, 1987*, Vol. 1, pp. 529–544, 1987.

[19] M. S. Causevic, G. Sreckovic. Modelling of cable–stayed bridge cables: Effects on bridge vibrations. *Proceedings of the International Conference on Cable–Stayed Bridges, Bangkok, November 18–20, 1987*, Vol. 1, pp. 407–420, 1987.

[20] R. W. Clough, J. Penzien. *Dynamics of Structures*. McGraw–Hill, New York, 1975.

[21] R. S. Das. *Ein Beitrag zur Berechnung von seilverspannten Hängekonstruktionen*. Habilitationsschrift, Rheinisch–Westfälische Technische Hochschule Aachen, Juli 1976.

[22] A. G. Davenport. The application of statistical concepts to the wind loading of structures. *Proc. Instn. Civ. Engrs. 19*, pp. 449–471, 1961.

[23] A. G. Davenport. Buffeting of a suspension bridge by storm winds. *ASCE, Journal of the Structural Division*, Vol. 88, pp. 233–264, June 1962.

[24] A. G. Davenport, G. N. Steels. Dynamic behavior of massive guy cables. *ASCE, Journal of the Structural Division*, Vol. 91, No. ST2, pp. 43–70, April 1965.

[25] G. Diana, M. Falco et al. Wind effects on the dynamic behaviour of a suspension bridge. Dipartimento di Meccanica, Politecnico di Milano, January 1986.

[26] F. Dischinger. Hängebrücken für schwerste Verkehrslasten. *Der Bauingenieur 24*, Heft 3, S. 65–75, Heft 4, S. 107–113, 1949.

[27] F. Dischinger. Der Einfluß der Torsionssteifigkeit der aussteifenden Träger auf die Stabilität der Hängebrücken. *Der Bauingenieur 25*, Heft 5, S. 166–170, Heft 7, S. 246–251, 1950.

[28] E. H. Dowell, H. C. Curtiss Jr., R. H. Scanlan. *A Modern Course in Aeroelasticity*. Sijthoff & Noordhoff, Alphen aan de Rijn, 1978.

[29] H. Duddeck, H. Ahrens. *Statik der Stabtragwerke*. Beton–Kalender 1985, Teil I, S. 329–559. Ernst & Sohn, Berlin, 1985.

[30] J. W. Edwards, H. Ashley, J. V. Breakwell. Unsteady aerodynamic modelling for arbitrary motions. *AIAA Dynamics Specialist Conference, San Diego, March 1977*, AIAA Paper 77–451, 1977.

[31] H.–J. Ernst. Der E–Modul von Seilen unter Berücksichtigung des Durchhanges. *Der Bauingenieur 40*, Heft 2, S. 52–55, 1965.

[32] European Convention for Constructional Steelwork. *Recommendations for the Calculation of Wind Effects on Buildings and Structures*. Technical Committee 12, 2nd edition, 1987.

[33] S. Falk. Die Abbildung eines allgemeinen Schwingungssystems auf eine einfache Schwingerkette. *Ingenieur–Archiv 23*, S. 314–328, 1955.

[34] F. B. Farquharson, F. C. Smith, G. S. Vincent. *Aerodynamic Stability of Suspension Bridges with Special Reference to the Tacoma Narrows Bridge*. Part I–V. University of Washington, Engineering Experiment Station, Bulletin No. 116, Seattle, Washington, 1949–1954.

[35] H. W. Försching. *Grundlagen der Aeroelastik*. Springer–Verlag, Berlin, 1974.

[36] A. R. Forsyth. *Differential–Gleichungen*. Friedr. Vieweg & Sohn, Braunschweig, 2. Auflage, 1912.

[37] K. Gabriel, J. Schlaich. *Seile und Bündel im Bauwesen*. Mitteilungen 59, SFB 64 Universität Stuttgart (Weitgespannte Flächentragwerke), Beratungsstelle für Stahlverwendung, Düsseldorf, 1981.

[38] K. Gabriel, R. Wagner. *Bauen mit Seilen.* Vorlesungsskript, Teile 1 und 2, Institut für Massivbau, Universität Stuttgart, 1988.

[39] R. H. Gade, H. R. Bosch, W. Podolny, Jr. Recent aerodynamic studies of long-span bridges. *ASCE, Journal of the Structural Division*, Vol. 102, No. ST7, pp. 1299–1315, July 1976.

[40] R. H. Gallagher. *Finite-Element-Analysis.* Springer-Verlag, Berlin, 1976.

[41] N. J. Gimsing. *Cable Supported Bridges.* John Wiley & Sons, New York, 1983.

[42] N. J. Gimsing. Cable-stayed bridges with ultra long spans. Department of Structural Engineering, Technical University of Denmark, 1989.

[43] G. Girmscheid. Entwicklungstendenzen und Konstruktionselemente von Schrägseilbrücken. *Bautechnik 64*, Heft 8, S. 256–267, 1987.

[44] R. L. Halfman. Experimental aerodynamic derivatives of a sinusoidally oscillating airfoil in two-dimensional flow. *National Advisory Committee for Aeronautics (NACA)*, Washington, D. C., Technical Report No. 1108, 1952.

[45] C. Heinz. *Vorlesungen in Mechanik I–IV.* Lehrstuhl für Mechanik, Rheinisch-Westfälische Technische Hochschule Aachen, 1974–1978.

[46] H.-H. Hennlich, G. Rosemeier. Numerische Flatteruntersuchung von Linientragwerken im Bauwesen. Vortrag, Kolloquium *Aeroelastische Probleme außerhalb der Luft- und Raumfahrt*, Hannover 1978, Mitteilung des Curt-Risch-Institutes der Technischen Universität Hannover, Band II, S. 352–371, 1978.

[47] M. Herzog. Vereinfachte Beurteilung der aerodynamischen Stabilität von Hängebrücken. *Bauingenieur 57*, S. 393–399, 1982.

[48] M. Herzog. Näherungsberechnung von Schrägseilbrücken. *Bautechnik 64*, Heft 10, S. 348–356, 1987.

[49] M. Herzog. Die aerostatische Stabilität der Hängebrücken. *Schweizer Ingenieur und Architekt Nr. 9*, S. 223–229, März 1990.

[50] H. Hirtz. Bericht über den Stand der Arbeiten an Regeln zur Erfassung der Windwirkungen auf Bauwerke. Berichte 35/36, Institut für Konstruktiven Ingenieurbau, Ruhr-Universität Bochum, 1981.

[51] J. D. Holmes. Prediction of the response of a cable stayed bridge to turbulence. *Proceedings of the Fourth International Conference on Wind Effects on Buildings and Structures, Heathrow 1975*, Session 3, pp. 187–198, 1975.

[52] D. Hommel. Ponte de Santos — Ponte Estaiada com Vão Principal de 600 m — Superestrutura. Estudo de Viabilidade Técnica da Ligação Rodoviária Santos Ilha — Santos Continente: Trecho sobre o Mar. Antonio A. Noronha–Serviços de Engenharia, Rio de Janeiro, Leonhardt, Andrä und Partner, Stuttgart, 1986.

[53] D. R. Huston, H. R. Bosch, R. H. Scanlan. The effects of fairings and of turbulence on the flutter derivatives of a notably unstable bridge deck. *Proceedings of the 7th International Congress on Wind Engineering, Aachen, July 6–10, 1987*, Session 8, Journal of Wind Engineering and Industrial Aerodynamics, Vol. 29, pp. 339–349, 1988.

[54] H. M. Irvine, T. K. Caughey. The linear theory of free vibrations of a suspended cable. *Proceedings of the Royal Society of London*, Series A, Vol. 341, pp. 299–315, 1974.

[55] H. M. Irvine, J. H. Griffin. On the dynamic response of a suspended cable. *Earthquake Engineering and Structural Dynamics*, Vol. 4, No. 4, pp. 389–402, 1976.

[56] H. M. Irvine. Free vibrations of inclined cables. *ASCE, Journal of the Structural Division*, Vol. 104, No. ST2, pp. 343–347, February 1978.

[57] H. M. Irvine. *Cable Structures*. MIT Press, Cambridge, Massachusetts, 1981.

[58] H. P. A. H. Irwin. Centre of rotation for torsional vibration of bridges. *Journal of Industrial Aerodynamics*, Vol. 4, No. 2, 1979.

[59] W. Junginger. *FORTRAN 77 — strukturiert*. Springer–Verlag, Berlin, 1988.

[60] K. Klöppel, K. H. Lie. Die lotrechten Eigenschwingungen der Hängebrücken. *Der Bauingenieur 23*, S. 277, 1942.

[61] K. Klöppel, G. Weber. Teilmodellversuche zur Beurteilung des aerodynamischen Verhaltens von Brücken. *Der Stahlbau*, 32. Jg., Heft 3, S. 65–79, Heft 4, S. 113–121, März, April 1963.

[62] K. Klöppel, F. Thiele. Modellversuche im Windkanal zur Bemessung von Brücken gegen die Gefahr winderregter Schwingungen. *Der Stahlbau*, 36. Jg., Heft 12, S. 353–365, Dezember 1967.

[63] K. Klöppel, G. Schwierin. Ergebnisse von Modellversuchen zur Bestimmung des Einflusses nichthorizontaler Windströmung auf die aerodynamischen Stabilitätsgrenzen von Brücken mit kastenförmigen Querschnitten. *Der Stahlbau*, 44. Jg., Heft 7, S. 193–203, Juli 1975.

[64] K. Klotter. *Technische Schwingungslehre.* Springer–Verlag, Berlin, Erster Band: 3. Auflage, 1978–1980 (Teile A und B), Zweiter Band: 2. Auflage, 1960.

[65] E. Koger. Aerodynamische Untersuchungen an der neuen Tjörnbrücke. *Der Stahlbau*, 52. Jg., Heft 5, S. 129–135, Mai 1983.

[66] G. König, K. Zilch. *Ein Beitrag zur Berechnung von Bauwerken im böigen Wind.* Mitteilungen Heft 15, Institut für Massivbau, Technische Hochschule Darmstadt, Ernst & Sohn, Berlin, 1970.

[67] I. Kovács. Zur Frage der Seilschwingungen und der Seildämpfung. *Die Bautechnik*, 59. Jg., Heft 10, S. 325–332, Oktober 1982.

[68] I. Kovács. Ein neu entwickeltes Computerprogramm zur Simulation von Windbelastung bei Brücken. *Deutsche Bauzeitung*, 123. Jg., Heft 7, Juli 1989.

[69] T. N. Krishnaswamy et al. Report on the model tests for the proposed Second Hooghly bridge. I. W. T. R. No. 111, Indian Inst. Sci., Bangalore, 1972.

[70] M. K. Kutterer. Abgespannte Maste — Statische und dynamische Besonderheiten. Diplomarbeit, Institut für Tragwerksentwurf und -konstruktion, Universität Stuttgart, Juli 1991.

[71] N. Lazaridis. *Zur dynamischen Berechnung abgespannter Maste und Kamine in böigem Wind unter besonderer Berücksichtigung der Seilschwingungen.* Dissertation, Lehrstuhl und Laboratorium für Stahlbau, Universität der Bundeswehr München, Dezember 1985.

[72] H. H. E. Leipholz. Variational principles for non–conservative problems, a foundation for a finite element approach. *Computer Methods in Applied Mechanics and Engineering 17/18*, pp. 609–617, 1979.

[73] F. Leonhardt. Zur Entwicklung aerodynamisch stabiler Hängebrücken. *Die Bautechnik*, 45. Jg., Heft 10 und 11, 1968.

[74] F. Leonhardt, W. Zellner. Vergleiche zwischen Hängebrücken und Schrägkabelbrücken für Spannweiten über 600 m. *IABSE/IVBH Abhandlungen 32–1*, S. 127–165, Zürich, 1972.

[75] F. Leonhardt, W. Zellner, R. Saul. Modellversuche für die Schrägkabelbrücken Zárate–Brazo Largo über den Rio Paraná (Argentinien). *Bauingenieur 54*, S. 321–327, 1979.

[76] F. Leonhardt, W. Zellner. Cable–stayed bridges. *IABSE Periodica 2/1980, IABSE Surveys S–13/80*, pp. 21–48, Zürich, May 1980.

[77] F. Leonhardt. *Brücken/Bridges*. Deutsche Verlags–Anstalt, Stuttgart, 2. Auflage, 1984.

[78] K. H. Lie. *Praktische Berechnung von Hängebrücken nach der Theorie II. Ordnung*. Dissertation, Technische Hochschule Darmstadt, April 1940.

[79] Li Guohao. On the post–flutter state of cable–stayed bridges. *Proceedings, ASCE National Convention, Session Cable–Stayed Bridges, Nashville, Tennessee, May 9, 1988*, pp. 1–11, 1988.

[80] E. Luz. *Vorlesungen über Baudynamik*. Institut für Mechanik (Bauwesen), Universität Stuttgart, Teil I: 1982, Teil II: 1984.

[81] Y. Maeda, K. Maeda, K. Fujiwara. System damping effect and its application to design of cable–stayed girder bridge. *Technology Reports of the Osaka University*, Vol. 33, No. 1699, pp. 125–135, March 1983.

[82] O. Mahrenholtz. Modalanalyse als Werkzeug zur Beurteilung winderregter Schwingungen. *VDI–Berichte* Nr. 419, VDI–Verlag, Düsseldorf, 1981.

[83] R. Mazet, editor. *AGARD–Manual on Aeroelasticity*. Vol. I–VI, London, 1961.

[84] H. H. Meier. Untersuchung der aerodynamischen Stabilität und der Flatterschwingungen von Hängebrücken. Diplomarbeit, Institut für Massivbau, Universität Stuttgart, Dezember 1967.

[85] H. H. Meier. Über die systembedingte Begrenzung der Schwingungsamplituden von Schrägkabelbrücken. Institut für Massivbau, Universität Stuttgart, 1978.

[86] T. Miyata, Y. Kubo, M. Ito. Analysis of aeroelastic oscillations of long–span structures by nonlinear multi–dimensional procedures. *Proceedings of the Fourth International Conference on Wind Effects on Buildings and Structures, Heathrow 1975*, Session 3, 1975.

[87] T. Miyata, H. Yamaguchi, M. Ito. A study on dynamics of cable–stayed structures. *Annual Report of the Engineering Research Institute, Faculty of Engineering, University of Tokyo*, Vol. 36, Report No. 7814, pp. 49–56, 1977.

[88] T. Miyata, M. Miyazaki, H. Yamada. Pressure distribution measurements for wind induced vibrations of box girder bridges. *Proceedings of the Sixt' International Conference on Wind Engineering, Australia/New Zealand 198* Session 12, Journal of Wind Engineering and Industrial Aerodynamics, Vol. 14, pp. 223–234, 1983.

[89] T. Miyata, I. Okauchi, N. Shiraishi, N. Narita, T. Narahira. Preliminary design considerations for wind effects on a very long–span suspension bridge. *Proceedings of the 7th International Congress on Wind Engineering, Aachen,*

July 6–10, 1987, Session 8, Journal of Wind Engineering and Industrial Aerodynamics, Vol. 29, pp. 379–388, 1988.

[90] S. V. Ohlsson. Dynamic characteristics of cable–stayed bridges — nonlinearities and weakly coupled modes of vibration. *Proceedings of the International Conference on Cable–Stayed Bridges, Bangkok, November 18–20, 1987*, Vol. 1, pp. 421–431, 1987.

[91] U. Peil, H. Noelle. Windbelastung und dynamisches Verhalten abgespannter Masten. *Vortrag, CEEC, Aachen*, 1990.

[92] W. A. Provis. Observations on the effects produced by wind on the suspension bridge over the Menai Strait. Trans. I. C. E., 1841.

[93] A. G. Pugsley. On the natural frequencies of suspension chains. *Quarterly Journal of Mechanics and Applied Mathematics*, Vol. 2, Pt. 4, pp. 412–418, 1949.

[94] G. Ramberger. Die Bestimmung der Normalkräfte in Zuggliedern über ihre Eigenfrequenz unter Berücksichtigung verschiedener Randbedingungen, der Biegesteifigkeit und der Dämpfung. *Der Stahlbau*, 47. Jg., Heft 10, S. 314–318, 1978.

[95] J. R. Richardson. Advances in techniques for determining the aeroelastic characteristics of suspension bridges. *Proceedings of the Fourth International Conference on Wind Effects on Buildings and Structures, Heathrow 1975*, Session 3, pp. 251–258, 1975.

[96] J. R. Richardson. The development of the concept of the twin suspension bridge. *National Maritime Institute, Feltham*, NMI R 125, October 1981.

[97] Y. Rocard. *Dynamic Instability*. Crosby Lockwood & Son, London, 1957.

[98] G. Rosemeier. Zum Nachweis entkoppelter, winderregter Torsionsschwingungen bei Schrägseil- und Hängebrücken. *Stahlbau* 55, Heft 5, S. 143–145, 1986.

[99] E. J. Routh. *Advanced Dynamics of Rigid Bodies*. Dover Publications, New York, 6th edition, 1955. (Die Dynamik der Systeme starrer Körper. Deutsche Ausgabe von A. Schepp, 2 Bde., Leipzig, 1898).

[100] H. Ruscheweyh. *Dynamische Windwirkung an Bauwerken*. Bd. 1, 2. Bauverlag, Wiesbaden, 1982.

[101] J. S. Russell. On the vibration of suspension bridges and other structures and the means of preventing injury from this cause. *Edinburgh News Philosophical Journal 26*, pp. 386–395, 1839.

[102] A. Sabzevari, R. H. Scanlan. Aerodynamic instability of suspension bridges. *ASCE, Journal of the Engineering Mechanics Division*, Vol. 94, No. EM2, pp. 489–519, April 1968.

[103] A. Sabzevari. Aerodynamic response of suspension bridges to wind gust. *Proceedings of the Third International Conference on Wind Effects on Buildings and Structures, Tokyo 1971*, Part IV, pp. 1029–1038, 1971.

[104] P. Sachs. *Wind Forces in Engineering*. Pergamon Press, Oxford, second edition, 1978.

[105] H. Sakata. A study of flutter of suspension bridge with shallow box-type suspended structure. *Proceedings of the Third International Conference on Wind Effects on Buildings and Structures, Tokyo 1971*, Part IV, pp. 953–964, 1971.

[106] D. S. Saxon, A. S. Cahn. Modes of vibration of a suspended chain. *Quarterly Journal of Mechanics and Applied Mathematics*, Vol. 6, Pt. 3, pp. 273–285, 1953.

[107] R. H. Scanlan, R. Rosenbaum. *Introduction to the Study of Aircraft Vibration and Flutter*. The MacMillan Company, New York, 1951.

[108] R. H. Scanlan, A. Sabzevari. Suspension bridge flutter revisited. *Conference Preprint, ASCE Structural Engineering Conference, Seattle, Washington, May 8–12, 1967*, Preprint 468, 1967.

[109] R. H. Scanlan, A. Sabzevari. Experimental aerodynamic coefficients in the analytical study of suspension bridge flutter. *Institution of Mechanical Engineers, Journal Mechanical Engineering Science*, Vol. 11, No. 3, pp. 234–242, 1969.

[110] R. H. Scanlan. An examination of aerodynamic response theories and model testing relative to suspension bridges. *Proceedings of the Third International Conference on Wind Effects on Buildings and Structures, Tokyo 1971*, Part IV, pp. 941–951, 1971.

[111] R. H. Scanlan, J. J. Tomko. Airfoil and bridge deck flutter derivatives. *ASCE, Journal of the Engineering Mechanics Division*, Vol. 97, No. EM6, pp. 1717–1737, December 1971.

[112] G. S. Schajer. The vibration of a rotating circular string subject to a fixed elastic restraint. *Journal of Sound and Vibration*, Vol. 92 (1), pp. 11–19, 1984.

[113] J. Scheer, J. Falke. Iterative Berechnung von Seilabspannungen mit Hilfe des scheinbaren E–Moduls. *Bauingenieur 57*, S. 155–159, 1982.

[114] J. Scheer, U. Peil. Zur Berechnung von Tragwerken mit Seilabspannungen, insbesondere mit gekoppelten Seilabspannungen. *Bauingenieur 59*, S. 273–277, 1984.

[115] J. Schlaich. Beitrag zur Frage der Wirkung von Windstößen auf Bauwerke. *Der Bauingenieur 41*, Heft 3, S. 102–106, 1966.

[116] J. Schlaich. Zur Gestaltung der Ingenieurbauten oder Die Baukunst ist unteilbar. *Bauingenieur 61*, Heft 2, S. 49–61, 1986.

[117] Entwurfswettbewerb Williamsburgbrücke New York. Entwurf von Schlaich, Bergermann und Partner, Stuttgart und Walther & Mory, Basel (1. Preis). *Stahlbau 57*, Heft 12, S. 374–377, 1988.

[118] C. Scruton. Experimental investigation of aerodynamic stability of suspension bridges with special reference to proposed Severn Bridge. *Proceedings, Institution of Civil Engineers*, London, Vol. 1, Part 1, No. 2, pp. 189–222, March 1952.

[119] A. Selberg. Oscillation and aerodynamic stability of suspension bridges. *Acta Polytechnica Scandinavica*, Civil Engineering and Building Construction Series No. 13 (308/1961), Trondheim 1961.

[120] E. Simiu, R. H. Scanlan. *Wind Effects on Structures*. John Wiley & Sons, New York, second edition, 1986.

[121] A. Simpson. Determination of the inplane natural frequencies of multispan transmission lines by a transfer–matrix method. *Proceedings of the Institution of Electrical Engineers*, Vol. 113, No. 5, pp. 870–878, May 1966.

[122] Societá Stretto di Messina S.p.A. Progetto di massima — preliminare, 1990.

[123] H. Sockel. *Aerodynamik der Bauwerke*. Friedr. Vieweg & Sohn, Braunschweig, 1984.

[124] H. S. W. Soo, R. H. Scanlan. Calculation of the wind buffeting of the Lions' Gate Bridge and comparison with model studies. *Proceedings of the Sixth International Conference on Wind Engineering, Australia/New Zealand 1983*, Session 12, Journal of Wind Engineering and Industrial Aerodynamics, Vol. 14, pp. 201–210, 1983.

[125] U. Starossek. Die Dynamik des durchhängenden Seiles. Institut für Tragwerksentwurf und -konstruktion, Universität Stuttgart, 1989.

[126] U. Starossek. Zur geometrischen Nichtlinearität von Schrägkabelbrücken. Institut für Tragwerksentwurf und -konstruktion, Universität Stuttgart, 1989.

[127] U. Starossek. Boundary induced vibration and dynamic stiffness of a sagging cable. ISD Report Nr. 91/1, Institut für Statik und Dynamik der Luft- und Raumfahrtkonstruktionen, Universität Stuttgart, 1990.

[128] D. B. Steinman. Hängebrücken — Das aerodynamische Problem und seine Lösung. *Acier–Stahl–Steel 19*, Heft 10, S. 495–508, Heft 11, S. 542–551, 1954.

[129] K. Strubecker. *Einführung in die höhere Mathematik*. Band I, Grundlagen. R. Oldenbourg, München, 2. Auflage, 1966.

[130] I. Szabó. *Geschichte der mechanischen Prinzipien*. Birkhäuser Verlag, Basel, 2. Auflage, 1979.

[131] Task Committee on Cable–Suspended Structures. Tentative recommendations for cable–stayed bridge structures. *ASCE, Journal of the Structural Division*, Vol. 103, No. ST5, pp. 929–959, May 1977.

[132] Th. Theodorsen. General theory of aerodynamic instability and the mechanism of flutter. *National Advisory Committee for Aeronautics (NACA)*, Washington, D. C., 1934, Technical Report No. 496, pp. 413–433, January 1935.

[133] F. Thiele. Zugeschärfte Berechnungsweise der aerodynamischen Stabilität weitgespannter Brücken (Sicherheit gegen winderregte Flatterschwingungen). *Der Stahlbau*, 45. Jg., Heft 12, S. 359–365, 1976.

[134] F. Thiele. Der Nachweis aerodynamischer Stabilität von Brücken am Beispiel der Rheinbrücke Düsseldorf-Flehe. Vortrag, Kolloquium *Aeroelastische Probleme außerhalb der Luft- und Raumfahrt*, Hannover 1978, Mitteilung des Curt-Risch-Institutes der Technischen Universität Hannover, Band II, S. 561–579, 1978.

[135] O. Tietjens. *Strömungslehre — Physikalische Grundlagen vom technischen Standpunkt*. Bd. 1, 2. Springer–Verlag, Berlin, 1960.

[136] D. Tonis. *Zum dynamischen Verhalten von Abspannseilen*. Dissertation, Lehrstuhl und Laboratorium für Stahlbau, Universität der Bundeswehr München, August 1989.

[137] M. S. Triantafyllou. The dynamics of taut inclined cables. *Quarterly Journal of Mechanics and Applied Mathematics*, Vol. 37, Pt. 3, pp. 421–440, 1984.

[138] M. S. Triantafyllou, L. Grinfogel. Natural frequencies and modes of inclined cables. *ASCE, Journal of Structural Engineering*, Vol. 112, No. 1, pp. 139–148, January 1986.

[139] F. Tschemmernegg. *Beitrag zur praktischen Abschätzung der aerodynamischen Stabilität von Hängebrücken*. Dissertation, TH Graz, 1968.

[140] N. Ukeguchi, H. Sakata, H. Nishitani. An investigation of aeroelastic instability of suspension bridges. *Symposium on Suspension Bridges, Lisbon, November 1966*, Paper No. 11, 1966.

[141] A. S. Veletsos, G. R. Darbre. Dynamic stiffness of parabolic cables. *Earthquake Engineering and Structural Dynamics*, Vol. 11, No. 3, pp. 367–401, 1983.

[142] A. S. Veletsos, G. R. Darbre. Free vibration of parabolic cables. *ASCE, Journal of Structural Engineering*, Vol. 109, No. 2, pp. 503–519, February 1983.

[143] D. H. C. Vincent, P. R. Taylor, S. F. Stiemer. Full scale dynamic testing of the Annacis Bridge. *IABSE Proc. P–122/88*, Zürich, 1988.

[144] M. Virlogeux. Un pont de 3 000 mètres. *Les ponts suspendus, Bulletin de l'Association "Connaissance des Ouvrages d'Art"*, N° 3-4 – 1988–1989, p. 58 à 67, 1989.

[145] H. Wagner. Über die Entstehung des dynamischen Auftriebs von Tragflügeln. *Zeitschrift für angewandte Mathematik und Mechanik (ZAMM)*, Band 5, Heft 1, S. 17–35, Februar 1925.

[146] R. Walther et al. *Ponts Haubanés*. Presses Polytechniques Romandes, Lausanne, 1985.

[147] R. L. Wardlaw. Some approaches for improving the aerodynamic stability of bridge road decks. *Proceedings of the Third International Conference on Wind Effects on Buildings and Structures, Tokyo 1971*, Part IV, pp. 931–940, 1971.

[148] R. L. Wardlaw, H. Tanaka, H. Utsunomiya. Wind tunnel experiments on the effects of turbulence on the aerodynamic behaviour of bridge road decks. *Proceedings of the Sixth International Conference on Wind Engineering, Australia/New Zealand 1983*, Session 12, Journal of Wind Engineering and Industrial Aerodynamics, Vol. 14, pp. 247–257, 1983.

[149] R. L. Wardlaw. The wind resistant design of cable–stayed bridges. *Proceedings, ASCE National Convention, Session Cable–Stayed Bridges, Nashville, Tennessee, May 9, 1988*, pp. 46–61, 1988.

[150] R. L. Wardlaw. Wind tunnel testing techniques. National Research Council of Canada, Ottawa, Ontario, 1988.

[151] T. A. Wyatt, R. G. R. Tappin. On the aerodynamic design of cable–stayed bridges of high aspect ratio. *Proceedings of the International Conference on Cable–Stayed Bridges, Bangkok, November 18–20, 1987*, Vol. 1, pp. 505–516, 1987.

LITERATURVERZEICHNIS

[152] T. A. Wyatt. *The dynamic behaviour of cable–stayed bridges: Fundamentals and parametric studies.* Imperial College, London, U. K., 1988.

[153] Xie Jiming. CVR method for identification of nonsteady aerodynamic model. *Proceedings of the 7th International Congress on Wind Engineering, Aachen, July 6–10, 1987,* Session 8, Journal of Wind Engineering and Industrial Aerodynamics, Vol. 29, pp. 389–397, 1988.

[154] H. Yamaguchi, M. Ito. Linear theory of free vibrations of an inclined cable in three dimensions (in Japanese). *Proceedings of the Japanese Society of Civil Engineers,* Vol. 286, pp. 29–36, June 1979.

[155] J. A. Żurański. *Windbelastung von Bauwerken und Konstruktionen.* Verlagsgesellschaft Rudolf Müller, 1969.

[156] R. Zurmühl. *Praktische Mathematik für Ingenieure und Physiker.* Springer–Verlag, Berlin, 5. Auflage, 1965.

[157] R. Zurmühl, S. Falk. *Matrizen und ihre Anwendungen.* Springer–Verlag, Berlin, 5. Auflage, Teil 1: 1984, Teil 2: 1986.

Ideale Biegedrillknickmomente
Lateral-Torsional Buckling Coefficients

Kurventafeln für Durchlaufträger mit doppelt-symmetrischem I-Querschnitt /
Diagrams for Continuous Beams with Doubly Symmetric I-Sections

von Timm Dickel, Heinz-Peter Klemens und Heinrich Rothert

1991. XLIV, 875 Seiten. Gebunden.
ISBN 3-528-08824-9

Das Buch stellt dem Statiker für die tägliche Arbeit Kurventafeln bereit, mit denen er das kritische Biegedrillknickmoment bestimmter Träger berechnen kann. Berücksichtigt werden dabei drei Lastbilder: Gleichstreckenlast über die gesamte Länge, Einzellast in Feldmitte und gleichgroße Einzellasten in den Drittelpunkten der Felder.

Dr.-Ing. Timm Dickel arbeitet im Bereich des konstruktiven Ingenieurbaus in Schwabach.

Dipl.-Ing. Heinz-Peter Klemens arbeitet im Bereich des konstruktiven Stahlbaus in Nürnberg.

Prof. Dr.-Ing. Heinrich Rothert lehrt am Institut für Statik der Universität Hannover.

Verlag Vieweg · Postfach 58 29 · D-6200 Wiesbaden 1

Schnittgrößen in Brückenwiderlagern

unter Berücksichtigung der Schubverformung in den Wandbauteilen

Berechnungstafeln

von Karl Heinz Holst

1990. 189 Seiten. Gebunden.
ISBN 3-528-08825-7

Inhalt: Einführung – Das Berechnungsverfahren – Auswertung der numerischen Rechenergebnisse – Berechnungsbeispiele – Tabellenübersicht – Tafeln der Momente – Tafeln der Schnittkräfte.

Im vorliegenden Buch sind Tafeln für die Ermittlung der Bemessungsschnittgrößen erarbeitet worden. Diese wurden mit der Finite-Elemente-Methode über ein entsprechendes Programm unter Berücksichtigung der Biege- und Schubverformung der Wandbauteile, für die Platten also unter Anwendung der Theorie von Reissner, berechnet. Hierfür wurde ein hybrides Plattenelement entwickelt. Die Berechnung wurde für 19 verschiedene Lastfälle an 16 verschiedenen Systemen durchgeführt. Diese unterscheiden sich durch unterschiedliche Längen- und Breitenabmessungen der Wandbauteile in jeweils systematischer Zuordnung. Die Lastfälle orientieren sich an den Anforderungen der Praxis und berücksichtigen auch exzentrische Stellungen der Regelfahrzeuge der Belastungsnorm. Es wird grundsätzlich nach direkten Erddruckbeanspruchungen und Randbelastungsfällen unterschieden.

Verlag Vieweg · Postfach 58 29 · D-6200 Wiesbaden